LAROUSSE
Nature EN poche

Ciel de nuit

LAROUSSE
Nature EN poche

Ciel de nuit

KEVIN TILDSLEY
PHILIP EALES

Traduction de Érick Seinandre

LAROUSSE

ÉDITION ORIGINALE
Pocket Nature Guides :
Night Sky

ÉDITION FRANÇAISE
Traduction
Érick Seinandre

Direction éditoriale
Catherine Delprat

Édition
Agnès Dumoussaud

Relecture-correction
Madeleine Biaujeaud
et Isabelle Trévinal

Direction artistique
Emmanuel Chaspoul

Fabrication
Annie Botrel

Réalisation
Dédicace, Villeneuve-d'Ascq

Couverture
Olivier Caldéron, sous la direction
de Véronique Laporte

ISBN 2-03-582257-2
Dépôt légal mars 2007

Achevé d'imprimer en octobre 2006
par Scheck Wah Tong Printing,
à Hong Kong

Sommaire

Comment utiliser ce livre

Ce guide présente tout ce qu'il est possible d'apercevoir dans le ciel nocturne. Après une rapide initiation à l'astronomie, qui explique ce que sont les étoiles, les galaxies, les nébuleuses, etc. et délivre quelques conseils pratiques sur la manière d'observer le ciel nocturne, deux chapitres sont consacrés à la Lune et aux planètes. Vient ensuite un catalogue des 88 constellations, suivi par une éphéméride présentant le ciel de chaque mois. Les pages d'exemple présentées ci-dessous indiquent les divers niveaux de lecture de chaque section.

△ LA LUNE

Les principales caractéristiques de la surface lunaire sont présentées sur quatre cartes détaillées, une par quadrant, qui permettent de se repérer aisément en observant notre satellite terrestre.

△ LES PLANÈTES

Ce chapitre est une présentation, avec illustrations, de chacune des huit planètes visibles depuis la Terre : Mercure, Vénus, Mars, Jupiter, Saturne, Uranus, Neptune et Pluton.

△ PRÉSENTATION D'UNE PLANÈTE

Outre une photo d'ensemble de la planète, chaque page propose un écorché de l'intérieur de l'astre, ainsi que des illustrations sur ses principales caractéristiques, ses lunes, ses phases, etc. Une fiche signalétique réunit ses principales données chiffrées.

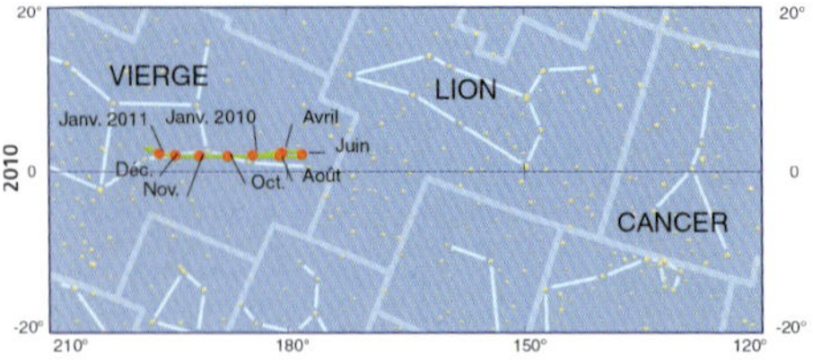

◁ MOUVEMENT DES PLANÈTES

Ces cartes montrent le déplacement de chaque planète dans le ciel nocturne entre 2006 et 2010, ce qui permet de les localiser au fil des ans.

▷ LES CONSTELLATIONS

Ce chapitre présente les 88 constellations sur une demi-page, une page ou deux pages. Un croquis détaillé, dont sont absentes les étoiles invisibles à l'œil nu, donne la position et le nom des principales étoiles de la constellation ainsi que les objets du ciel profond qu'elle contient. Un encadré résume ses principales caractéristiques. Une carte de visibilité depuis la Terre, une échelle des tailles et de nombreux autres renseignements (voir p. 57) complètent la fiche.

LOCALISATION DES PLANÈTES

La position relative de la planète étudiée est indiquée par une planète de couleur rouge.

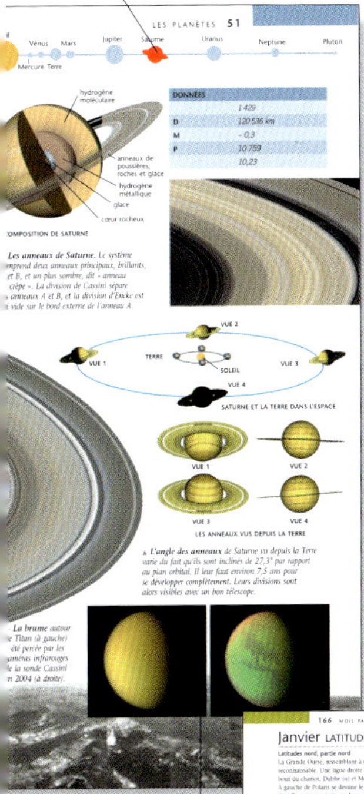

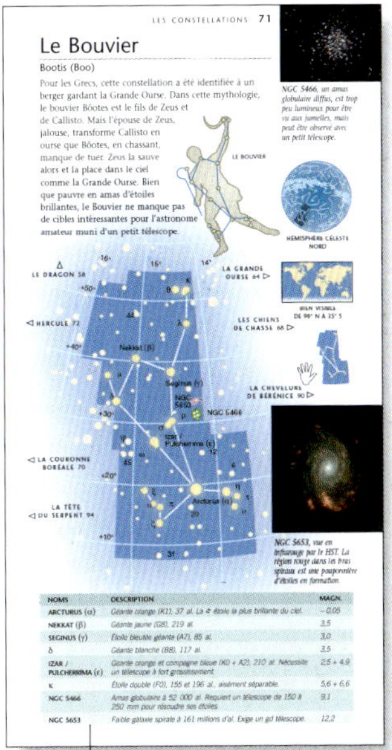

ENCADRÉS SIGNALÉTIQUES

Ces encadrés désignent les principales étoiles et les objets du ciel profond de la constellation, en accompagnant chaque nom d'une brève description.

▽ ÉPHÉMÉRIDE MENSUELLE

Le ciel nocturne de chaque mois de l'année y est illustré par une carte détaillée. Chaque mois a une double présentation : le ciel du mois dans l'hémisphère Nord tel qu'on le voit en se tournant vers le nord (page de gauche) ou bien vers le sud (page de droite). Le même principe est repris pour le ciel du mois vu depuis l'hémisphère Sud, cette fois.

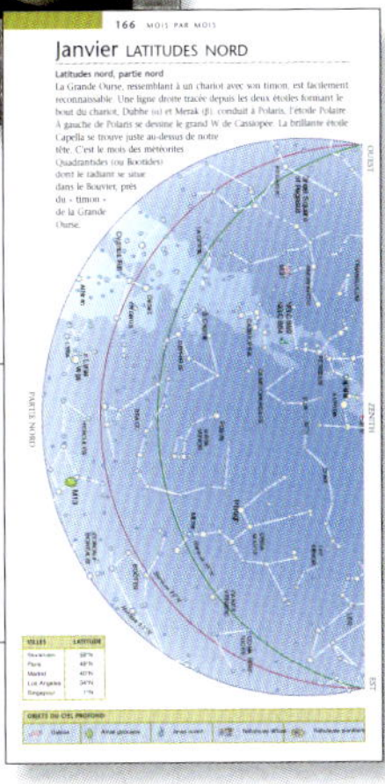

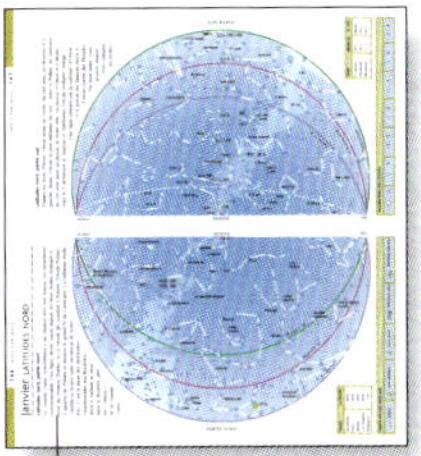

PHOTOGRAPHIES

Prises par des engins spatiaux, ces photos proposent des vues similaires à ce que peut voir un astronome depuis la Terre.

LIGNES D'HORIZON

Le lieu où la ligne d'horizon et la sphère céleste se rencontrent dépend de l'endroit depuis lequel nous observons. Des couleurs différentes marquent les diverses lignes d'horizon en fonction de la latitude (voir page 165).

LATITUDES

Sélection de quelques grandes villes de l'hémisphère Nord ou Sud situées à une latitude donnée.

COMMENT UTILISER LES CARTES CÉLESTES

Pour observer la partie sud du ciel, tenez la page de droite (marquée « ciel du sud ») devant vous. La séparation entre les deux pages représente le zénith (qui se trouve juste au-dessus de votre tête). Au-delà se situe la partie nord, que vous pouvez observer en faisant pivoter le livre.

L'Univers

L'Univers contient tout ce qui existe : la matière, le temps et l'espace. Selon la théorie du « big bang », il serait né d'une explosion à partir d'un point singulier, il y a 20 milliards d'années. Il s'est ensuite étendu dans toutes les directions dans un rayon de 10 milliards d'années-lumière (aussi loin que nos télescopes peuvent voir). Toute la matière de l'Univers est liée en structures de tailles différentes, fonction de la gravité.

La Voie lactée

La matière visible de l'Univers est, pour l'essentiel, contenue dans des galaxies. Une galaxie est une énorme structure contenant des étoiles, du gaz et de la poussière. Notre galaxie, la Voie lactée, contient plus de cent milliards d'étoiles et s'étend sur cent mille années-lumière. Notre soleil y est situé à environ deux tiers du rayon en partant du centre, le long d'un bras spiral nommé le bras d'Orion. La Galaxie tourne sur elle-même. En son centre se trouve un objet supermassif mais invisible, sans doute un trou noir. Toutes les étoiles que nous apercevons appartiennent à notre galaxie. La forme de la Voie lactée et la position de notre planète font que les étoiles les plus lointaines nous apparaissent comme une bande de gaze laiteuse, d'où le nom de notre galaxie.

***Une faible bande** de lumière constituée par la lumière de millions d'étoiles : c'est tout ce que nous voyons de la Voie lactée depuis la Terre.*

***La Voie lactée** est une galaxie spirale. Aucun engin spatial n'est encore allé assez loin pour capter cette vue (reconstituée ici par ordinateur) du centre brillant de notre galaxie, qui nous est caché par les gaz et les poussières interstellaires.*

Les amas de galaxies

Les galaxies ne sont pas isolées, mais appartiennent à des amas et des superamas de galaxies. La Voie lactée, par exemple, est un membre du Groupe local, un petit amas d'une trentaine de galaxies dont la plus grande est celle d'Andromède. Certains amas, tel celui de la Vierge, sont gigantesques et contiennent des milliers de galaxies (naines, géantes, etc.). Les amas, groupés en superamas de galaxies, forment à leur tour des filaments, des chaînes et des murs de galaxies qui sont la trame même de l'Univers.

L'amas de la Vierge *contient plus de 2 000 galaxies situées au cœur d'un superamas bien plus vaste auquel le Groupe local appartient également.*

Les galaxies

Une galaxie est une formation d'étoiles, de poussières et de gaz abritant plusieurs millions ou milliards d'étoiles. Les galaxies vont des naines de quelques milliers d'années-lumière de diamètre aux géantes qui s'étendent sur des centaines de milliers d'années-lumière. On les classe selon leur forme : spirale, elliptique, irrégulière ou lenticulaire.

Galaxies spirales

Deux structures caractérisent ce type de galaxies : un disque plat d'étoiles, de gaz et de poussières, et un bulbe central, ou noyau. Certaines possèdent une barre d'étoiles traversant le noyau (spirales barrées). Les vitesses relatives des étoiles autour du centre font qu'elles s'agglutinent pour former les bras.

M81 *est le type des galaxies spirales, avec son noyau proéminent et ses faibles bras spiraux.*

NGC 2997 *est une galaxie spirale dont le noyau est petit par rapport aux bras spiraux.*

M109 *est un prototype de spirale barrée, avec une barre qui traverse le noyau et les bras.*

NGC 1300 *est un autre exemple de spirale barrée avec un petit noyau et des bras spiraux fournis.*

Galaxies elliptiques

Ainsi dénommées en raison de leur apparence, les galaxies elliptiques sont classées selon leur forme. Certaines sont quasi sphériques et d'autres fort allongées. Elles contiennent souvent de vieilles étoiles.

M32, *dans la constellation d'Andromède, est une galaxie elliptique satellite de celle d'Andromède et apparaît comme un objet stellaire.*

Galaxies irrégulières

Ni elliptiques ni spirales, elles n'ont pas de forme précise. Elles présentent des signes de distorsions causées par les forces gravitationnelles des galaxies voisines et ont souvent été victimes de collisions avec d'autres galaxies.

Le Grand Nuage de Magellan, *dans la constellation de la Dorade, est une galaxie irrégulière sans noyau et sans bras spiraux.*

Galaxies lenticulaires

Plus rares que les galaxies elliptiques ou spirales, ces galaxies sont d'anciennes galaxies spirales qui ont perdu leurs bras. Au télescope, elles ressemblent plutôt aux galaxies elliptiques.

Une galaxie lenticulaire *a la forme d'une lentille, avec un noyau sphérique fait de vieilles étoiles rouges ou jaunes. Elle n'a pas de bras et présente une faible activité de formation stellaire.*

Les nébuleuses

Diaphanes nuages de gaz et de poussières, les nébuleuses se révèlent de manières diverses : certaines en émettant de la lumière, d'autres en reflétant la lumière d'une étoile voisine ou en se silhouettant sur un fond d'étoiles. Régions où se forment les étoiles et les amas d'étoiles, les nébuleuses peuvent aussi être engendrées par des étoiles en fin de vie.

Nébuleuses à émission

Ces nébuleuses sont des nuages de gaz portés à haute température. Une étoile proche émet des rayons ultraviolets qui excitent les atomes de la nébuleuse. Lorsque ceux-ci reviennent à leur niveau d'énergie le plus bas, ils émettent de la lumière sous différentes couleurs qui correspondent à la composition chimique du nuage.

***La nébuleuse de la Tarentule** est l'une des nébuleuses à émission les plus brillantes. On la trouve dans la galaxie irrégulière du Grand Nuage de Magellan.*

***La nébuleuse d'Orion** est une nébuleuse à émission illuminée par des étoiles chaudes, brillantes et jeunes.*

Nébuleuses à réflexion

Elles ne brillent pas par elles-mêmes et n'émettent aucune lumière propre, ne faisant que refléter celle émise par une ou plusieurs étoiles proches.

***Les Pléiades** sont un amas ouvert au-dessus du Taureau. Traversant cette formation, une nébuleuse reflète la lumière de ses étoiles.*

Nébuleuses sombres

Ce sont des formations de poussières qui bloquent la lumière des étoiles situées derrière elles. Elles ne brillent pas, ni ne reflètent aucune lumière.

***La nébuleuse à Tête de Cheval** (Barnard 33). Dans la constellation d'Orion, cette nébuleuse froide et sombre se profile en ombre chinoise.*

Nébuleuses planétaires

Leur nom vient de leur forme semblable au disque d'un système planétaire. Elles sont engendrées par l'éjection des gaz d'une étoile en train de mourir.

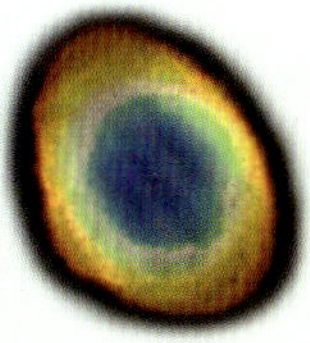

***La nébuleuse de la Lyre** (M57) a été formée par les couches atmosphériques d'une étoile en fin de vie.*

Restes de supernovae

Certaines étoiles finissent leur vie en une gigantesque explosion, une supernova, après laquelle les gaz continuent de briller : ce sont les restes lumineux de la supernova.

***La nébuleuse du Crabe** (M1), dans le Taureau, est le reste d'une supernova causée par l'explosion d'une étoile.*

Qu'est-ce qu'une étoile ?

Une étoile est une grosse boule de gaz réchauffée par les réactions thermonucléaires qui se déroulent en son centre. Cette énorme quantité d'énergie ainsi créée traverse les couches internes de l'étoile pour venir dispenser chaleur et lumière à sa surface. Bien que nombre d'étoiles soient plus lumineuses que le Soleil, la grande distance qui nous en sépare ne les fait apparaître que comme de petits points lumineux.

La formation des étoiles

À l'origine des étoiles, nous trouvons ces immenses nuages de gaz et de poussières que sont les nébuleuses. Sous l'effet de leur propre poids, ces nuages s'effondrent sur eux-mêmes, pour former une protoétoile. À l'intérieur de celle-ci, la température augmente jusqu'à ce que s'enclenchent des réactions thermonucléaires. Une étoile de la séquence principale vient de naître. Selon sa masse initiale, sa durée de vie et sa fin seront différentes.

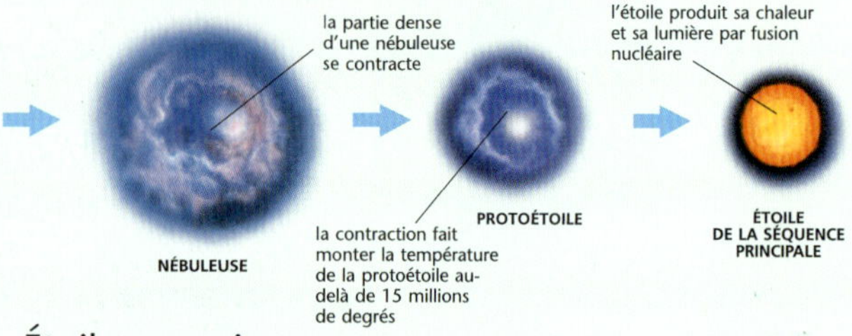

Étoiles massives

Une étoile massive, dont la masse excède dix fois celle du Soleil, brûle très vite son carburant, en quelques millions d'années seulement, puis se gonfle pour devenir une géante ou une supergéante rouge. Le cœur stellaire s'effondre et les couches de l'étoile sont ejectées en supernova. Le cœur devient ensuite soit une étoile à neutrons, soit, s'il est très massif, un trou noir.

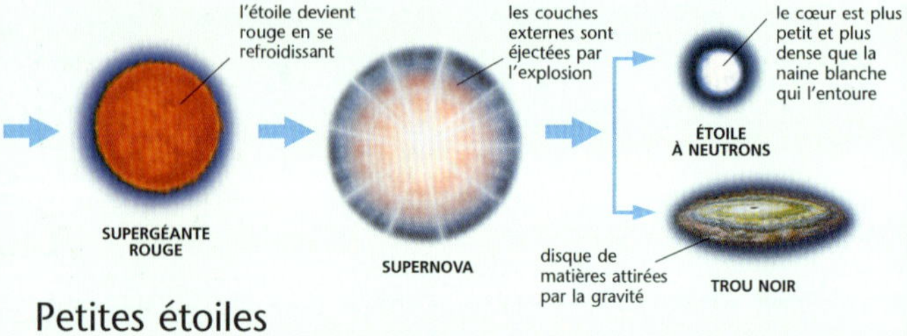

Petites étoiles

Les plus petites étoiles deviennent également des géantes rouges, perdant leurs couches externes, mais elles le font sans explosion. Simplement, les couches externes forment une nébuleuse planétaire autour de l'étoile, dont le cœur continue de briller comme celui d'une naine blanche. Après des milliards d'années, il cesse d'émettre de la lumière pour devenir une naine noire.

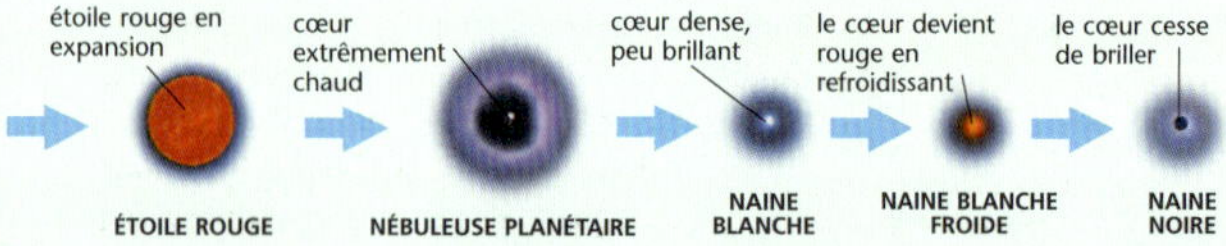

Les divers types d'étoiles

Durant des milliers d'années, les étoiles ont été considérées comme des objets isolés. Sans doute parce que le Soleil est solitaire et que les étoiles paraissent des points singuliers dans le ciel. En réalité, la plupart des étoiles passent une partie de leur vie dans des systèmes d'étoiles multiples ou comme membres d'amas d'étoiles ouverts ou fermés.

Étoiles doubles et multiples

Les étoiles binaires (ou multiples) sont liées par la gravitation et orbitent autour d'un même centre de gravité. Les doubles optiques ne paraissent proches que parce qu'elles sont sur la même ligne de visée. Les étoiles doubles ou multiples ne forment qu'une seule source de lumière, mais un télescope permet de les « séparer » et rend chaque composant visible.

Une double double *Dans Epsilon Lyrae, chaque étoile du binaire est une étoile double.*

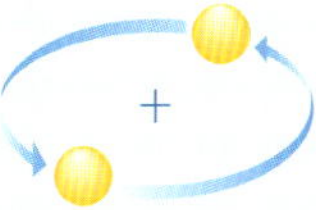

Une étoile binaire *est un couple d'étoiles qui orbitent autour d'un même centre de gravité.*

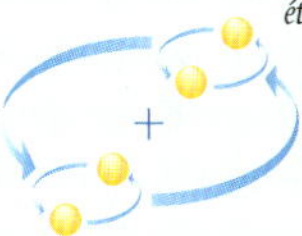

Étoiles multiples *avec quatre étoiles liées par la gravitation et orbitant autour d'un centre de gravité.*

Étoiles doubles variables

Certaines étoiles, « variables », changent de luminosité périodiquement. Environ 20 % sont des variables à éclipse : le changement est dû au passage d'une étoile binaire devant sa compagne. Les autres sont des variables intrinsèques : la variation suit les pulsations de l'étoile. Le diagramme ci-dessous présente le système d'Algol, une variable à éclipse dans la constellation de Persée.

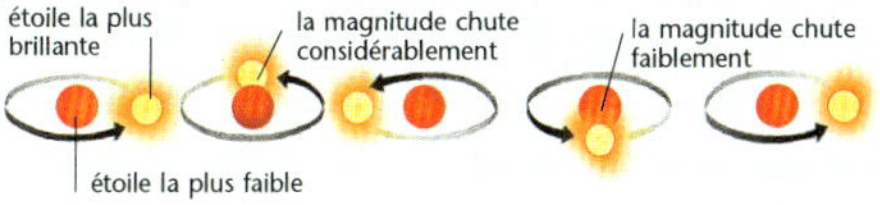

Les deux étoiles *d'Algol s'éclipsent mutuellement, provoquant des variations régulières de magnitude.*

Amas ouverts

Les amas ouverts regroupent quelques dizaines ou centaines d'étoiles liées par la gravité. Formés à partir de nuages de gaz et de poussières, de tels amas nichent dans les bras spiraux de notre galaxie. Souvent entourées par les restes du nuage de poussières, les étoiles des amas ouverts l'illuminent comme une nébuleuse à réflexion ou à émission.

Les Pléiades dans le Taureau, *au télescope : un vaste amas ouvert avec des dizaines d'étoiles.*

M31 dans Hercule. *Cet amas globulaire, le plus brillant de l'hémisphère Nord, est à environ 25 000 années-lumière de la Terre.*

Amas globulaires

Un amas globulaire est un groupe d'étoiles anciennes liées par la gravité. Plus massif qu'un amas ouvert, il contient des milliers ou des millions d'étoiles et peut s'étendre sur 200 années-lumière. On en dénombre plus de 150 dans le halo qui entoure la Voie lactée, autour de laquelle ils suivent leur orbite propre.

La sphère céleste

Jadis, on considérait le ciel comme une sphère solide sur laquelle les étoiles étaient accrochées, et qui tournait tout entière autour de la Terre. Nous savons aujourd'hui qu'il n'y a pas de sphère solide et qu'elle ne tourne pas, mais que le mouvement apparent des étoiles d'est en ouest est dû à la rotation de notre planète sur elle-même. Pourtant, cela ne nous empêche pas d'utiliser ce concept de sphère pour expliciter le mouvement des étoiles et les situer dans le ciel.

Les lignes célestes

Les lignes de la sphère céleste correspondent aux lignes placées sur notre globe terrestre. Ainsi, l'équateur céleste est la projection dans le ciel de l'équateur terrestre, et les pôles célestes autour desquels la sphère céleste tourne en 24 heures sont au-dessus de nos pôles Nord et Sud. La ligne de l'écliptique représente le trajet apparent suivi par le Soleil dans sa course annuelle.

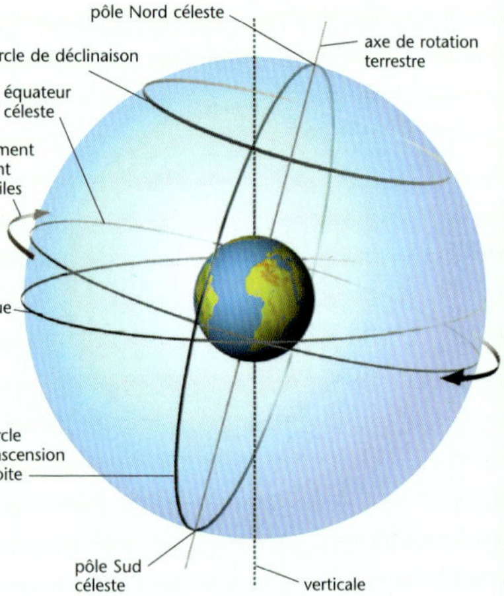

***Sur la sphère céleste**, les cercles de déclinaison et d'ascension droite correspondent aux latitudes et longitudes terrestres et permettent de localiser un objet.*

La latitude

La portion de la sphère céleste que peut voir un observateur dépend de sa latitude terrestre. Aux pôles, il ne voit qu'une demi-sphère céleste, et les étoiles suivent des trajets parallèles à l'horizon, sans se coucher ou se lever. Elles sont circumpolaires. À l'équateur, les deux pôles célestes se trouvent à l'horizon, et toutes les étoiles se lèvent puis se couchent ; l'ensemble de la sphère céleste se dévoile en une année. Aux latitudes intermédiaires, certains objets sont circumpolaires alors que d'autres se lèvent et se couchent ; au fil des saisons, on voit l'ensemble d'un hémisphère céleste.

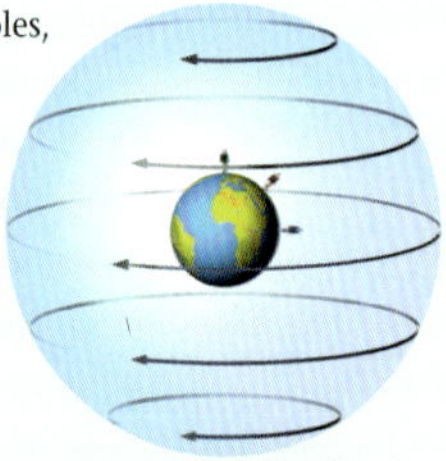

***Le mouvement** des étoiles dépend de la latitude à laquelle se trouve l'observateur.*

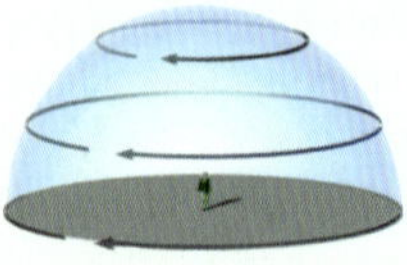

***Vus depuis** le pôle Nord, les objets célestes ne se lèvent ni ne se couchent jamais.*

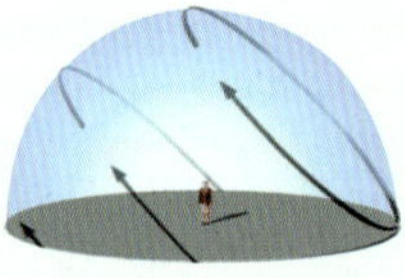

***Aux latitudes** intermédiaires, des objets sont circumpolaires, d'autres se lèvent et se couchent.*

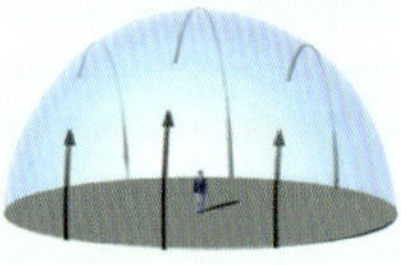

***Vus depuis** l'équateur, tous les objets célestes se lèvent et se couchent.*

Les coordonnées

La sphère céleste possède son propre système de coordonnées. Dans le ciel, la coordonnée qui correspond à la latitude est la déclinaison, qui va de 90° sud à 90° nord en passant par l'équateur (0°). Les valeurs nord sont précédées du signe + et les valeurs sud du signe –. La longitude céleste s'appelle l'ascension droite (AD) et tourne le long de l'équateur céleste dans le sens inverse des aiguilles d'une montre. On la compte en heures, minutes et secondes.

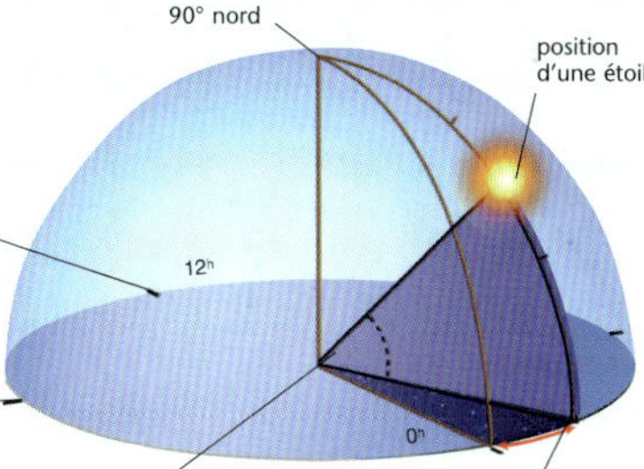

***La position** d'une étoile est donnée par sa déclinaison (+ 45°) et son ascension droite (1 h, ou 15°).*

Le ciel change

Tandis que notre Terre tourne sur elle-même, les étoiles semblent traverser le ciel nocturne. Pourtant, elles ne changent pas de déclinaison ni d'ascension droite car la sphère céleste tourne en même temps que la Terre, effectuant un tour en 23 heures et 56 minutes. Comme, officiellement, la durée du jour terrestre est de 24 heures, cela signifie que, chaque soir, une étoile se lève avec 4 minutes de retard.

***Cercles d'étoiles** En photographiant le ciel nocturne avec un long temps d'exposition (plusieurs heures), on voit que le trajet des étoiles se matérialise en cercles circumpolaires.*

L'écliptique et le zodiaque

On appelle « écliptique » le plan dans lequel la Terre tourne autour du Soleil. Vu depuis la Terre, il représente aussi celui du mouvement apparent du Soleil sur la sphère céleste. Au cours de son périple annuel (en fait, c'est la Terre qui effectue ce voyage), le Soleil passe devant douze constellations (plus celle d'Ophiucus), qui forment le zodiaque.

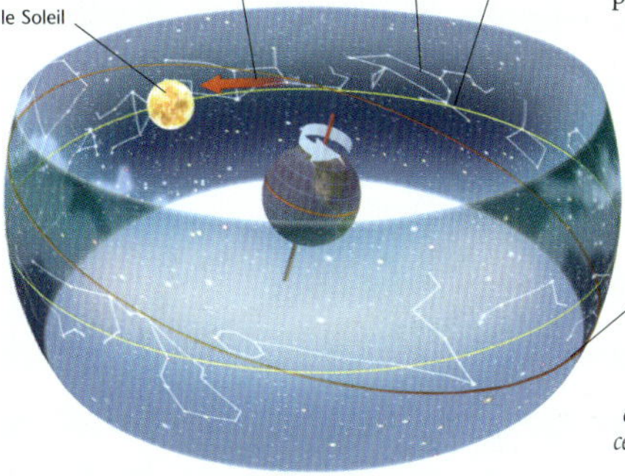

***La bande zodiacale** comprend douze constellations, plus celle d'Ophiucus.*

Les constellations

La sphère céleste est divisée en 88 sections nommées « constellations ». L'origine de certaines d'entre elles remonte à l'Antiquité ; au IIe siècle apr. J.-C., l'astronome grec Ptolémée en listait déjà 48 (faute de connaître celles de l'hémisphère Sud). Les noms et limites des constellations ont été définis en 1928 par l'Union astronomique internationale.

Cartes du ciel

D'un point de vue technique, la limite des constellations se réfère au dessin ou à la forme qu'elle représente. Toute étoile incluse dans ces limites appartient à cette constellation, même si elle ne participe pas à sa forme générale. Chaque constellation porte un nom latin mis au génitif, qui s'ajoute à celui de chaque étoile. Au génitif, le nom d'Orion est Orionis.

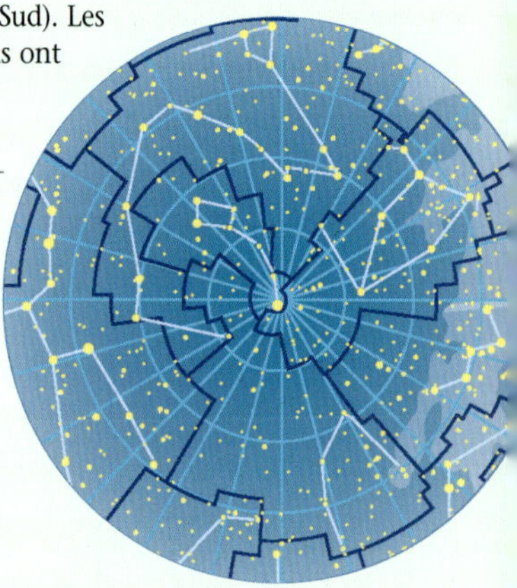

***Les limites** des constellations boréales apparaissent nettement en trait bleu sombre sur cette carte générale.*

Dessins d'étoiles

À l'intérieur d'une constellation, les étoiles n'ont aucun lien entre elles et se situent à des années-lumière les unes des autres. Lorsqu'on approche d'une ville, la nuit, toutes les lumières nous apparaissent sur un même plan. Dans le ciel nocturne, il se passe la même chose avec les étoiles. Depuis des milliers d'années, les civilisations ont associé ces figures à des héros mythologiques. Pour les Grecs, Orion était un chasseur, mais il était assimilé à Osiris, dieu de la Végétation, chez les Égyptiens. Si certaines constellations ressemblent à leur nom, comme le Scorpion, il est difficile, par exemple, de voir une ourse dans la Grande Ourse.

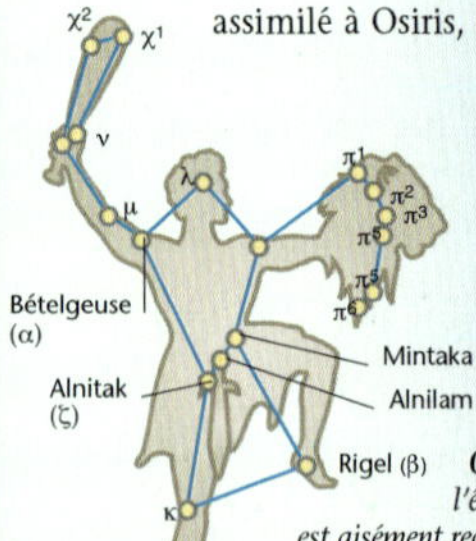

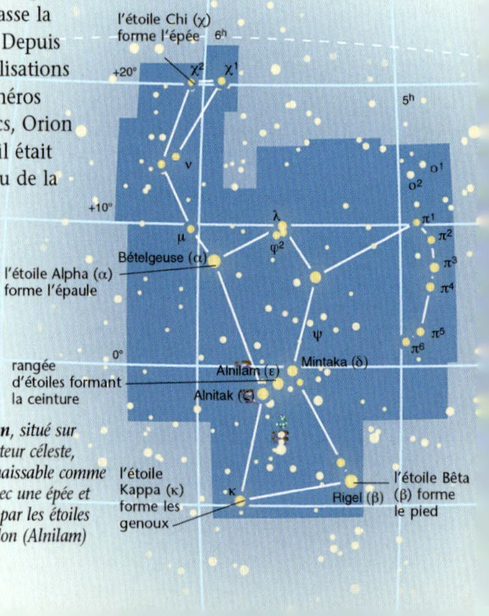

***Orion**, situé sur l'équateur céleste, est aisément reconnaissable comme une figure géante avec une épée et une ceinture formée par les étoiles Zêta (Alnitak), Epsilon (Alnilam) et Delta (Mintaka).*

Le nom des étoiles

Il existe de nombreux catalogues pour désigner les objets du ciel. Les plus connus sont ceux de Bayer, de Messier (M), le New General (NGC) ou encore celui de Flamsteed. Les étoiles les plus brillantes portent, quant à elles, des noms propres d'origine latine, grecque ou arabe.

Procédés de dénomination

Dans le procédé de Bayer, les étoiles se voient attribuer une lettre de l'alphabet grec, en partant d'alpha pour la plus brillante, bêta, etc., suivie par le nom au génitif de la constellation : alpha Canis Majoris. Dans le catalogue de Flamsteed, la plupart des étoiles visibles à l'œil nu ont un chiffre accolé à leur nom, comme 51 Pegasi. Les étoiles variables ont une lettre précédée par un R, comme R Lyrae. Le catalogue Messier (M) attribue un nombre aux objets du ciel profond : M45 pour les Pléiades. Le NGC désigne d'autres objes du ciel profond (NGC 224), de même que deux autres catalogues qui font précéder le nombre de l'objet désigné par les lettres IC.

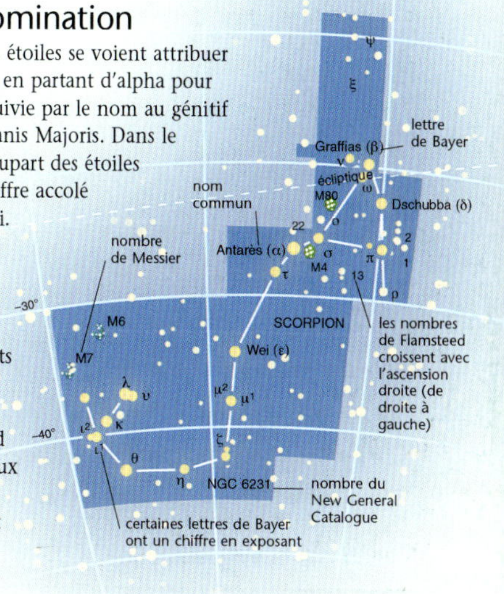

Magnitude

La magnitude apparente d'une étoile désigne l'importance de son intensité lumineuse dans le ciel. Elle dépend de la luminosité intrinsèque de l'étoile, de sa distance à la Terre et de la portion de lumière absorbée par l'atmosphère. Par temps clair, l'œil humain distingue les étoiles jusqu'à une magnitude de 6,5.

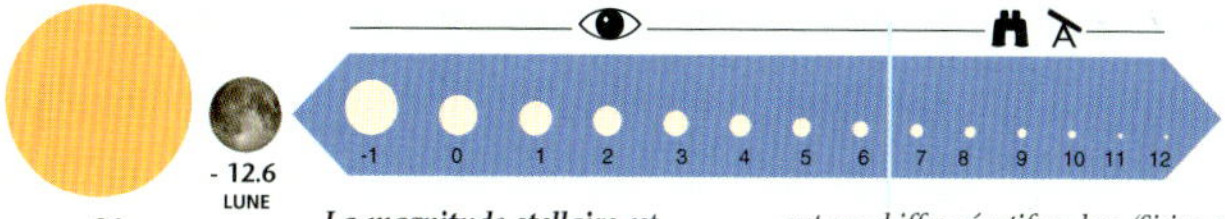

***La magnitude stellaire** est mesurée sur une échelle dans laquelle les étoiles les plus brillantes ont un chiffre négatif ou bas (Sirius a une magnitude de – 1,4), et les étoiles faibles des chiffres élevés.*

Type spectral

Les étoiles sont classées selon leur spectre, qui révèle leur couleur, leur composition chimique et leur température. Sept types de spectre (O, B, A, F, G, K, M) désignent les étoiles, des plus chaudes aux plus froides.

TYPE SPECTRAL	COULEUR	TEMP. (K)	EXEMPLE
O	*Bleu/blanc*	*25 000-40 000*	*Zêta Puppis*
B	*Bleu-blanc*	*11 000-25 000*	*Rigel*
A	*Blanche*	*7 500-11 000*	*Véga, Sirius*
F	*Jaune/blanc*	*6 000-7 500*	*Polaris*
G	*Jaune*	*5 000-6 000*	*Capella*
K	*Orange*	*3 500-5 000*	*Aldébaran*
M	*Rouge*	*3 000-3 500*	*Bételgeuse*

Le Système solaire

Le Soleil est entouré par neuf planètes et par une multitude de petits corps célestes, les astéroïdes et les comètes. Tous ces objets sont tenus en orbite par la force gravitationnelle du Soleil qui représente 99,9 % de la masse du Système solaire. On distingue deux sortes de planètes : les petites rocheuses qui sont les planètes internes, et les géantes gazeuses, ou planètes externes. Au-delà, la minuscule et glacée planète Pluton présente un cas à part, aux limites du Système solaire.

Les orbites

Les planètes tournent autour du Soleil selon des orbites à peu près circulaires et dans le sens anti-horaire (vu depuis le pôle Nord du Soleil). Toutes se situent grosso modo dans le même plan, celui de l'écliptique. Certaines suivent un trajet plus elliptique (excentricité) que d'autres et leur distance au Soleil est donc variable. Avec une excentricité de 0,24 (dans un cercle parfait, l'excentricité égale zéro), la distance de Pluton au Soleil varie entre 4,4 milliards et 7,5 milliards de km. L'excentricité de la Terre n'étant que de 0,01, sa distance au Soleil oscille entre 147 et 152 millions de km, avec une moyenne de 149 597 970 km. C'est cette distance qui est utilisée pour définir l'unité astronomique (ua).

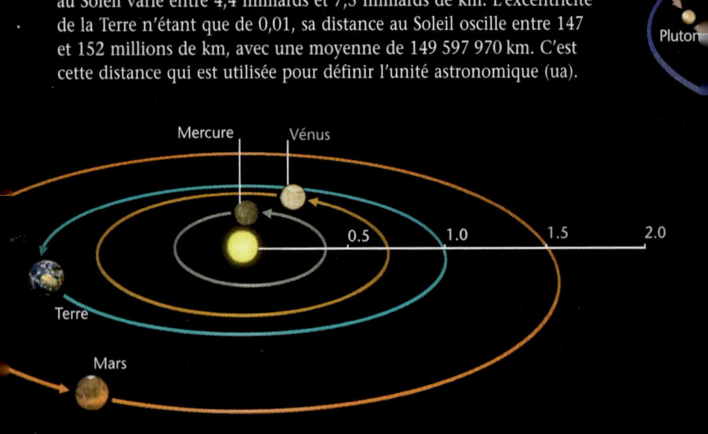

Les planètes internes

Mercure, Vénus et Mars ont de nombreuses caractéristiques en commun avec notre Terre, la troisième planète en partant du Soleil. Toutes présentent une surface solide faite de roches et sont de petite taille. Pour ces raisons, ces trois planètes sont souvent appelées planètes « terrestres ». En revanche, alors que notre Terre possède un grand satellite, la Lune, qui éclaire nos nuits, Mars n'a que deux minuscules satellites inobservables pour les astronomes amateurs, et Mercure et Vénus, aucun.

Les neuf planètes *apparaissent à l'échelle sur cette image ; Jupiter est la plus grande et Pluton la plus petite.*

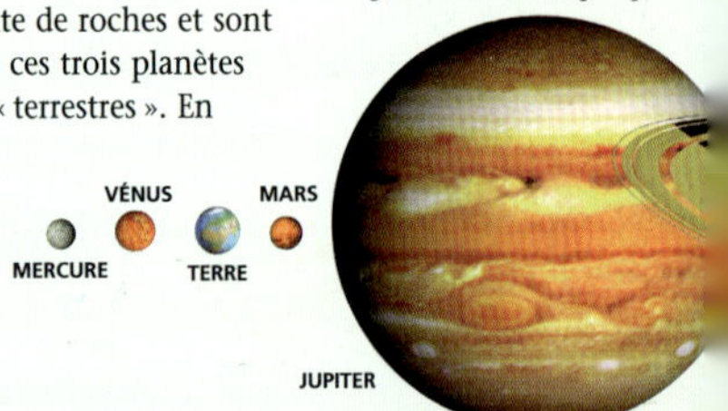

Les astéroïdes

Entre Mars et Jupiter, prisonnières des influences gravitationnelles du Soleil et de Jupiter, orbitent des millions de miniplanètes : la ceinture d'astéroïdes. Rochers de formes irrégulières, les astéroïdes sont le reliquat de la formation des planètes. Le plus grand est Cérès (940 km de diamètre) et le plus brillant Vesta (magnitude 5).

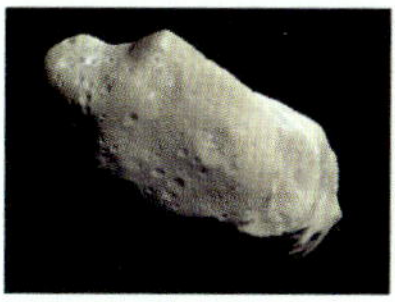

La ceinture principale *d'astéroïdes a reçu la visite de Galileo (années 1990). À gauche, Ida (55 km) a son propre satellite, Dactyl. À droite, Gaspra, plus jeune que Ida.*

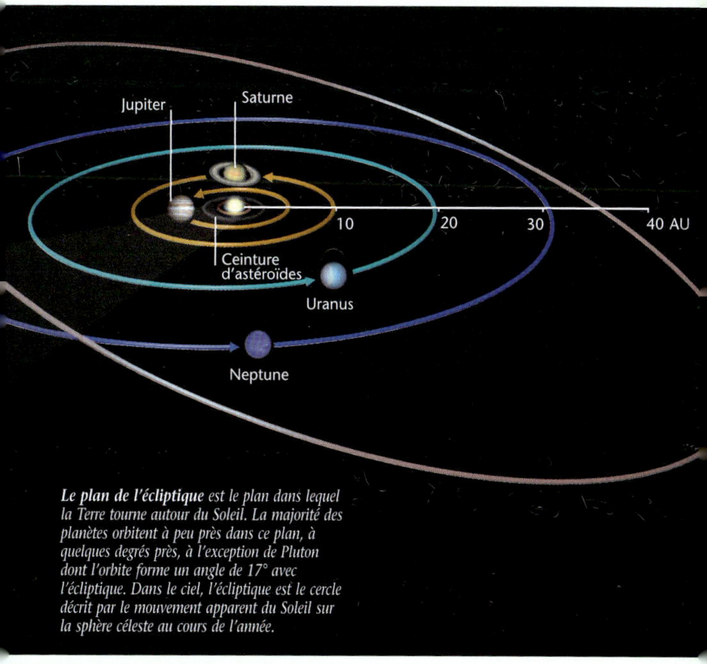

Le plan de l'écliptique *est le plan dans lequel la Terre tourne autour du Soleil. La majorité des planètes orbitent à peu près dans ce plan, à quelques degrés près, à l'exception de Pluton dont l'orbite forme un angle de 17° avec l'écliptique. Dans le ciel, l'écliptique est le cercle décrit par le mouvement apparent du Soleil sur la sphère céleste au cours de l'année.*

Les planètes externes

Jupiter, Saturne, Uranus et Neptune sont des planètes géantes gazeuses, essentiellement composées d'hydrogène et d'hélium, sans surface solide. Toutes possèdent un grand nombre de satellites (de lunes) ainsi qu'un système d'anneaux. Le plus célèbre est celui de Saturne, ceux qui entourent Jupiter, Uranus et Neptune étant très ténus. Pluton est la planète la plus lointaine, mais sa petite taille et son orbite originale font débat autour de son statut de planète. Orbitant au-delà de Pluton existerait une dixième planète plus grosse, Xéna.

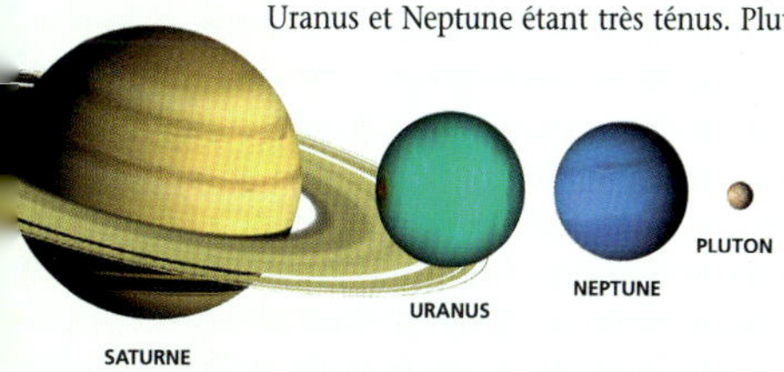

Les comètes

Comme les astéroïdes, les comètes font partie des plus anciens objets du Système solaire, après le Soleil bien sûr. Sortes de boules de neige sale, elles sont recouvertes de glace et de gaz gelés.

La structure d'une comète est révélée sur cette image composite (noyau de la comète de Halley et chevelure de la comète de Hale-Bopp).

Queue des comètes

Au-delà de Neptune circulent des milliards de comètes. Leurs orbites étant très excentriques, certaines se rapprochent du Soleil. Les radiations solaires réchauffent alors la comète (dont le noyau dur dépasse rarement 10 km) : décongelés, gaz et poussières s'en échappent pour former, dans le sens opposé au Soleil, une grande queue de 100 000 km de long. Soufflés par le vent solaire, gaz et poussières développent parfois un gigantesque panache de gaz ionisés sur plusieurs millions de kilomètres.

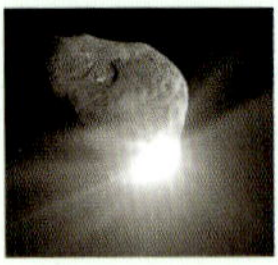

***Le noyau** de la comète Tempel 1, juste après que la mission Deep Impact y a provoqué des éruptions en juillet 2005.*

Après son passage près du Soleil, la comète s'éloigne et sa queue disparaît. On pense que c'est la collision de millions de comètes avec la Terre qui lui a, jadis, apporté une partie de son eau et de ses matières organiques.

Comètes périodiques

On a observé environ un millier de comètes dans le Système planétaire. Certaines reviennent à des intervalles de moins de deux siècles, comme la célèbre et très brillante comète de Halley. D'autres, telles Hale-Bopp ou Hyakutake, ont des périodes de plusieurs millénaires. Certaines, enfin, restent dans le Système solaire, telle Tempel 1.

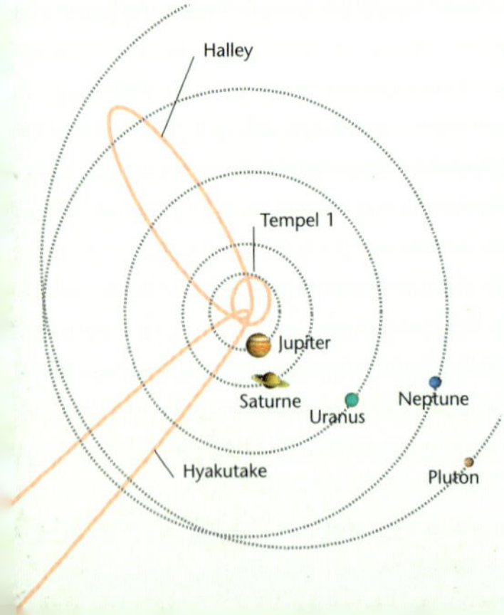

***La comète de Hale-Bopp** a offert, en 1997, un impressionnant spectacle avec ses deux queues, l'une jaunâtre, faite de poussière, et l'autre, bleue et brillante, faite de plasma (particules ionisées).*

Météores et météorites

La plupart des météores, ou étoiles filantes, ont pour origine les poussières ou matières laissées par les comètes lors de leurs passages. En pénétrant dans l'atmosphère, ces minuscules grains de roches (météorites) s'enflamment et laissent dans le ciel une traînée lumineuse.

Pluies d'étoiles filantes

La Terre vient régulièrement croiser l'orbite des poussières laissées par une comète. Ces particules viennent alors frapper l'atmosphère et s'enflamment vers 70 à 100 km d'altitude, provoquant des « pluies » de météores. Tous ces météores semblent diverger depuis un point commun, le radiant, et ces pluies prennent le nom de la constellation d'où elles semblent provenir : Lyrides, Perséides, etc. Les pluies les plus fournies viennent des Gémeaux (les Géminides), en décembre, et de Persée, en août. Si le nombre moyen avoisine les 5 à 10 météores par heure, certaines pluies peuvent en présenter des milliers à l'heure.

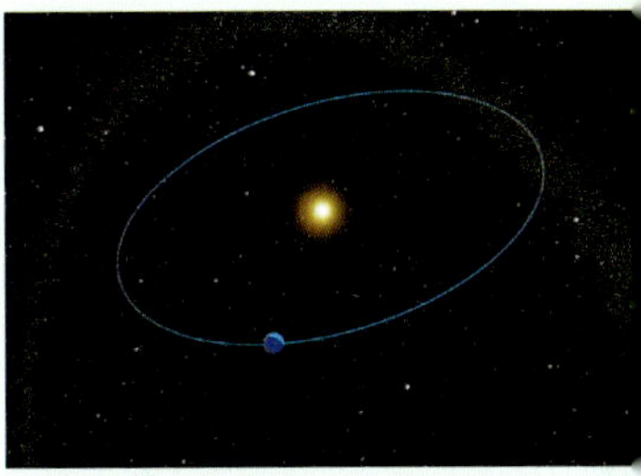

Les pluies de météorites *surviennent lorsque la terre croise le trajet d'une comète et sont plus fournies après son passage.*

DÉNOMINATION	MAXIMUM	CONSTELLATION	TAUX HORAIRE
QUADRANTIDES	*4 janvier*	*Bouvier (Boötes)*	*100*
LYRIDES	*22 avril*	*La Lyre*	*10*
ÊTA AQUARIDES	*5 mai*	*Verseau (Aquarius)*	*35*
DELTA AQUARIDES	*28 juill. ; 6 août*	*Verseau (Aquarius)*	*25; 10*
PERSÉIDES	*12 août*	*Persée*	*80*
ORIONIDES	*21 octobre*	*Orion*	*25*
TAURIDES	*3 novembre*	*Taureau*	*10*
LÉONIDES	*17 novembre*	*Lion*	*10*
GÉMINIDES	*13 décembre*	*Gémeaux*	*100*
URSIDES	*22 décembre*	*Gde Ourse*	*10*

Météorites

Lorsqu'elles atteignent l'atmosphère, les plus grosses roches se fragmentent et peuvent provoquer de véritables feux d'artifices d'étoiles filantes. Les morceaux qui atteignent le sol sont des météorites. Ils tombent dans les océans, sur le sol en douceur, ou forment des cratères d'impact (astroblèmes).

MÉTÉORITE EUCRITE

MÉTÉORITE MARTIENNE

Aurores polaires

Elles sont engendrées par la rencontre des vents solaires avec le champ magnétique terrestre. Les particules chargées en provenance du Soleil interagissent avec les atomes d'oxygène de l'atmosphère et émettent de l'énergie sous forme de lumière colorée.

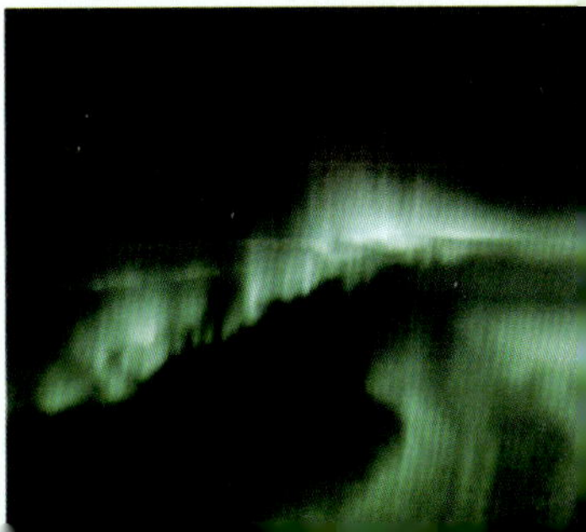

Aurore polaire *verte, vue depuis la Station orbitale internationale. Les tons verts et rouges sont fonction des niveaux d'énergie libérés.*

Le matériel

Plus l'objectif d'un appareil est grand, plus il collecte de lumière. L'œil humain a un diamètre de 6 mm, mais, avec des jumelles de 50 mm ou un télescope de 100 mm, on peut apercevoir des objets beaucoup moins lumineux. Ces instruments permettent de grossir les objets et d'en percevoir les détails. Si les jumelles sont indispensables pour débuter, les observations plus approfondies demandent un télescope.

Grossissement et ouverture

Le nombre d'objets célestes que l'on peut apercevoir avec un instrument d'astronomie dépend de son ouverture, c'est-à-dire du diamètre de la lentille qu'il utilise. Ainsi, en passant de l'œil humain (6 à 8 mm) à des jumelles de 50 ou 80 mm, donc à un objectif dix fois plus grand, on peut apercevoir des objets cent fois moins brillants. Plus l'ouverture des télescopes est grande, plus ils permettent d'observer des objets faiblement lumineux. Les télescopes courants font entre 100 mm et 150 mm de diamètre, parfois 250 mm. Le grossissement est fonction du champ, c'est-à-dire de l'importance de la portion de ciel que l'on regarde à travers le télescope ou les jumelles. Plus le grossissement est fort, plus le champ est réduit.

***Vue rapprochée** de la Lune qui, aux jumelles, apparaît grande et à l'endroit.*

***Au télescope**, le grossissement obtenu permet d'apercevoir des détails de surface.*

Les jumelles

Pour des observations simples, l'acquisition de jumelles est un bon investissement. D'abord, elles donnent une image à l'endroit, contrairement aux télescopes, dans lesquels l'image est inversée. Leur faible grossissement autorise un champ de vue assez large, idéal pour observer des comètes, les grands amas ouverts, ou balayer des constellations telles que le Cygne, très étendues dans le ciel. Pour débuter, un bon compromis est l'utilisation de jumelles grossissant de 7 à 10 fois. Plus fort, le grossissement donne des images plus grandes mais moins lumineuses. De plus, des jumelles trop lourdes (grossissement au-delà de 10 fois) sont difficiles à tenir sans trembler.

***Pour maintenir** des jumelles sans trembler : s'asseoir et poser les coudes sur les genoux afin de supporter le poids des jumelles.*

***Jumelles standards** Ouverture de 50 mm et grossissement de 10 fois.*

Les télescopes

Un télescope collecte plus de lumière que des jumelles, mais l'image renvoyée y est inversée. Le fort grossissement fait que la moindre déstabilisation de la monture est catastrophique et fait perdre l'image. Pour choisir un télescope, l'important est l'ouverture, mais aussi la qualité des lentilles et la stabilité de la monture. Il en existe de deux sortes : les télescopes à réfraction et à réflexion. Les télescopes à réfraction (lunettes) ont une lentille principale qui réfracte la lumière et la focalise jusqu'à un oculaire placé à l'autre extrémité du tube. Les lunettes à fort diamètre donnent des images très nettes et précises. Dans le télescope à réflexion, un miroir concave est placé au fond du tube où il collecte la lumière et la reflète vers un miroir secondaire qui, à son tour, envoie l'image vers l'oculaire.

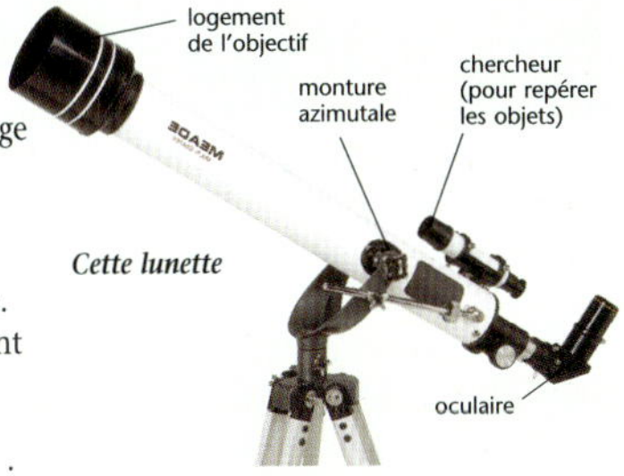

Cette lunette

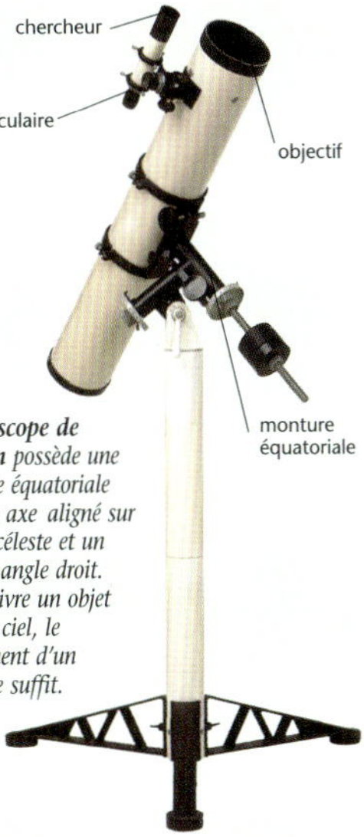

***Ce télescope de Newton** possède une monture équatoriale avec un axe aligné sur le pôle céleste et un autre à angle droit. Pour suivre un objet dans le ciel, le pivotement d'un seul axe suffit.*

***Le télescope Cassegrain** a son miroir secondaire posé en haut du tube d'où il renvoie la lumière vers l'objectif logé dans un trou du miroir principal.*

L'astrophotographie

On peut réussir une photographie du ciel en pointant son appareil vers les étoiles et en instaurant un long temps de pose : du fait de la rotation de la Terre, le trajet apparent des étoiles y apparaîtra comme des traînées de lumière. Les meilleurs résultats sont obtenus en plaçant l'appareil photographique à la place de l'oculaire d'un télescope. Si le télescope possède une monture motorisée qui suit l'objet, cela autorise de longs temps de pose. Les CCD, très sensibles à la lumière, autorisent des temps d'exposition plus courts.

***Une CCD** à l'oculaire peut capter une image plus rapidement qu'un appareil classique et la télécharger sur un ordinateur.*

Regarder les planètes

Il y a deux façons de distinguer les planètes parmi les points brillants du ciel nocturne : elles ne scintillent pas comme les étoiles et, au fil des jours ou des semaines, elles se déplacent par rapport au reste du fond étoilé. La plupart des planètes sont plus brillantes que les étoiles, particulièrement Vénus et Jupiter qui sont les objets les plus lumineux après le Soleil et la Lune. Le mouvement des planètes est sensible au fil des semaines alors qu'elles cheminent à travers les constellations du zodiaque.

Élongation

On appelle « élongation d'une planète » l'angle formé par cette planète et le Soleil, vu depuis la Terre. Mercure et Vénus étant très proches du Soleil, les moments où on les voit le mieux se situent juste avant ou juste après le coucher du Soleil. Lorsqu'une planète se lève avant le Soleil, elle est plus à l'ouest que lui et l'on parle d'élongation ouest (ou matinale). Lorsqu'elle se couche après le Soleil, on parle d'élongation est (ou vespérale).

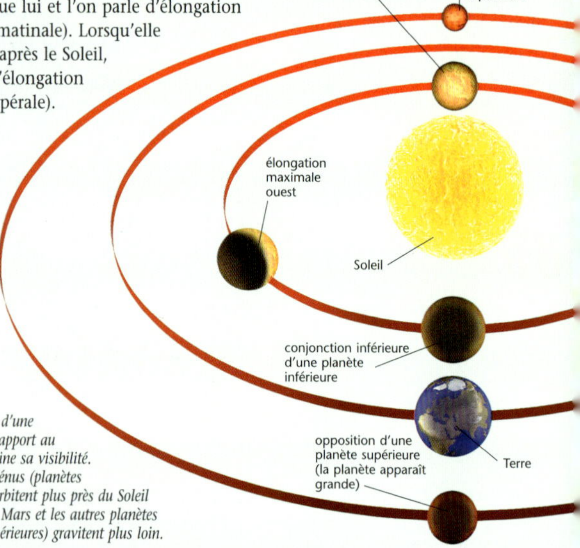

***La position** d'une planète par rapport au Soleil détermine sa visibilité. Mercure et Vénus (planètes inférieures) orbitent plus près du Soleil que la Terre. Mars et les autres planètes (planètes supérieures) gravitent plus loin.*

Conjonctions et oppositions

Il y a conjonction ou opposition entre deux planètes lorsque ces planètes et le Soleil se trouvent sur une même ligne. Si une planète est située du même côté du Soleil (son élongation est égale à zéro), il y a conjonction. Pour les planètes inférieures, la planète peut se trouver soit entre la Terre et le Soleil (conjonction inférieure), soit de l'autre côté du Soleil (conjonction supérieure). Les planètes supérieures peuvent se trouver en opposition, lorsque le Soleil, la Terre et la planète sont alignés dans cet ordre. C'est le moment où cette planète est au plus proche de la Terre.

Un alignement des planètes vu en avril 2002, lorsque les cinq planètes visibles à l'œil nu se trouvaient dans une même portion du ciel après le coucher du Soleil. Les planètes les plus basses semblent proches, mais elles sont éloignées de centaines de millions de kilomètres.

Phases

Mercure et Vénus présentent des phases en fonction de l'éclairage du Soleil et de la position de ces planètes par rapport la Terre. Vénus est en quartier (demi-phase) à son élongation maximale. Au fur et à mesure qu'elle se rapproche de la Terre, son disque devient un croissant jusqu'au moment où elle disparaît entre la Terre et le Soleil. Elle ré-émerge de l'autre côté du Soleil et, de fin croissant, devient une Vénus pleine en conjonction supérieure. Alors très éloignée de la Terre, la planète apparaît plus petite que lorsqu'elle est en croissant, près de son élongation maximale. Il en va de même pour Mercure. Les planètes

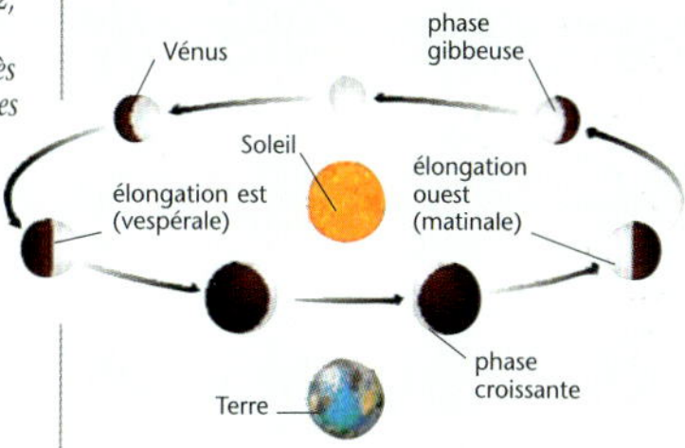

Les phases de Vénus, lors de son orbite solaire, peuvent être observées avec de puissantes jumelles. Elle apparaît plus grande lorsqu'elle est en croissant, près de la Terre, et plus petite en phase pleine.

supérieures connaissent également des phases, mais, avec la distance, celles-ci sont peu distinctes en étant vues depuis la Terre.

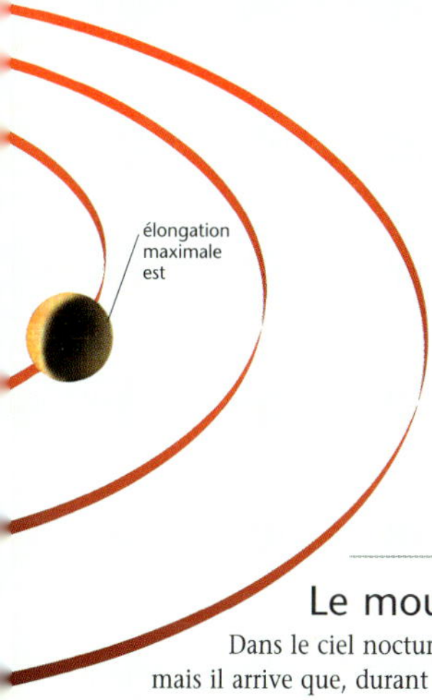

Le mouvement rétrograde

Dans le ciel nocturne, les planètes se déplacent d'ouest en est, mais il arrive que, durant un bref moment, elles semblent se déplacer d'est en ouest, dans le sens rétrograde. Cela survient lorsque la Terre, qui se déplace plus vite sur une plus petite orbite, « rattrape » une planète extérieure : celle-ci semble ralentir, s'arrêter, puis partir dans le sens inverse. Elle reprend sa direction normale lorsque la Terre a fini de la dépasser.

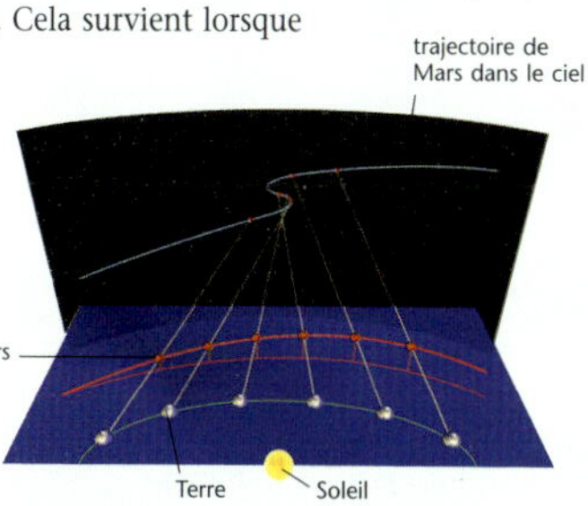

Le mouvement rétrograde, sorte de zigzag dans le ciel, se produit lorsque Mars, ou une autre planète extérieure, se trouve proche de son opposition.

Regarder les étoiles

À première vue, il est impossible de se repérer parmi les étoiles : il y en a tellement ! Heureusement, il est possible à partir d'étoiles brillantes ou de constellations connues de tracer des lignes qui conduisent à d'autres formations et, de là, poursuivre son chemin. Grâce à ces références, et en sachant évaluer les distances, il est aisé de naviguer dans le ciel étoilé.

***Le double amas** de Chi et Êta Perséi est bien visible avec des jumelles ou un petit télescope.*

Échelles pour le ciel

Tendue au bout du bras, la main est bien commode pour évaluer la taille des objets célestes. Le bout de l'index suffit à cacher la Lune ou le Soleil (0,5 degré). Toujours bras tendu, la largeur d'une main couvre environ 10 degrés et, si les doigts sont écartés, de 16 à 18 degrés, ce qui correspond à la taille de nombreuses constellations.

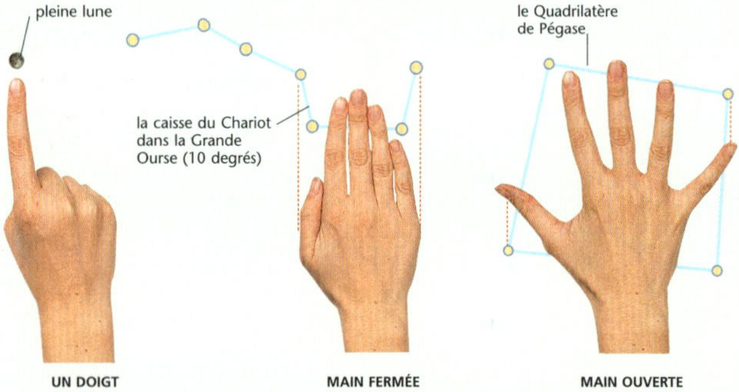

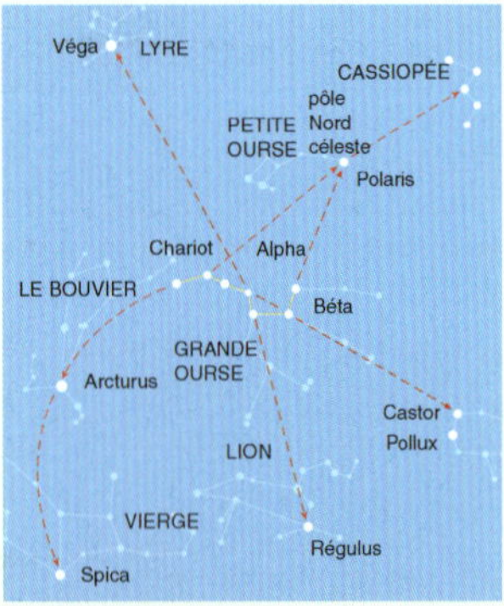

***Point de repère** dans le ciel du nord, le Chariot dans la Grande Ourse conduit à l'étoile Polaire, à Véga, Régulus, Arcturus et Spica.*

Ciel du nord

Pour se repérer, la meilleure constellation est la Grande Ourse, avec sa forme de chariot. Une ligne tracée en partant des deux étoiles formant le fond du chariot conduit droit sur l'étoile Polaris, autour de laquelle le ciel de l'hémisphère Nord semble tourner. Symétriquement à l'étoile Polaire, voici le W – ou M – de Cassiopée. En prolongeant le timon courbé du chariot, nous parvenons à Arcturus, du Bouvier, et, en continuant sur la même courbe, nous atteignons Spica de la Vierge, l'étoile la plus brillante de cette constellation.

Ciel aux latitudes intermédiaires

Durant l'hiver dans l'hémisphère Nord (l'été dans le Sud), la constellation principale est Orion. Les trois étoiles centrales de la ceinture d'Orion conduisent tout droit jusqu'à Sirius du Grand Chien, l'étoile la plus brillante du ciel. Au sommet d'Orion, Bételgeuse est reconnaissable à sa couleur rouge. Une ligne venant de son vis-à-vis Rigel (bleue) mène à Castor et Pollux des Gémeaux. En partant de la ceinture d'Orion du côté opposé à Sirius, nous arrivons sur le V du Taureau, avec l'étoile orange Aldébaran, puis à l'amas des Pléiades M45.

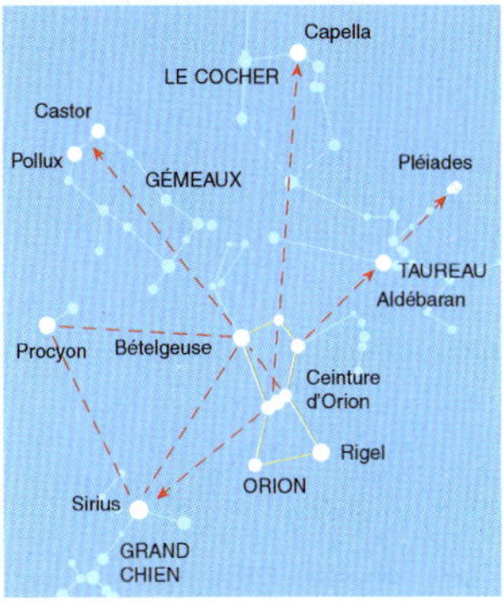

***Point de repère** aux latitudes intermédiaires, l'étoile rouge Bételgeuse forme avec Sirius et Procyon un grand triangle dans le ciel.*

Ciel du sud

Bien reconnaissable, la Croix du Sud est un bon point de départ si on ne la confond pas avec la « Fausse Croix » de la Carène, près de l'étoile Canopus. La Croix du Sud se tient au plus haut dans le ciel durant les mois d'avril et de mai, près des étoiles Alpha et Bêta du Centaure. L'axe de la Croix pointe en direction du pôle Sud, autour duquel les constellations de l'hémisphère Sud semblent tourner. Le pôle Sud peut également être trouvé en traçant une perpendiculaire à la ligne joignant Alpha à Bêta du Centaure. Canopus dans la Carène et Achernar dans l'Éridan forment un triangle avec le pôle Sud céleste.

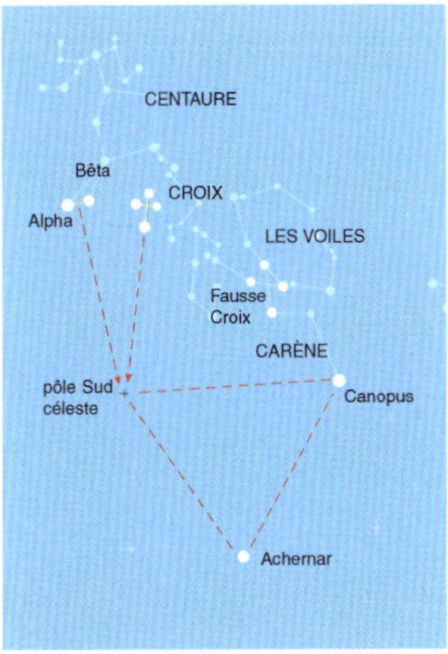

***Points de repère** dans l'hémisphère Sud : les deux étoiles brillantes du Centaure, et la Croix du Sud.*

Comment se préparer

Pour préparer une soirée d'observations, accoutumez d'abord vos yeux durant un quart d'heure à la vision nocturne, de manière à ce que vos pupilles s'adaptent à l'obscurité. Munissez-vous de vêtements chauds, pas trop serrés. Prenez un bloc-notes pour consigner vos observations (dates, heures, événements). Évitez tout éclairage artificiel (lampadaires). Si vous devez regarder une carte ou un livre, utilisez une lampe torche recouverte d'un plastique transparent rouge (ou de vernis à ongles). Enfin, pour être aperçus, les objets faiblement lumineux demandent parfois d'être regardés sur le côté (vision décalée) et non juste de face.

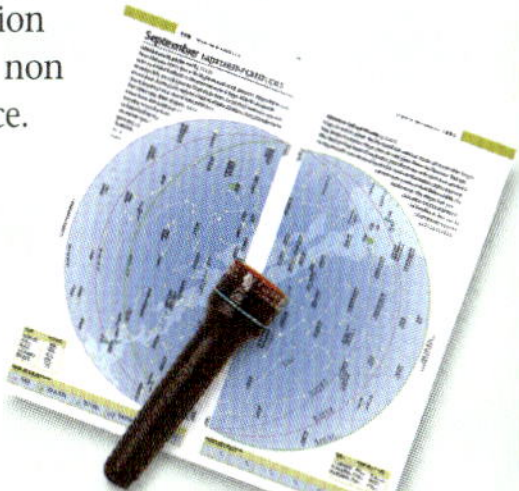

La Lune

Reine de nos nuits, la Lune est dans le ciel notre plus proche voisine. Unique satellite naturel de la Terre, bouclant son orbite à une distance moyenne de 384 000 km, elle est suffisamment proche pour faire sentir sa présence au travers des marées que sa force de gravité soulève à son passage. Ses phases sont au fondement même de nos calendriers mensuels. Quant aux formes, familières à l'œil nu, qui dessinent sa face, elles sont un objet de prédilection pour l'observation aux jumelles.

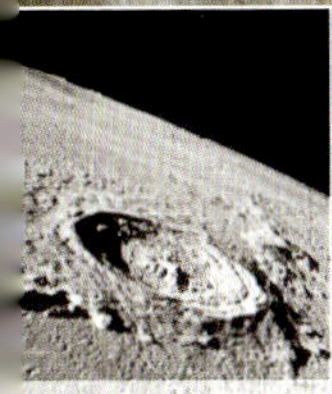

CRATÈRE D'IMPACT

ASTROBLÈME

APOLLO 17 ROVER LUNAIRE

EMPREINTE D'ASTRONAUTE

La Lune

▲ ***La période** de rotation de la Lune est de 27,3 jours, égale à sa période orbitale. C'est pourquoi la Lune nous présente toujours la même face.*

Avec son diamètre de 3 476 km, la Lune est un grand satellite, plus grand que la planète Pluton. À l'œil nu, on y distingue des zones sombres et d'autres brillantes. Les Anciens appelaient ces zones sombres des « mers ». Elles ne contiennent pas d'eau, mais ont été le réceptacle des coulées de laves basaltiques (noires) qui, jadis, ont jailli des profondeurs lunaires. Ces zones ont ensuite été bombardées d'astéroïdes qui y ont creusé de profonds bassins. Les parties claires sont plus élevées (les « continents ») et plus cratérisées.

TAILLE COMPARÉE À LA TERRE

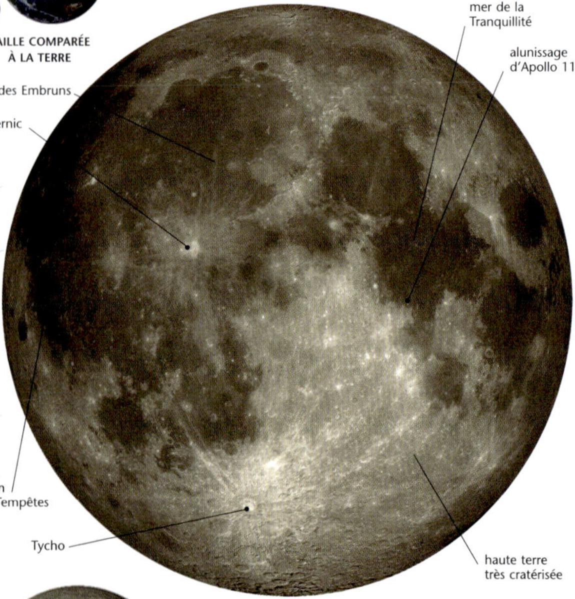

◄ ***L'autre face** de la Lune ne comprend presque pas de mers. La croûte y est plus épaisse et il n'y a eu que très peu d'éruptions volcaniques.*

▼ ***Les missions** Apollo (1969-1972) ont ramené sur terre des échantillons de roches lunaires prouvant que la composition chimique de la Terre et celle de la Lune étaient semblables. Peut-être la Lune a-t-elle été arrachée à la Terre par un fort impact.*

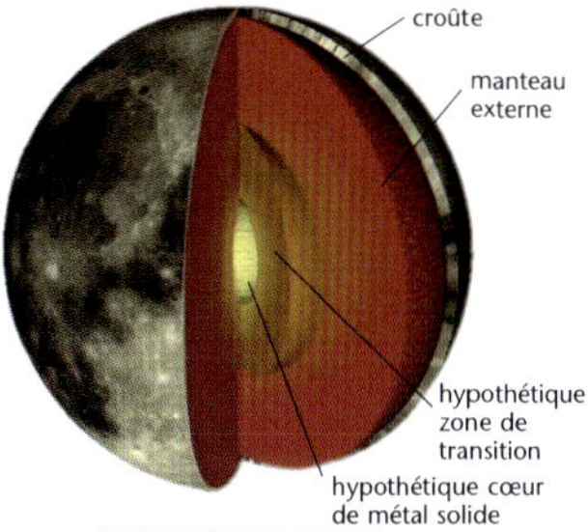

COMPOSITION DE LA LUNE

▼ ***Les phases lunaires*** *Tandis que la Lune tourne autour de la Terre, les rayons solaires éclairent différentes parties de sa surface. À la pleine lune, la face tournée vers la Terre est totalement illuminée tandis qu'à la nouvelle lune elle est plongée dans l'ombre. Entre la nouvelle lune et la pleine lune, le mois lunaire dure 29,5 jours, soit un peu plus du temps que met la Lune à tourner autour de la Terre (27,3 jours), parce que la Terre a continué de voyager autour du Soleil. Après la nouvelle lune, la surface illuminée s'agrandit, depuis un croissant jusqu'à la phase gibbeuse et à la pleine lune ; puis le phénomène inverse (décroissant) se produit. Il arrive parfois qu'à la nouvelle lune la surface soit faiblement éclairée par le reflet de la lumière terrestre.*

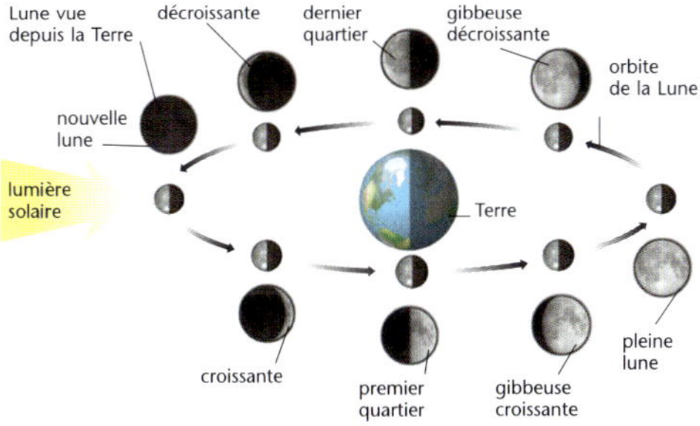

▼ ***Les éclipses de Lune*** *surviennent lorsque le trajet lunaire traverse l'ombre portée de la Terre. Comme cette ombre est bien plus large que la Lune, ces éclipses durent plusieurs heures (4 heures, à comparer avec les 7,5 minutes d'une éclipse totale de Soleil). Durant une éclipse lunaire, il arrive que la Lune se colore de rouge. Cela provient des rayons rouges du Soleil qui, courbés par l'atmosphère terrestre, sont focalisés sur la région lunaire.*

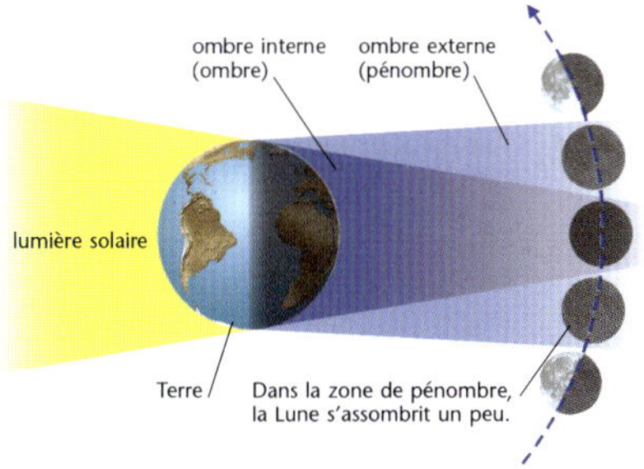

PROCHAINES ÉCLIPSES DE LUNE	
2007	*3 mars à 23 h 22 min (Temps Univ.)*
2007	*28 août à 10 h 38 min (TU)*
2008	*21 février à 03 h 27 min (TU)*
2008	*16 août à 21 h 11 min (TU)*
2009	*9 février à 14 h 39 min (TU)*
2010	*21 décembre à 08 h 18 min (TU)*

Quart nord-ouest

***Aristarque** est un jeune cratère de 300 millions d'années entouré de débris brillants soufflés lors de l'impact météoritique qui l'a formé.*

La partie nord-ouest de la Lune est dominée par un grand bassin d'impact : l'océan des Tempêtes et la mer des Embruns. L'océan des Tempêtes comprend le grand cratère Kepler et l'un des endroits les plus brillants de la Lune, le cratère Aristarque. Une chaîne de montagnes entoure la mer des Embruns, verrouillée au sud par les cratères Ératosthène et Copernic.

***Platon**, cratère de lave refroidie dans les hautes terres au nord de la mer des Embruns, a un sol sombre formé par du basalte fondu qui a rempli la cuvette creusée par l'impact d'une météorite.* ►

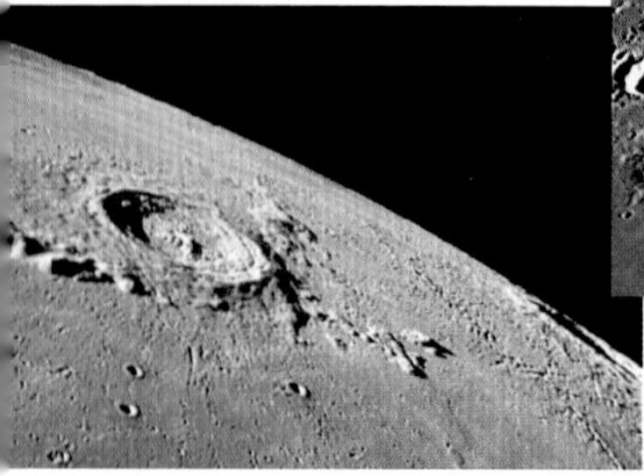

▲ ***Ératosthène** est un grand cratère dans la mer des Embruns. Mers et continents sont parsemés de cratères dus à des impacts de météorites. Sans atmosphère pour la protéger et consumer les bolides venus de l'espace, la Lune présente beaucoup plus d'impacts que la Terre. En l'absence d'érosion, ces astroblèmes y demeurent longtemps.*

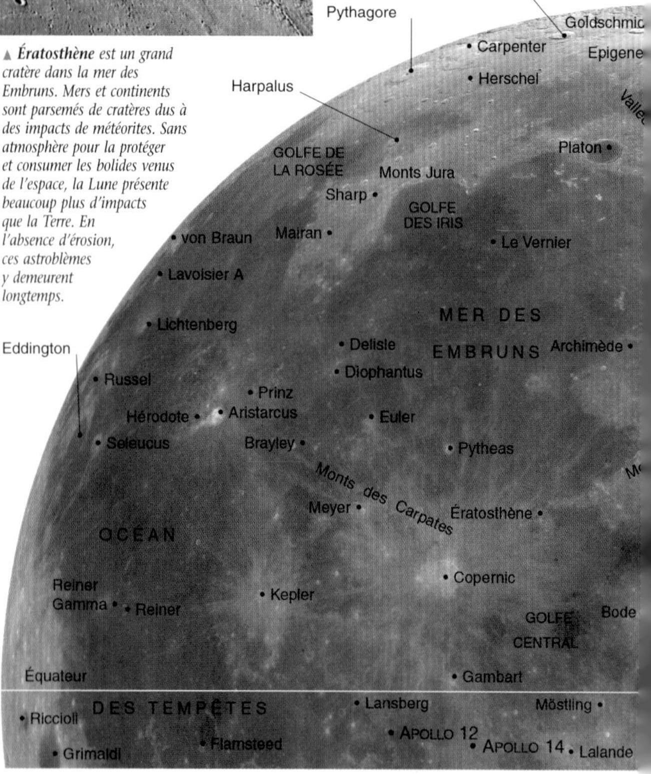

Quart nord-est

Dans la partie nord-est s'étalent la mer de la Sérénité et la mer de la Tranquillité, dans laquelle la mission Apollo 11 a aluni en 1969. À l'est, on trouve la mer des Crises et, au nord, la mer du Froid. La mer Marginale et la mer de Humboldt se situent encore plus à l'est, à la limite du disque visible. Le trait lumineux qui traverse la mer de la Sérénité est fait d'éjectats du cratère Tycho, situé au sud-ouest de la Lune.

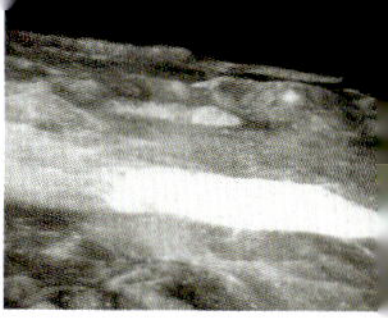

Des cratères d'impact *de toutes tailles parsèment la partie nord-est. Sans cesse détruits, ils sont renouvelés par de nouveaux impacts.*

◄ ***L'astronaute*** *Harrison J. Smith avec le Rover lunaire d'Apollo 17 en décembre 1972 dans la vallée Taurus-Littrow, près de la mer de la Sérénité.*

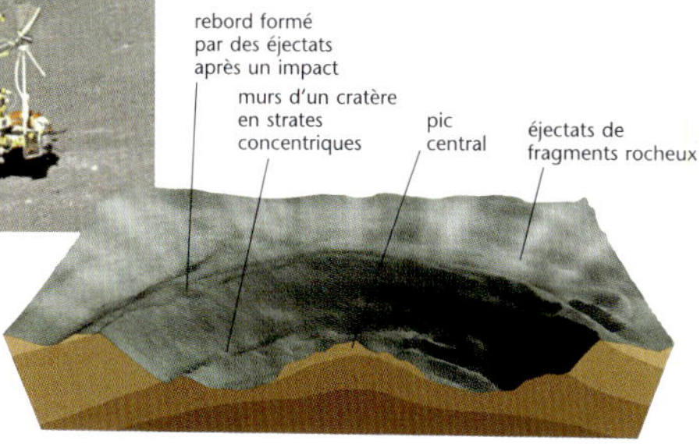

▲ ***Cratère d'impact météoritique*** *Les plus grands cratères lunaires ont, comme celui-ci, un fond plat avec un pic central et des anneaux concentriques. Des raies brillantes peuvent s'étendre assez loin au-delà du mur du cratère, montrant où les matériaux éjectés ont atterri.*

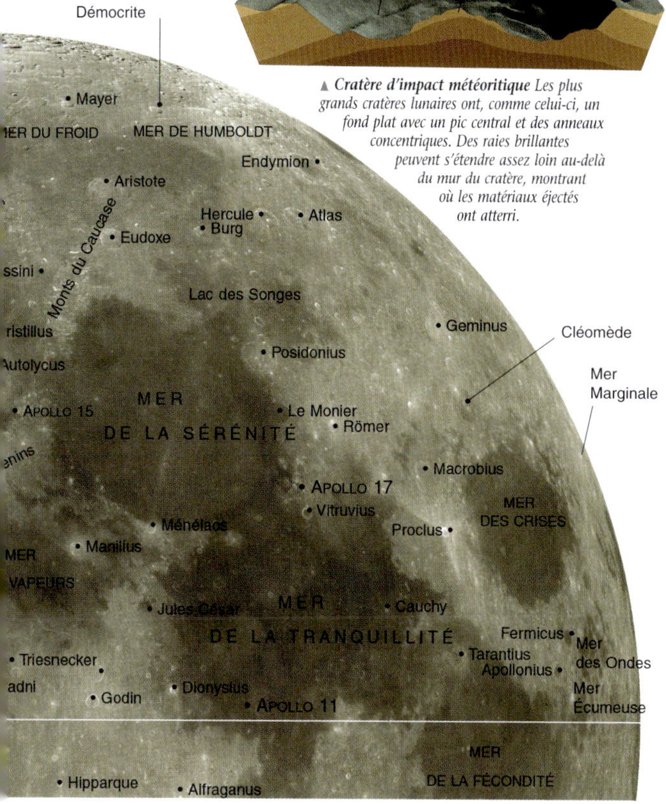

▲ ***Tycho**, photographié ici par la sonde Clémentine (années 1990), avec son pic central et son rebord élevé.*

Quart sud-ouest

Cette partie comprend la mer des Connaissances, la mer des Humeurs et la mer des Nuées. De profonds cratères parsèment le sud et l'ouest. Sur le bord extrême ouest, on aperçoit parfois la chaîne qui entoure la mer Orientale, le bassin d'impact lunaire le plus récent. Tycho est le plus haut cratère, d'où s'échappent des raies brillantes qui sillonnent toute la Lune.

▼ ***Lune croissante** avec le terminateur traversant la mer des Humeurs et le cratère Gassendi.*

▲ ***Le long** du terminateur – qui sépare l'ombre de la portion éclairée –, la partie sombre accentue la luminosité des montagnes et des cratères.*

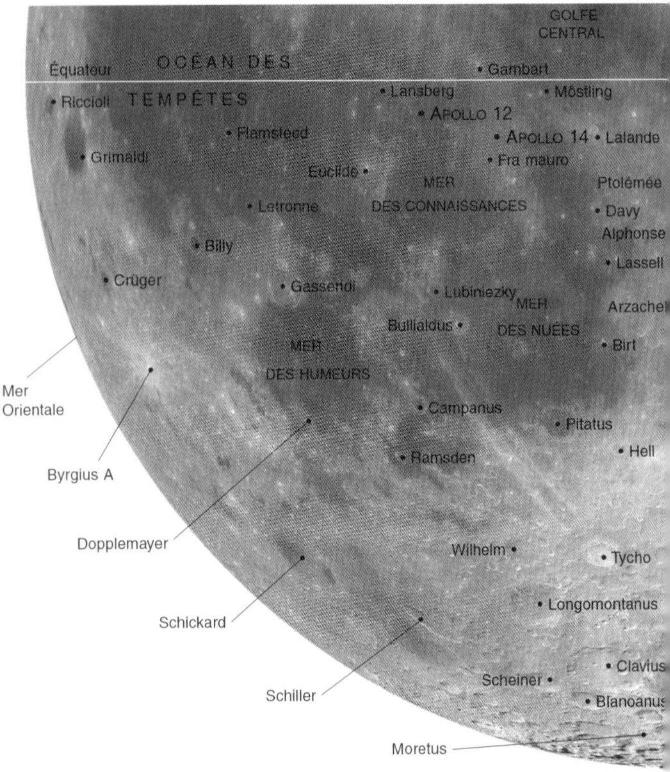

Quart sud-est

La mer du Nectar s'étend au sud de la mer de la Tranquillité, qui jouxte la mer des Fécondités à l'est. Lorsque la « libration » est favorable, on aperçoit, à l'extrême bord est, la mer de Smythe près de l'équateur et la mer Australe au sud. La majorité de cette région comprend des continents avec de nombreux cratères à pic, tels Langrenus et Stevinus. La vallée de Rheita est une chaîne de cratères longue de 450 km qui relie le bassin de la mer des Nectars aux cratères Stevinus et Jansen. Les Rupes Altaï, sorte de mur de 480 km, auraient été formées lors de l'impact qui a creusé le bassin de Nectaris.

▲ ***Les astronautes*** *d'Apollo ont trouvé le sol lunaire recouvert par une couche de poussière, ou « régolite », les restes d'un bombardement continuel par les météorites.*

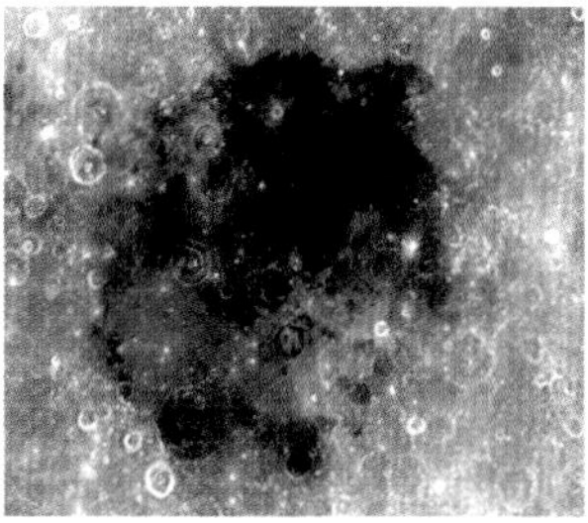

► ***La Mare Smythii*** *s'étend sur le bord extrême est de la Lune et n'a été visible en son entier que depuis un engin orbital. On ne la voit depuis la Terre qu'à certaines périodes du mois lorsque, du fait de son orbite excentrique, la Lune oscille un peu en avant. Cette alternance d'oscillations avant-arrière est appelée la « libration ». Il existe aussi une libration nord-sud due au (léger) balancement de l'axe lunaire.*

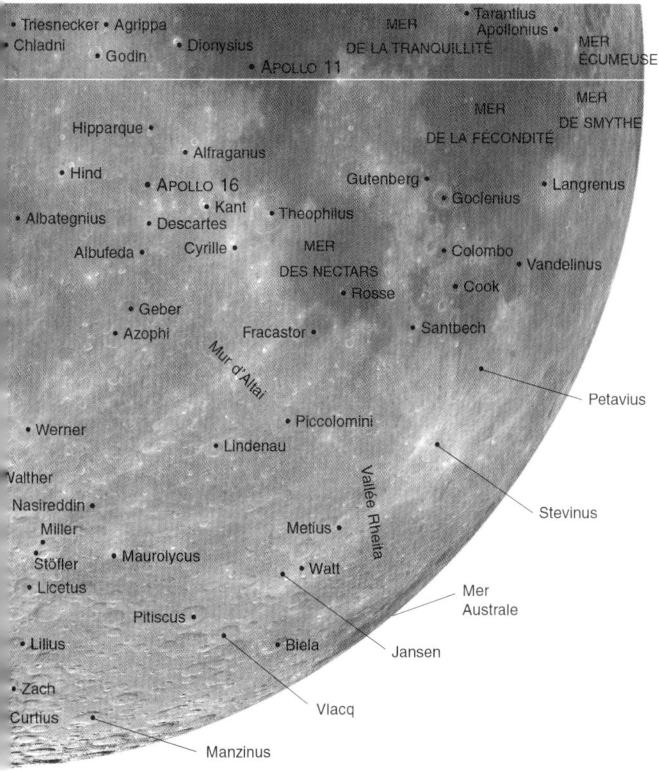

Les planètes

Les Anciens ne connaissaient que cinq planètes – Mercure, Vénus, Mars, Jupiter et Saturne – et il a fallu attendre les puissants télescopes des XVIIIe et XIXe siècles pour découvrir Uranus et Neptune. De nos jours, un télescope d'amateur suffit pour les observer. Découverte en 1930, Pluton est difficile à distinguer parmi les étoiles, si ce n'est par son déplacement. Rendez-vous passionnants, la surface de Mars, les lunes de Jupiter ou les anneaux de Saturne sont accessibles avec des instruments de petit diamètre.

MARS

NEPTUNE

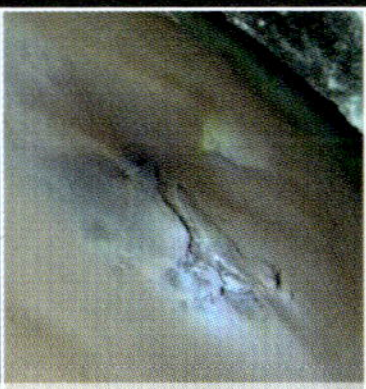

IO

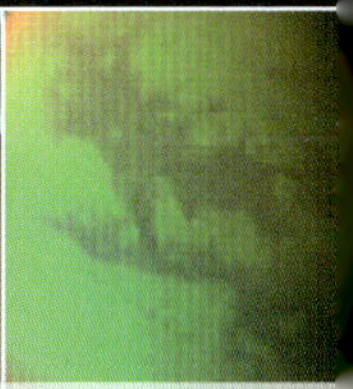

TITAN

Mercure

Mercure *du soir, vue en dessous et à droite de Vénus, qui est plus brillante, à gauche.*

Se déplaçant vite et donc difficile à observer, Mercure a reçu des Romains le nom du messager des dieux. La planète visible juste après le coucher ou juste avant le lever du Soleil brille faiblement, comme une étoile de magnitude 1. On peut la voir une douzaine de fois par an à l'œil nu, et ses phases se révèlent au télescope. Mercure est petite, à peine plus grande que la Lune, presque dénuée d'atmosphère, et sa surface est criblée de cratères d'impact comme le cratère Beethoven qui, avec ses 643 km de diamètre, est le plus grand du Système solaire. Au pôle Nord, nos radars ont décelé une région très brillante qui pourrait être une zone d'eau gelée.

TAILLE COMPARÉE À LA TERRE

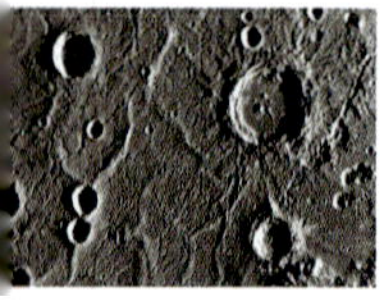

◄ ***Ces falaises*** *et failles incurvées, assez courantes, sont probablement dues au fait que la planète s'est contractée de quelques kilomètres lorsqu'elle s'est refroidie.*

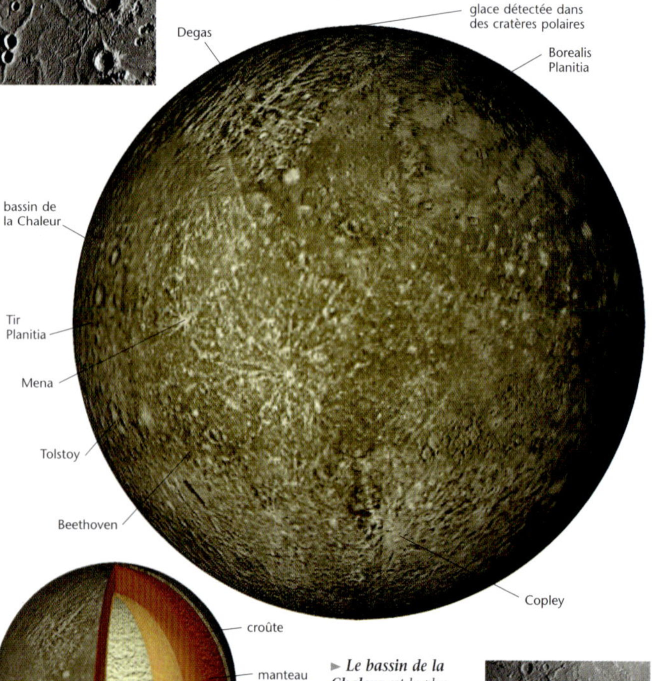

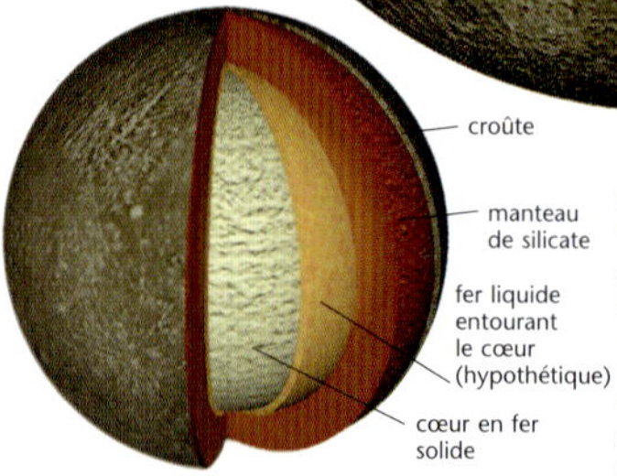

COMPOSITION DE MERCURE

► ***Le bassin de la Chaleur*** *est la plus grande formation de Mercure. Avec ses 1 300 km de diamètre, il est entouré par une montagne de 3 km d'altitude. Le fond est recouvert de laves et parsemé de cratères.*

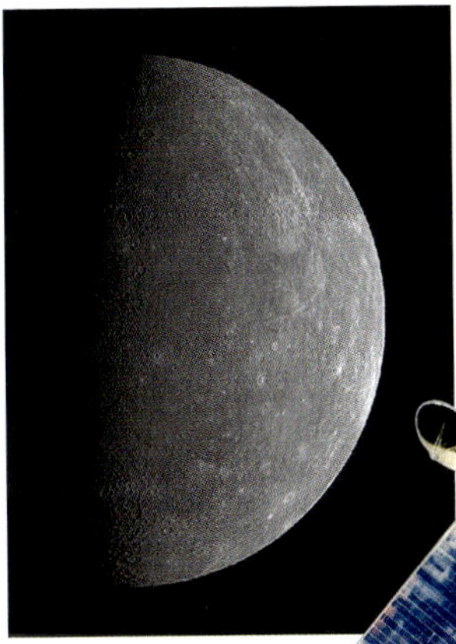

DONNÉES	
DIST. AU SOLEIL	57,9 millions km (0,387 ua)
DIAMÈTRE	4 879 km (0,38 x la Terre)
MAGNITUDE MAX.	- 1,3
PÉR. DE RÉVOL.	87,9 jours (0,24 année)
PÉR. DE ROTATION	1 407 heures (58,6 jours)

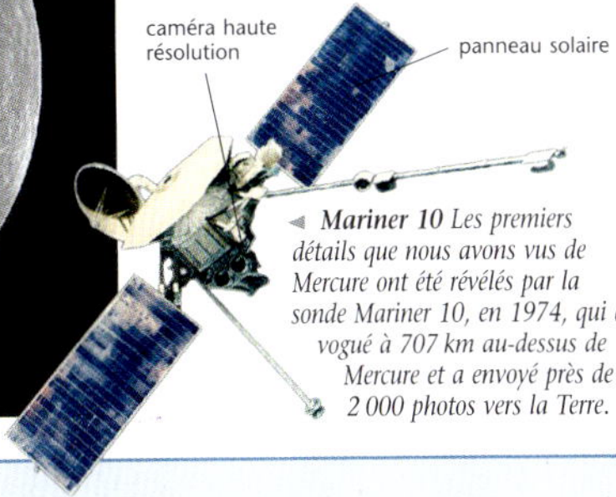

◄ ***Mariner 10*** *Les premiers détails que nous avons vus de Mercure ont été révélés par la sonde Mariner 10, en 1974, qui a vogué à 707 km au-dessus de Mercure et a envoyé près de 2 000 photos vers la Terre.*

TRAJET DE MERCURE

Mercure atteint une élongation maximale de 28 degrés. Ces élongations ont lieu plusieurs fois par an, mais ne permettent pas toutes une bonne observation. Voici les positions de Mercure au-dessus de l'horizon ouest, après le coucher du Soleil, avec les dates d'élongations favorables.

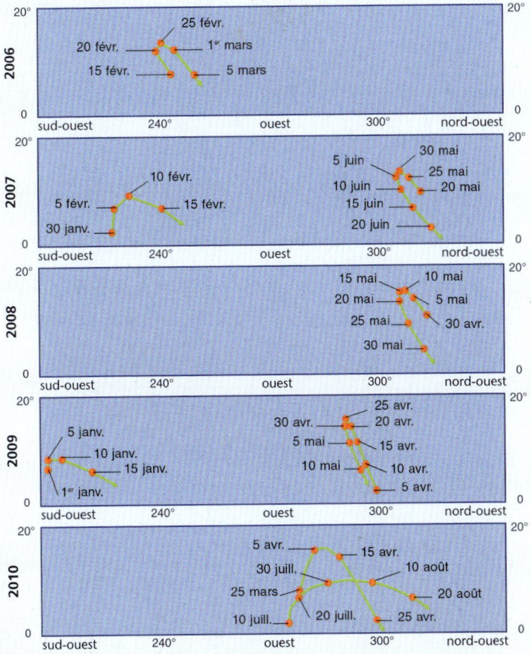

Vénus

***Vénus** près d'un croissant de lune, telle qu'on la voit à l'œil nu. Son épaisse couche de nuages lui fait réfléchir une grande partie de la lumière solaire.*

Déesse de l'Amour chez les Romains, la planète Vénus est assez lumineuse pour être vue en plein jour et peut même, certaines nuits, projeter une ombre. Vénus est le corps céleste le plus proche de la Terre après la Lune. Fait unique, la planète tourne sur elle-même dans le sens inverse des autres planètes, de l'est vers l'ouest. Son atmosphère de dioxyde de carbone engendre un redoutable effet de serre, avec une température de surface portée à 464 °C.

TAILLE COMPARÉE À LA TERRE

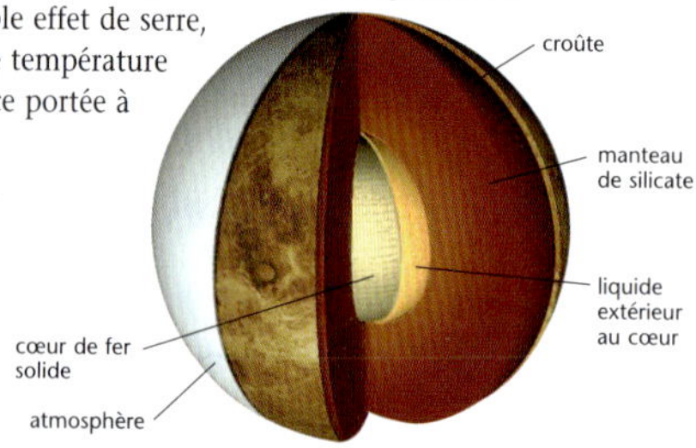

COMPOSITION DE VÉNUS

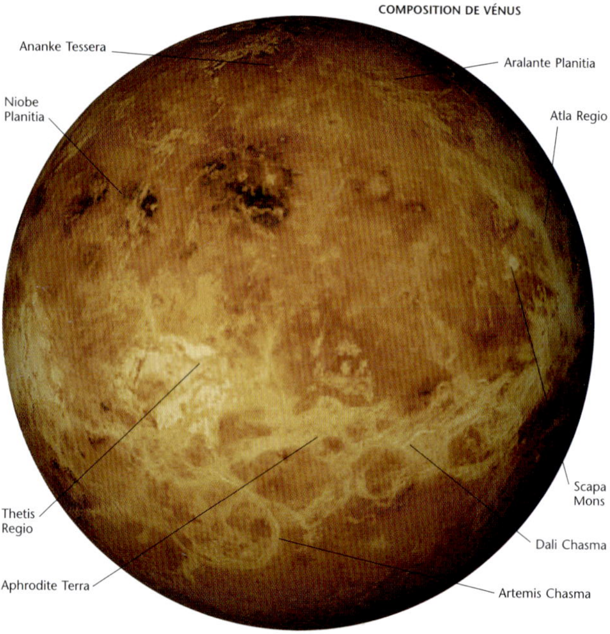

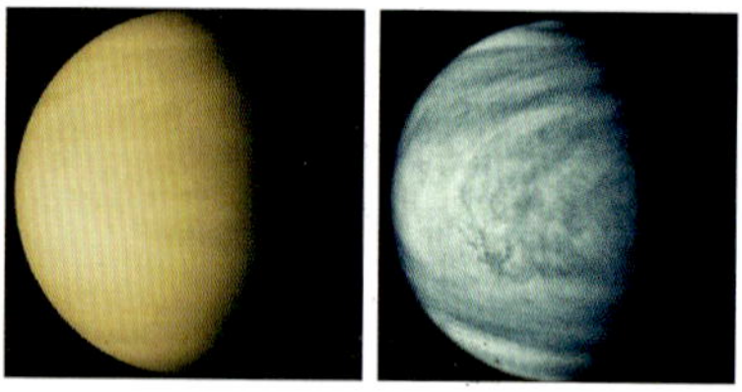

◄ ***Des taches sombres** sont parfois décelables dans l'atmosphère de Vénus (photo de gauche), mais ces variations apparaissent mieux aux ultraviolets (à droite). Il faut des radars pour percer la couche de nuages et cartographier la surface vénusienne, une mission accomplie de manière détaillée par la sonde Magellan dans les années 1990.*

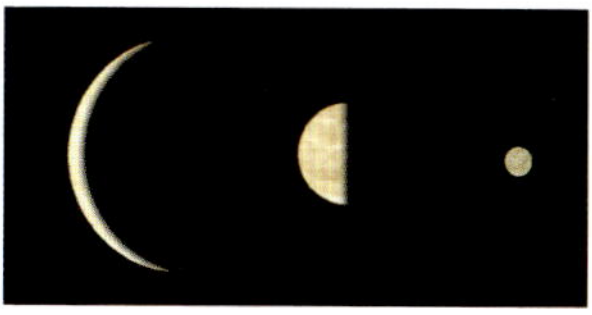

DONNÉES	
DIST. AU SOLEIL	*108,2 millions km (0,72 ua)*
DIAMÈTRE	*12 104 km (0,95 x la Terre)*
MAGNITUDE MAX.	*- 4,4*
PÉR. DE RÉVOL.	*225 jours (0,615 année)*
PÉR. DE ROTATION	*5 833 heures (243 jours)*

▲ ***Les phases de Vénus*** *ont été observées pour la première fois par Galilée en 1610. Il avait noté qu'elle apparaissait plus petite lorsqu'elle était pleine et plus grande et plus brillante lorsqu'elle était en fin croissant.*

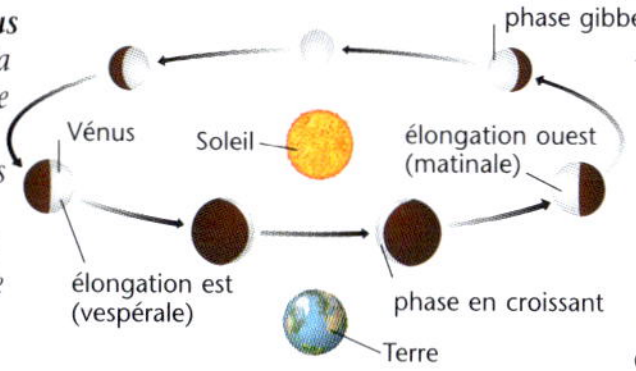

◄ ***Cycle des phases vénusiennes*** *Il se déroule tandis que la planète tourne autour du Soleil, montrant une partie plus ou moins grande de sa surface éclairée à un observateur terrestre.*

TRAJET DE VÉNUS

Vénus peut atteindre un angle maximal de 47 degrés par rapport au Soleil. Le meilleur moment pour l'observer se situe juste après le coucher ou juste avant le lever du Soleil. Voici ses positions sur l'horizon ouest, juste après le coucher du Soleil, avec les dates de ses élongations maximales.

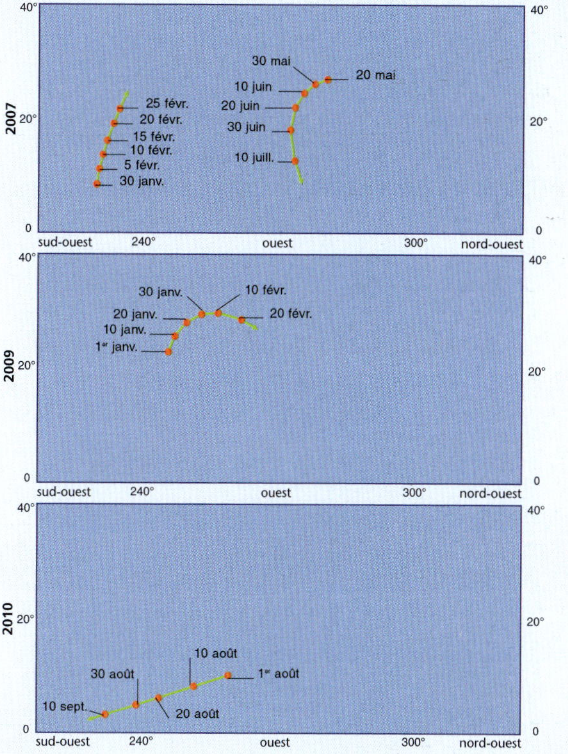

Mars

***Mars**, vue aux jumelles, apparaît comme un disque rouge que l'on voit ici près des Pléiades.*

À cause de sa couleur rouge sang, cette planète a été assimilée à la guerre par les Romains, mais aussi les Grecs, les Assyriens et les Vikings. Mars doit ce ton de « rouille » à l'oxydation des roches de surface par son atmosphère. Ses caractéristiques sont ses deux calottes polaires blanches et ses grandes plaines sombres. Des nuages d'eau gelée traversent son atmosphère et sa surface est souvent obscurcie par des tempêtes de poussière. Il fait aujourd'hui trop froid et son atmosphère est trop ténue pour trouver de l'eau liquide à la surface de la planète, mais il est évident que de l'eau liquide y a jadis existé. Mars reçoit une sonde robotique tous les deux ans, qui cherche à y déceler une trace de vie.

TAILLE COMPARÉE À LA TERRE

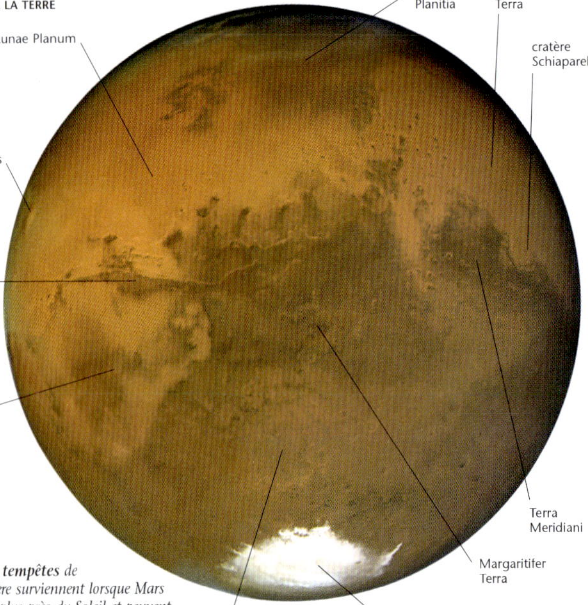

▼ ***Des tempêtes** de poussière surviennent lorsque Mars est au plus près du Soleil et peuvent devenir un cyclone (à droite) qui obscurcit presque toute sa surface.*

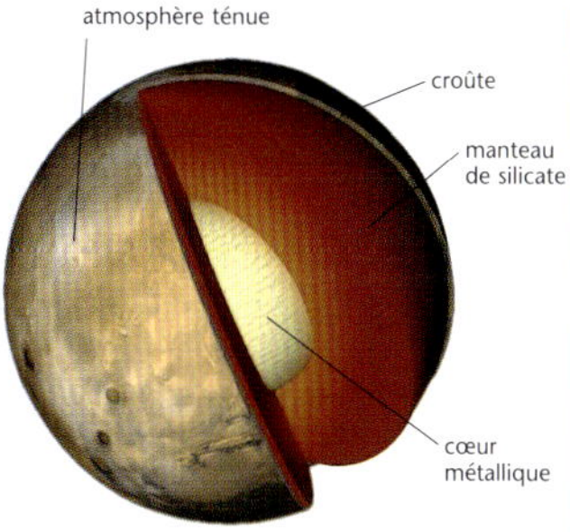

COMPOSITION DE MARS

DONNÉES	
DIST. AU SOLEIL	*228 millions km (1,52 ua)*
DIAMÈTRE	*6 780 km (0,53 x la Terre)*
MAGNITUDE MAX.	*- 2,9*
PÉR. DE RÉVOL.	*687 jours (1,88 an)*
PÉR. DE ROTATION	*24,62 heures (1,02 jour)*

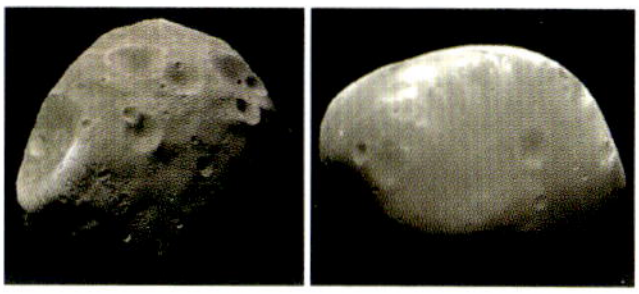

▲ ***Les Lunes de Mars**, Phobos (à droite) et Deimos (à gauche), sont de petits satellites de forme irrégulière, sans doute des astéroïdes capturés par Mars. Leurs noms signifient « peur » et « terreur ». On ne peut les apercevoir qu'avec un grand télescope.*

▼ ***Les oppositions de Mars** ont lieu tous les 26 mois : Mars est alors au plus près de la Terre et se situe dans la direction opposée au Soleil. La distance de Mars à la Terre varie en raison de la forte excentricité de l'orbite martienne.*

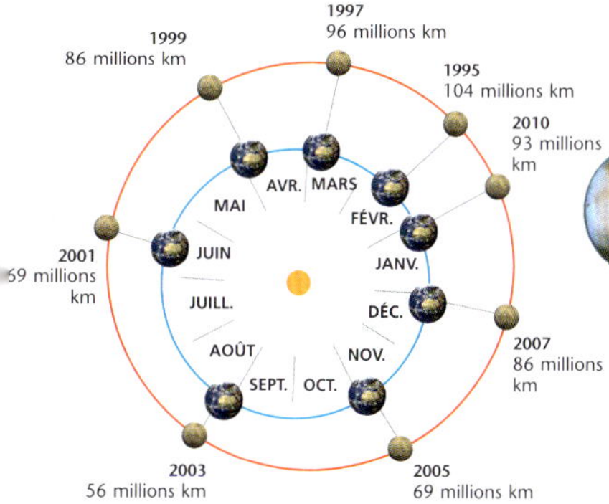

▲ ***La taille de Mars** dans le ciel varie d'une opposition à l'autre, comme le montrent ces photos prises à la même échelle par le télescope spatial Hubble en 1995 et 2003. L'opposition de 2003 (à droite) a été la plus proche depuis 59 000 ans.*

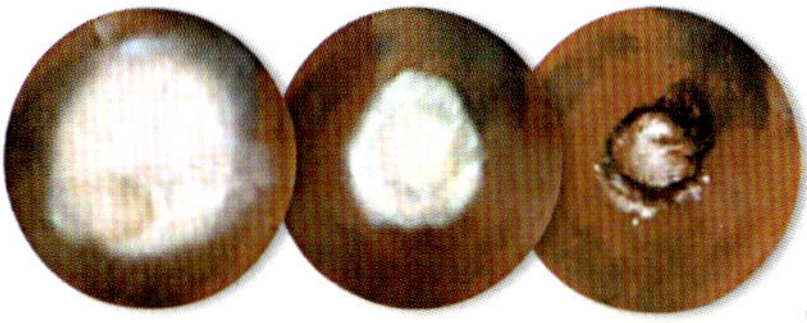

◄ ***Variations saisonnières** Inclinée sur son axe (comme la Terre) d'un angle de 25°, Mars connaît des saisons. Les calottes polaires s'étendent ou se rétrécissent considérablement au cours d'une même année.*

▼ ***La surface de Mars** photographiée en 2005, depuis le sommet de la colline Columbia dans le cratère Gusey, par le Rover martien Spirit envoyé par la NASA.*

TRAJET DE MARS

Se déplaçant d'ouest en est à travers le zodiaque, Mars peut couvrir 240° en une année. Les cartes, centrées sur l'écliptique, indiquent où trouver la planète rouge mois par mois. Mars est le plus visible aux dates proches de son opposition (p. 24), lorsqu'elle est au plus proche de la Terre, ce qui se produit environ tous les 26 mois. Du fait de sa forte excentricité (v. dessin p. 18), sa distance à l'opposition

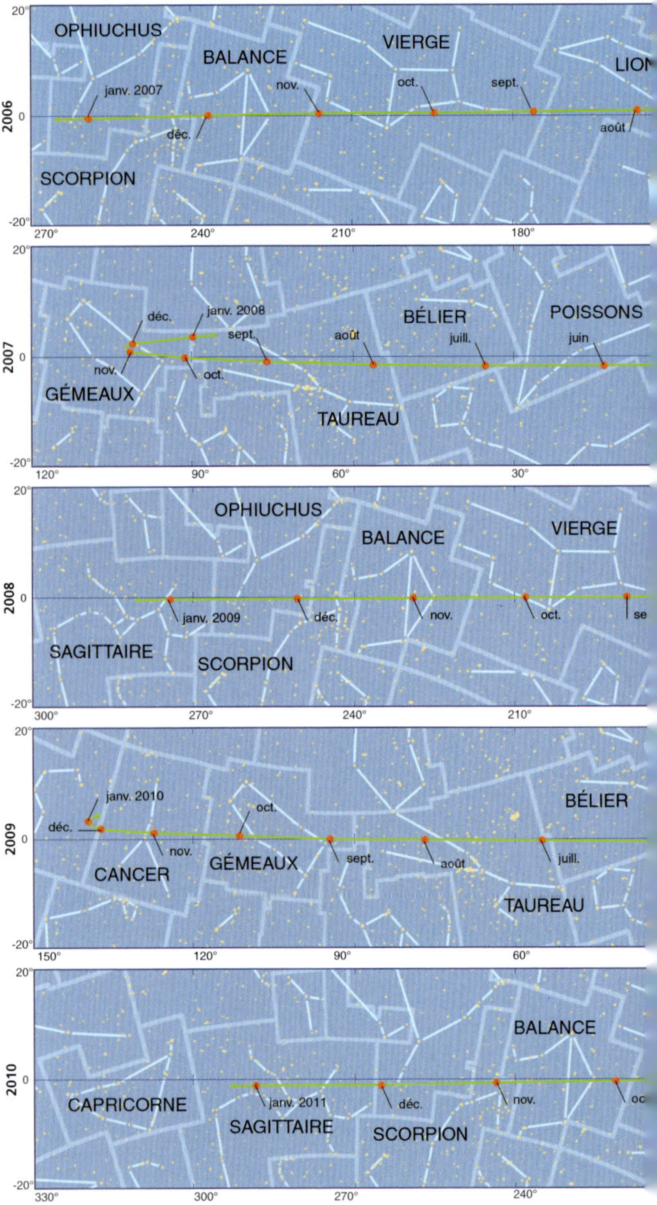

varie du simple au double. Lors des oppositions les plus proches, tous les 15 ou 17 ans, elle paraît presque aussi brillante que Vénus. On voit ci-dessous que, aux dates entourant l'opposition (décembre 2007 dans les Gémeaux et janvier 2010 dans le Cancer), le mouvement de la planète fait un retour en arrière vers l'est, avant de reprendre son chemin. Ce mouvement rétrograde (p. 25) est aussi accompli par les autres planètes externes, mais de façon moins manifeste.

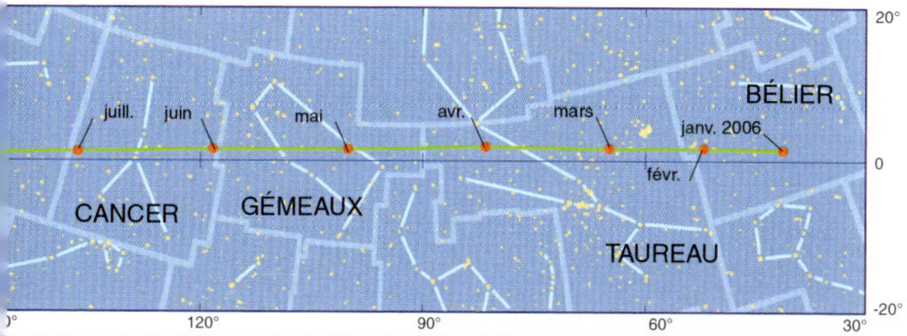

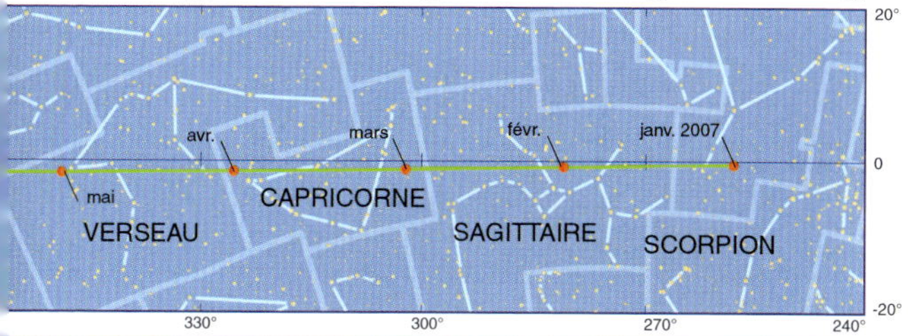

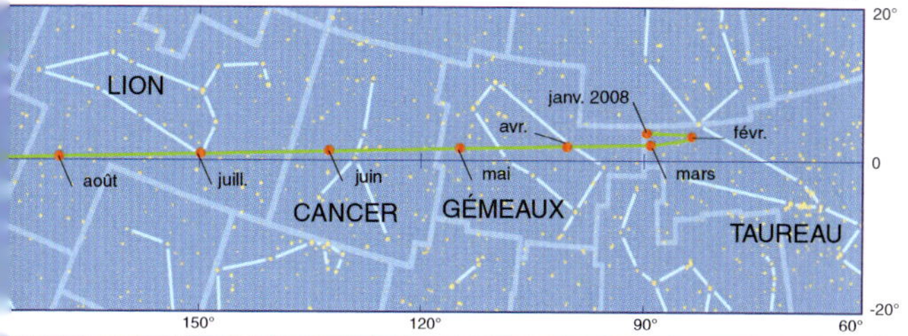

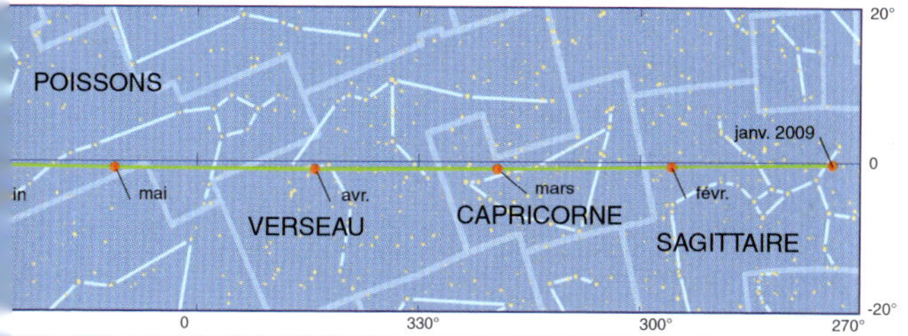

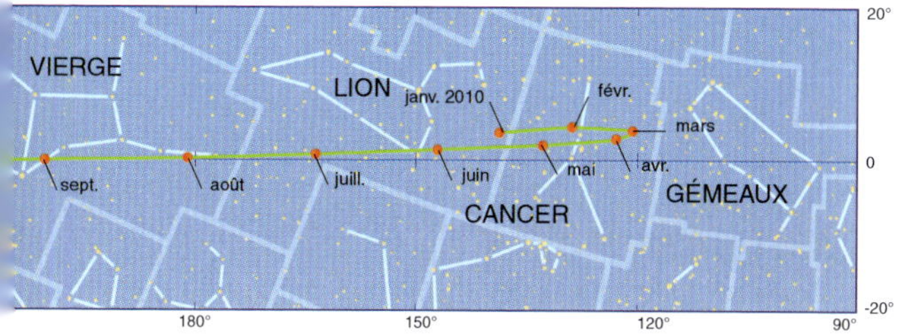

Au télescope, Jupiter dévoile son disque traversé de bandes nuageuses parallèles à l'équateur.

TAILLE COMPARÉE À LA TERRE

Jupiter

La plus grande planète du Système solaire, Jupiter, a reçu le nom du roi des dieux romains, Jupiter. Assez grande pour être vue comme un disque avec des jumelles, elle est la plus brillante après Vénus. Ses formes de surface changeantes avec le temps et ses quatre grandes lunes en font un objet de choix pour l'observation. Comme toutes les géantes gazeuses, Jupiter est constituée d'hydrogène avec de l'ammoniac et du méthane dans sa haute atmosphère. Sa rotation rapide (moins de 10 h) l'a aplatie aux pôles d'environ 6 %. Des bandes de nuages apparaissent en alternance telles des zones brillantes ou des « ceintures » sombres, parsemées de tourbillons ou de taches éphémères que l'on distingue au télescope.

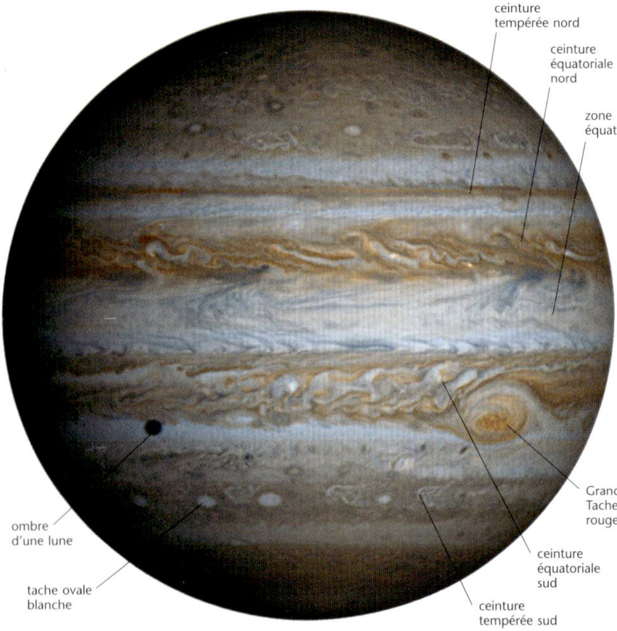

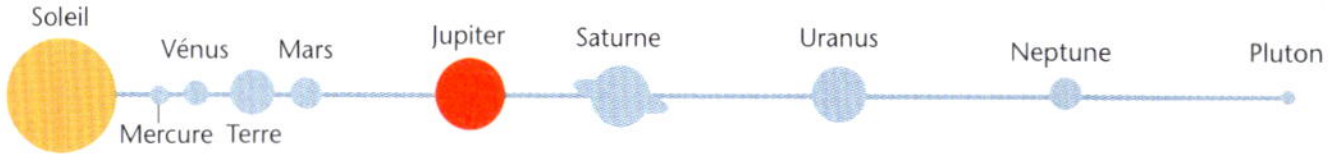

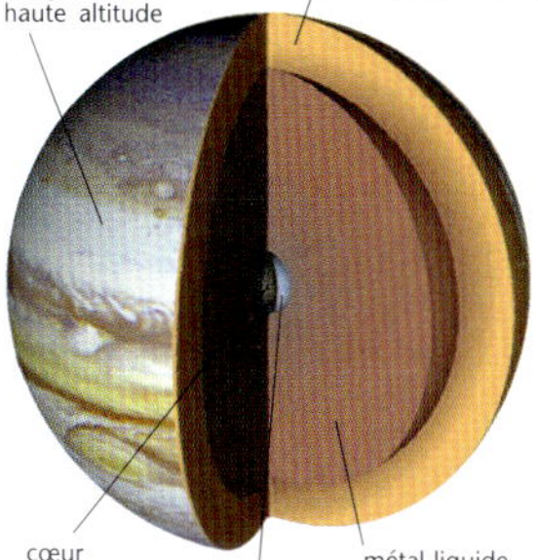

COMPOSITION DE JUPITER

DONNÉES	
DIST. AU SOLEIL	*778 millions km (5,20 ua)*
DIAMÈTRE	*142 984 km (11, 2 x la Terre)*
MAGNITUDE MAX.	*- 2,9*
PÉR. DE RÉVOL.	*4 332 jours (11,86 années)*
PÉR. DE ROTATION	*9,92 heures (0,41 jour)*

► ***Un piège à comètes*** *En 1994, Jupiter a été frappée par des fragments de la comète Shoemaker-Levy qui était tombée dans son piège gravitationnel. Les cicatrices sombres des impacts sont restées visibles plusieurs mois durant.*

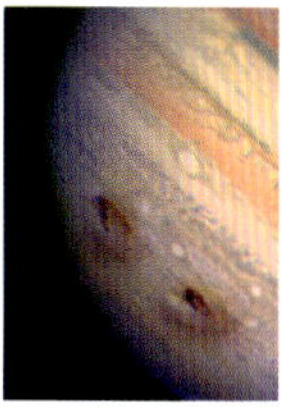

► ***Le système d'anneaux*** *de Jupiter est constitué de particules de poussière abandonnées par ses quatre principaux satellites. Invisibles depuis la Terre, ces anneaux ont été découverts par la sonde Voyager en 1979.*

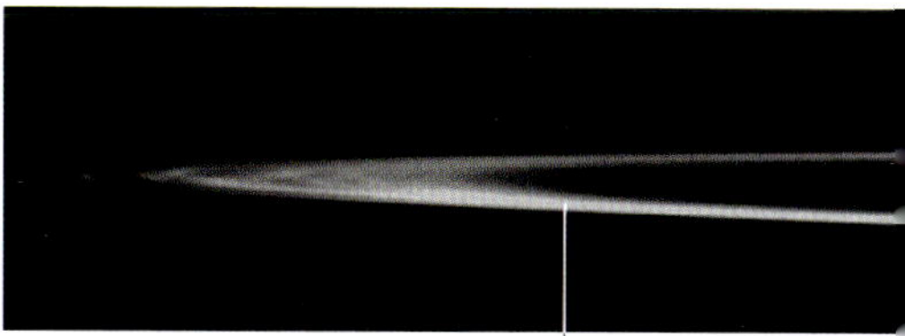

anneau fin et peu lumineux

la couleur rouge de la Grande Tache est peut-être due à du sulfure, à du phosphore ou à des composés carbonés.

◄ ***La Grande Tache rouge****, observée depuis 1631, est un orage trois fois plus grand que la Terre, qui tourne dans le sens anti-horaire en six jours. Elle était deux fois plus grande il y a un siècle, et semble pâlir depuis quelques années.*

▼ ***La surface de Jupiter*** *est faite de bandes de nuages. Les plus brillantes sont des nuages de haute altitude, faits de cristaux d'ammoniac. En dessous s'étendent les nuages de sulfure d'ammonium.*

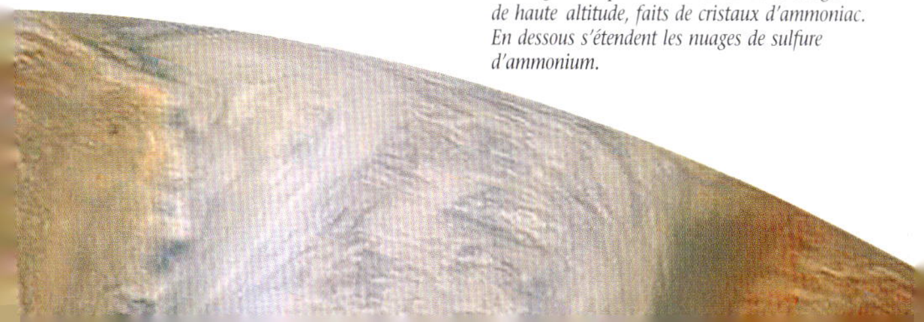

▲ **Io** *(magn. 5,5) est le corps le plus volcanique du Système solaire.*

◄ ***Les satellites galiléens*** *appartiennent à une famille nombreuse, qui compte plus de 60 satellites (ou lunes). On doit la découverte de ces premiers objets du Système solaire, grâce à un télescope, à l'Italien Galileo Galilei qui, en 1610, s'est servi d'une lunette grossissant 20 fois ; en fait, Galilée n'a pu les découvrir que comme des petits points brillants, tels qu'on les voit de nos jours avec une bonne paire de jumelles. Io, Europe et Callisto ont reçu le nom des nymphes qui accompagnaient Jupiter, et Ganymède, celui de son échanson. Contrairement aux autres satellites, sans doute des astéroïdes capturés, sans formes régulières, les quatre satellites galiléens sont des corps sphériques formés en même temps que Jupiter.*

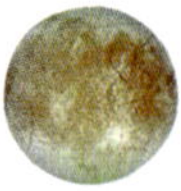

▲ **Europa** *(magn. 5,7) est recouverte d'une couche de glace sous laquelle se cacherait un océan.*

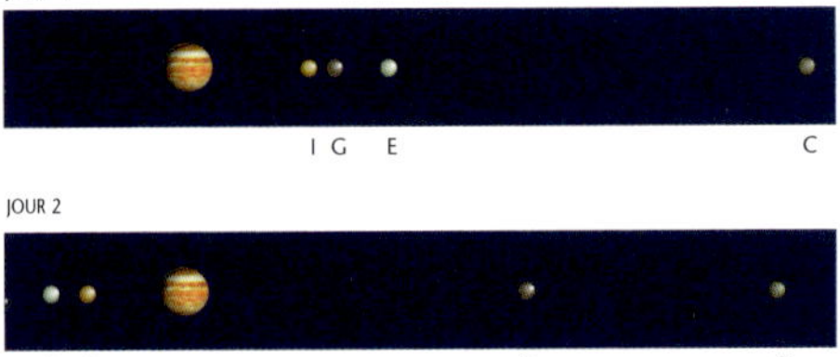

▲ ***L'observation*** *jour après jour de Jupiter et de ses satellites galiléens avec un télescope montre la rapidité de leur déplacement, visible ici sur deux nuits. Ils changent de position en orbitant autour de Jupiter selon des périodes allant de 1,7 jour pour Io à 16 jours pour Callisto.*

▲ **Ganymède** *(magn. 5,1), le plus grand satellite du Système solaire, présente une cartographie complexe.*

▲ **Callisto** *(magn. 6,3) a la surface la plus sombre des quatre.*

◄ ***L'ombre*** *d'un satellite galiléen se projetant sur Jupiter est souvent plus facile à voir que le satellite lui-même. Photo d'une lune en transit devant Jupiter prise par le Hubble Space Telescope.*

▼ ***Un volcan*** *en activité sur Io projette des matériaux très haut sur l'horizon. Vu par la sonde Voyager.*

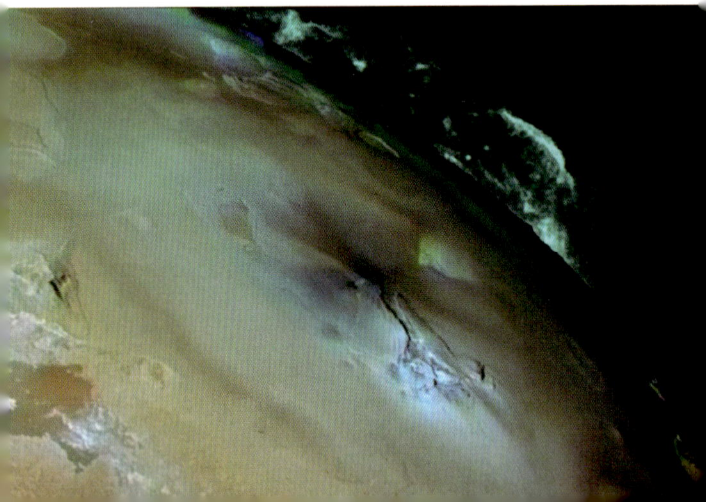

TRAJET DE JUPITER

Chaque année, la planète effectue un mouvement rétrograde lors de son opposition. Dates de ces oppositions (Jupiter au plus près) : 4 mai 2006, 5 juin 2007, 9 juillet 2008, 14 août 2009, 21 septembre 2010.

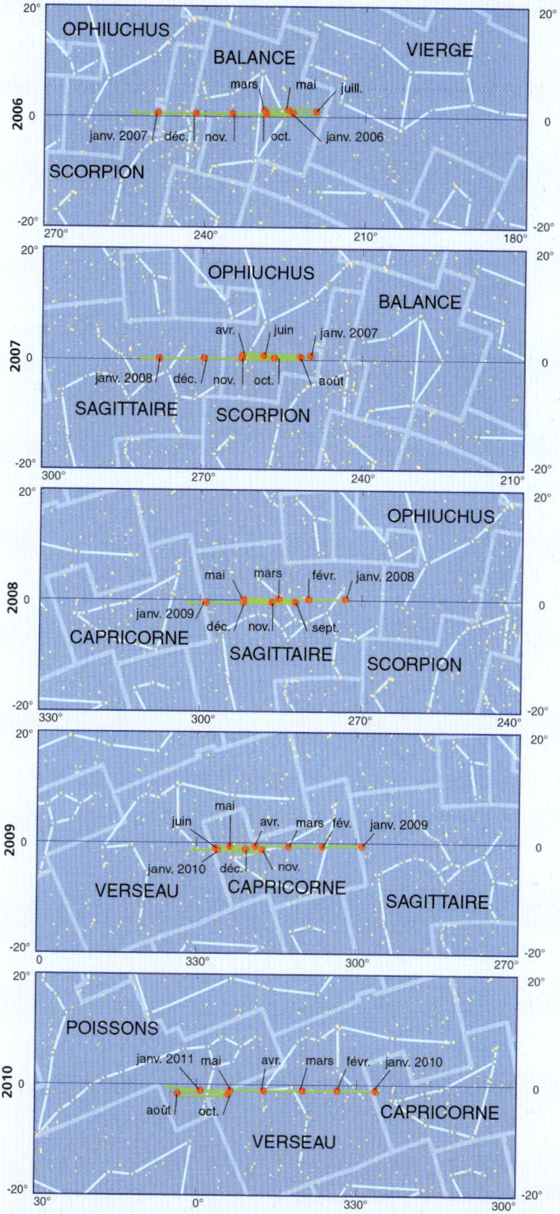

Saturne

Vue au télescope *de Saturne, avec ses anneaux faits d'un mélange de poussières, de roches et de glace.*

TAILLE COMPARÉE À LA TERRE

Lointaine et se déplaçant lentement dans le ciel, cette planète a été assimilée à Saturne, père de Jupiter. Géante gazeuse, Saturne a une atmosphère turbulente, mais ses bandes longitudinales, parfois percées par un orage qui enfle puis disparaît rapidement, sont moins marquées que sur Jupiter. Ce qui rend Saturne si spectaculaire c'est son système d'anneaux, dont les trois principaux sont eux-mêmes constitués de milliers d'annelets. Six des 40 satellites de Saturne sont visibles avec un télescope d'amateur. Titan, dont la surface est obscurcie par une atmosphère de méthane, est le plus grand d'entre eux. Lorsque les anneaux se présentent par la tranche, on peut apercevoir le pôle de Saturne qui est inclinée de 11° sur son axe.

▼ ***L'atterrisseur*** *Huygens a trouvé sur Titan des sortes de lits de rivière et des bords de plage formés par des pluies d'éthane ou de méthane liquides.*

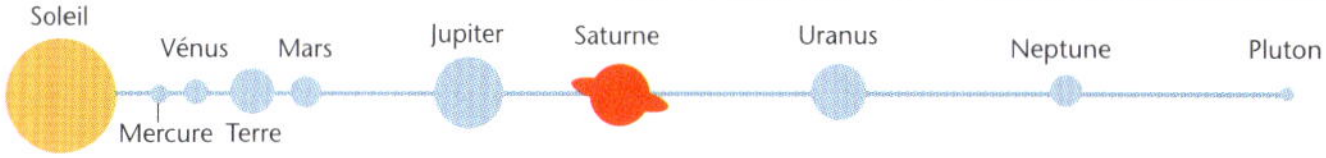

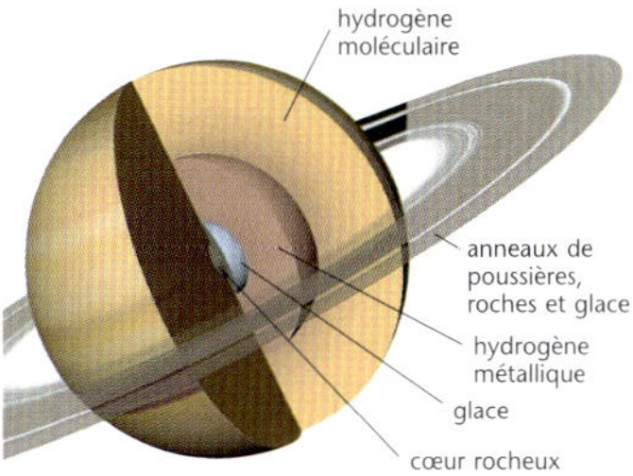

COMPOSITION DE SATURNE

DONNÉES	
DIST. AU SOLEIL	*1 429 millions km (9,54 ua)*
DIAMÈTRE	*120 536 km (9,45 x la Terre)*
MAGNITUDE MAX.	*– 0,3*
PÉR. DE RÉVOL.	*10 759 jours (29,46 ans)*
PÉR. DE ROTATION	*10,23 heures (0,43 jour)*

► ***Les anneaux de Saturne.*** *Le système comprend deux anneaux principaux, brillants, A et B, et un plus sombre, dit « anneau de crêpe ». La division de Cassini sépare les anneaux A et B, et la division d'Encke est un vide sur le bord externe de l'anneau A.*

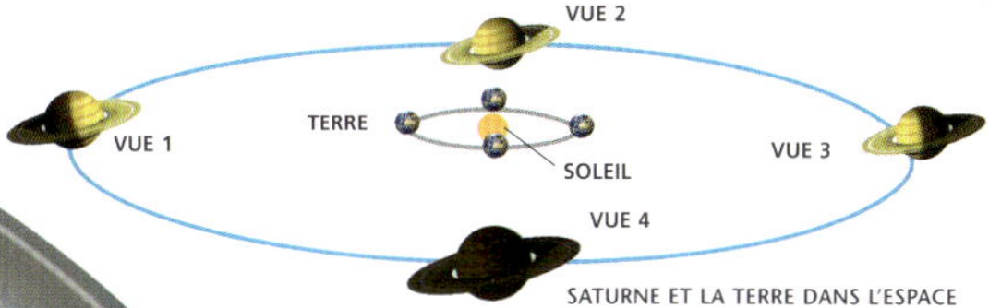

SATURNE ET LA TERRE DANS L'ESPACE

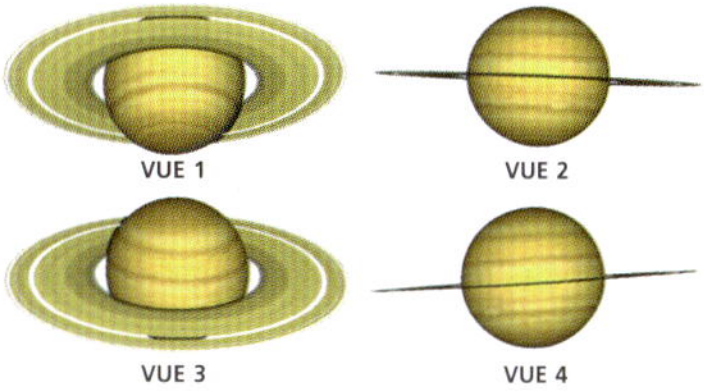

LES ANNEAUX VUS DEPUIS LA TERRE

▲ ***L'angle des anneaux*** *de Saturne vu depuis la Terre varie du fait qu'ils sont inclinés de 27,3° par rapport au plan orbital. Il leur faut environ 7,5 ans pour se développer complètement. Leurs divisions sont alors visibles avec un bon télescope.*

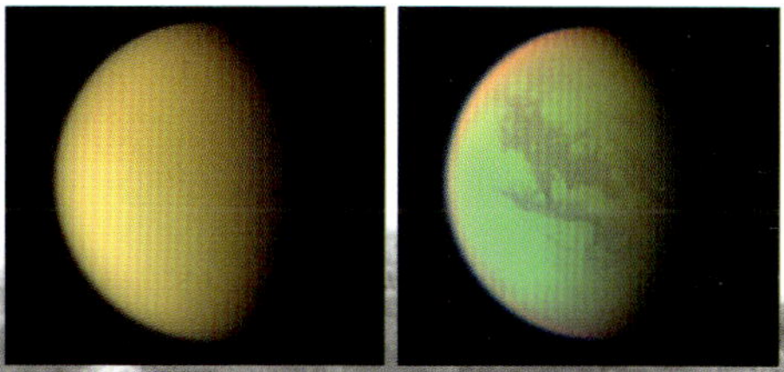

► ***La brume*** *autour de Titan (à gauche) a été percée par les caméras infrarouges de la sonde Cassini en 2004 (à droite).*

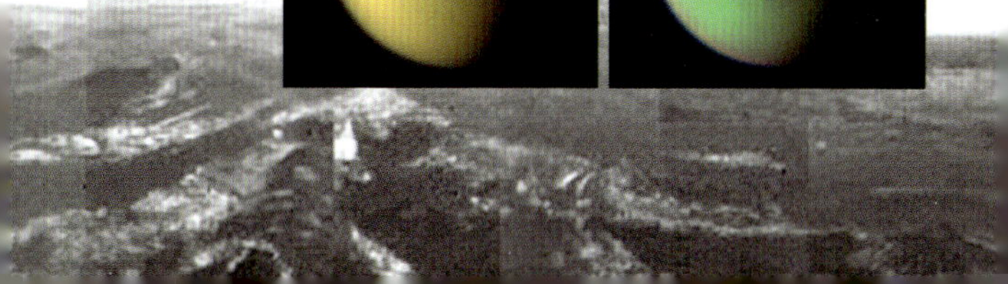

TRAJET DE SATURNE

Saturne va traverser le Cancer, le Lion et la Vierge entre 2006 et 2010. Ses dates d'opposition (voir p. 24) seront : 13 janvier 2006, 10 février 2007, 14 février 2008, 8 mars 2009 et 22 mars 2010.

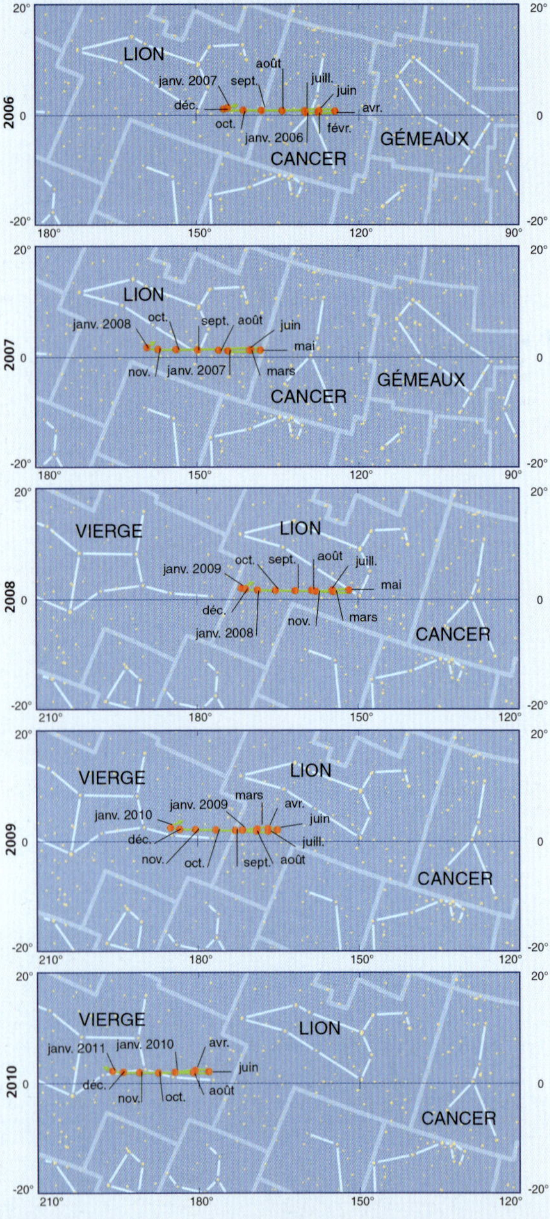

Uranus

Découverte par William Herschel en 1781, Uranus a reçu le nom du père de Saturne. Composée d'hydrogène et d'hélium, Uranus contient aussi du méthane dans sa haute atmosphère, d'où sa couleur bleu-vert. La planète Uranus est couchée sur son plan écliptique, sans doute en raison d'une collision avec un objet de la taille de la Terre lors de sa formation.

Quatre satellites *d'Uranus sur les 27 répertoriés sont visibles au télescope.*

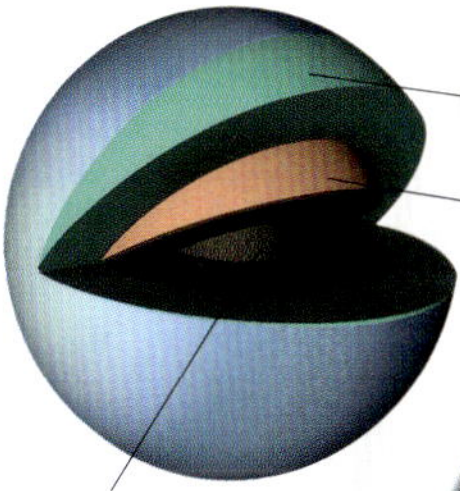

COMPOSITION D'URANUS

TAILLE COMPARÉE À LA TERRE

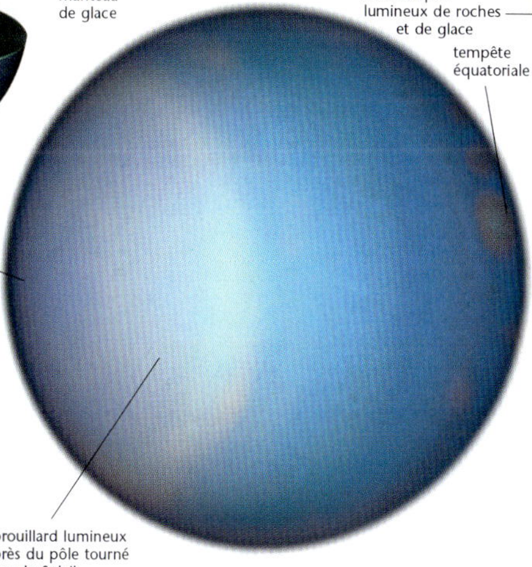

▼ ***Les anneaux d'Uranus*** *vus ici en infrarouge par le télescope spatial Hubble.*

▼ ***Titania et Obéron,*** *les deux plus grands satellites d'Uranus, peuvent être aperçus avec un télescope de 200 mm, mais Miranda, le cinquième par ordre de taille, n'est pas accessible à un appareil d'amateur.*

TRAJET D'URANUS

Uranus passe du Verseau aux Poissons en 2010. Oppositions : 9 sept. 2007, 13 sept. 2008, 17 sept. 2009, 21 sept. 2010.

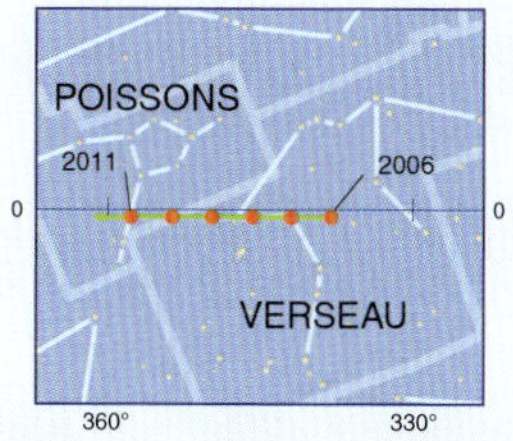

DONNÉES	
DIST. AU SOLEIL	*2 870 millions km (19,2 ua)*
DIAMÈTRE	*51 118 km (4,01 x la Terre)*
MAGNITUDE MAX.	*+ 5,65*
PÉR. DE RÉVOL.	*30 684 jours (84,01 ans)*
PÉR. DE ROTATION	*17,23 heures (0,72 jour)*

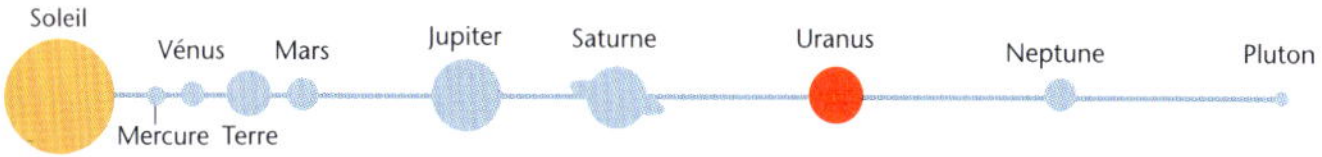

Neptune

Découverte d'abord par le calcul par Urbain Le Verrier, puis observée en 1846 par l'astronome Johann Gottfried Galle, Neptune porte le nom du dieu romain des Mers. Avec une magnitude de 7,6, elle apparaît telle une étoile bleutée, à la limite de résolution des télescopes amateurs. L'abondance de méthane dans son atmosphère la rend encore plus bleue qu'Uranus. À sa surface, on a enregistré des vents de 2 400 km/h, les plus rapides du Système solaire.

***Au télescope**, la géante gazeuse la plus externe apparaît tout juste comme un disque.*

TAILLE COMPARÉE À LA TERRE

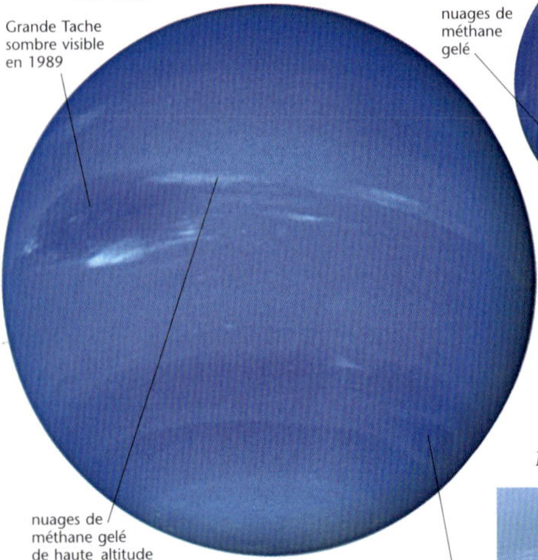

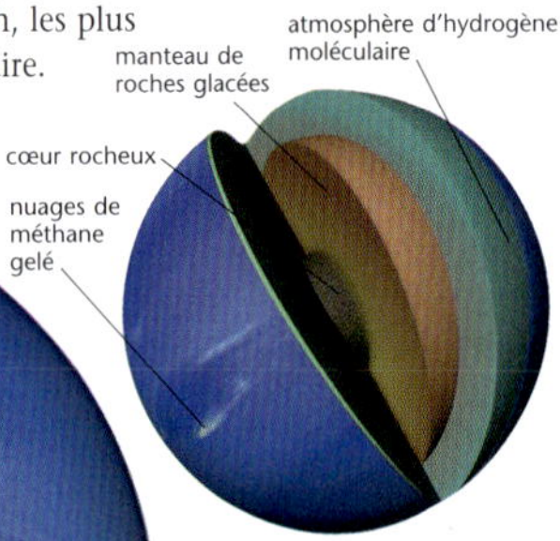

COMPOSITION DE NEPTUNE

▼ ***Des traînées blanches** de nuages de méthane gelé accompagnent parfois des points sombres ou sont isolées. La Grande Tache Sombre photographiée en 1989 par Voyager avait disparu quand Hubble a filmé Neptune en 1994.*

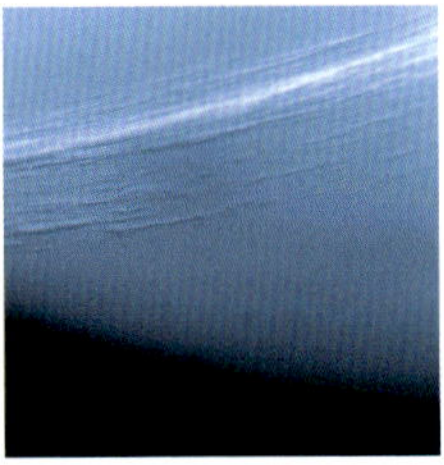

DONNÉES	
DIST. AU SOLEIL	*4 504 millions km (30,1 ua)*
DIAMÈTRE	*48 572 km (3,89 x la Terre)*
MAGNITUDE MAX.	*+ 7,66*
PÉR. DE RÉVOL.	*60 118 jours (164,79 ans)*
PÉR. DE ROTATION	*16,11 heures (0,67 jour)*

▼ ***Triton** (mag. 13,5) est la seule grande lune de Neptune, avec un diamètre de 2 705 km.*

TRAJET DE NEPTUNE

Neptune reste dans le Capricorne entre 2006 et 2010. Oppositions (p. 24) :
11 août 2006,
13 août 2007,
15 août 2008,
17 août 2009,
20 août 2010.

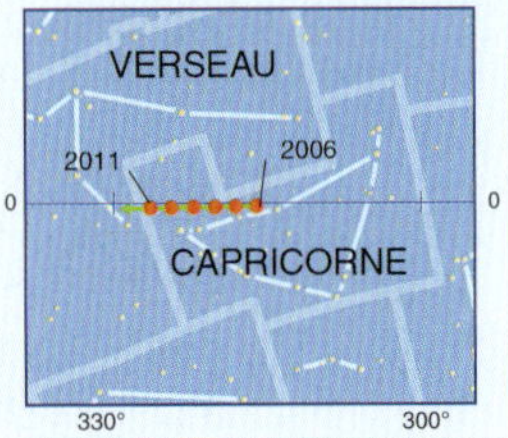

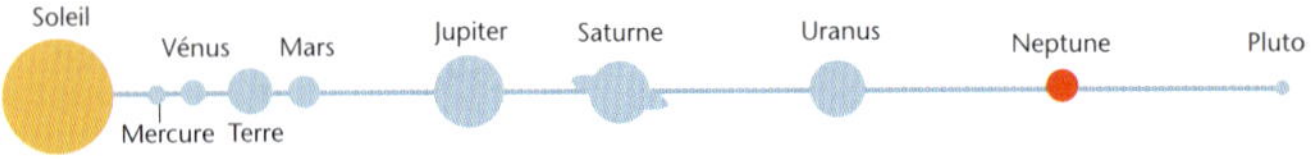

Pluton

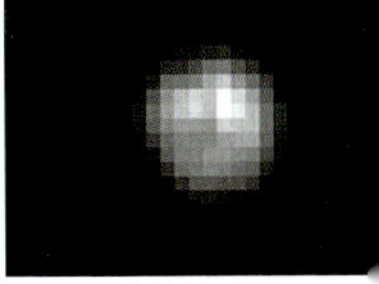

Même avec le meilleur télescope, le télescope spatial Hubble (HST), Pluton ne livre que peu de détails.

Aux limites du Système solaire, Pluton a reçu le nom du dieu des Enfers. Découverte en 1930 par l'astronome Clyde Tombaugh, la planète décrit une orbite inclinée sur le plan de l'écliptique et présente une très forte excentricité. Minuscule, plus petite que de nombreuses lunes dont la nôtre, Pluton présente une surface d'azote et de glace de méthane, qui ressemble plus à celle d'une comète qu'à celle d'une planète rocheuse.

TAILLE COMPARÉE À LA TERRE

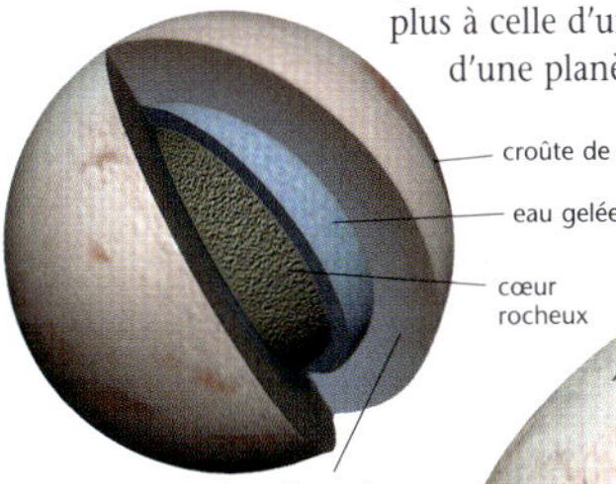

COMPOSITION DE PLUTON

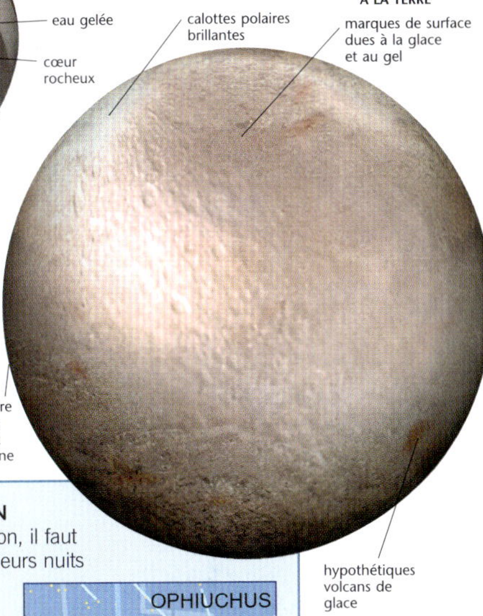

▼ *Charon (mag. 16,8) est plus bleu que Pluton, avec plus de glace à sa surface.*

TRAJET DE PLUTON

Pour débusquer Pluton, il faut suivre son trajet plusieurs nuits de suite parmi les étoiles avec des images digitales ou des photographies. Située dans le Sagittaire jusqu'en 2010, l'inclinaison de son orbite la fera sortir de la bande zodiacale au fil des ans.

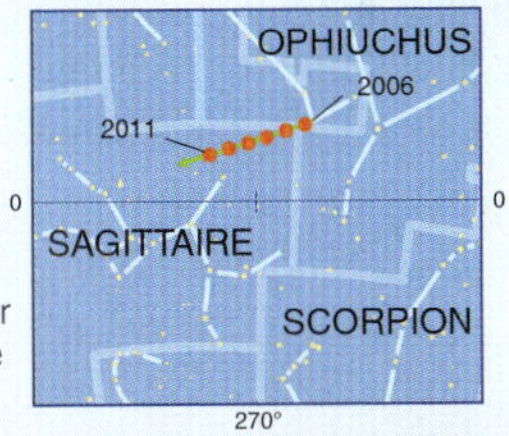

▼ *Charon a été découvert en 1978. Cette photo prise par le HST montre Pluton et Charon ensemble ; le couple recevra une sonde en 2013.*

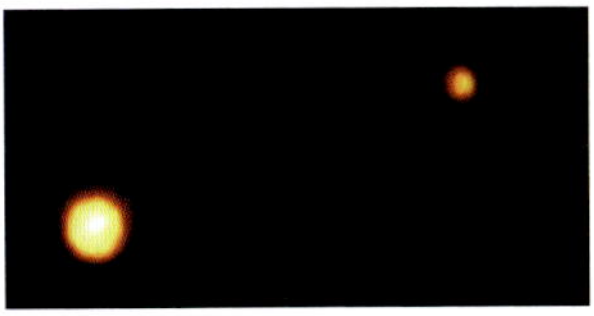

DONNÉES	
DIST. AU SOLEIL	*5 913 millions km (39,5 ua)*
DIAMÈTRE	*2 320 km (0,182 x la Terre)*
MAGNITUDE MAX.	*+ 13,6*
PÉR. DE RÉVOL.	*90 777 jours (248,6 ans)*
PÉR. DE ROTATION	*153,3 heures (6,39 jours)*

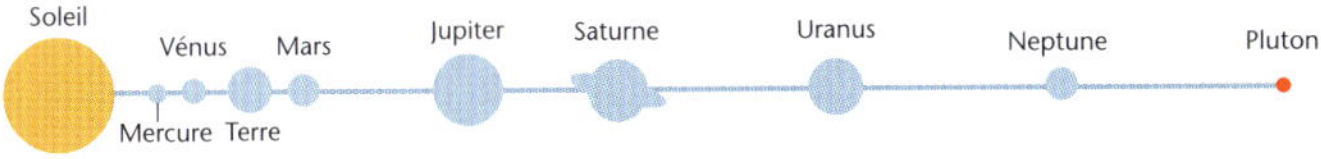

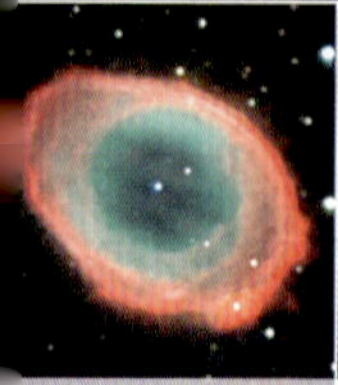

NÉBULEUSE PLANÉTAIRE

GALAXIE SPIRALE BARRÉE

ÉTOILES

AMAS OUVERT

Les constellations

Ce chapitre décrit les 88 constellations répertoriées. L'ordre dans lequel elles apparaissent suit une spirale allant du pôle Nord céleste au pôle Sud céleste. Des marques de renvoi conduisent aux constellations voisines, de façon à naviguer aisément dans le ciel nocturne.

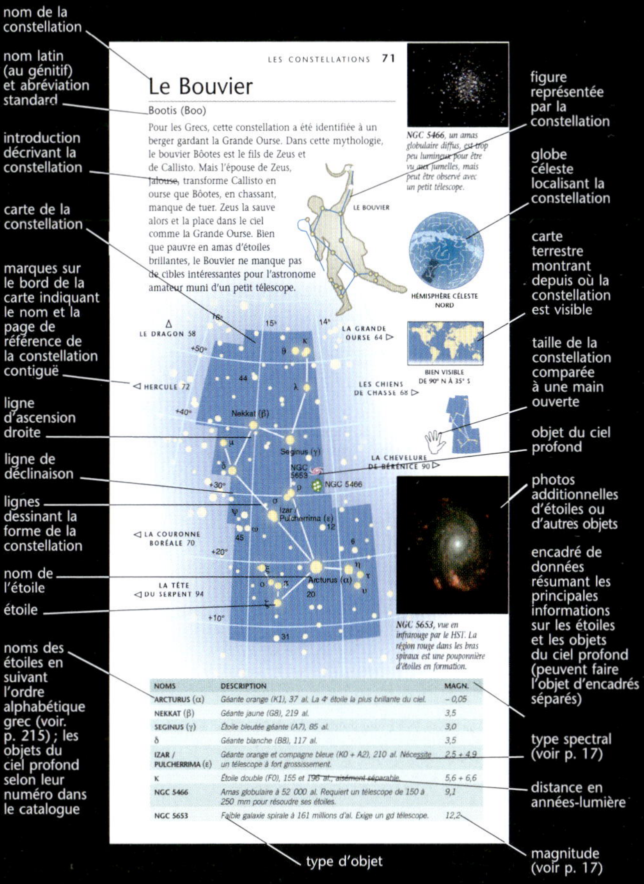
LES CONSTELLATIONS 71

Le Bouvier

Bootis (Boo)

Pour les Grecs, cette constellation a été identifiée à un berger gardant la Grande Ourse. Dans cette mythologie, le bouvier Bôotes est le fils de Zeus et de Callisto. Mais l'épouse de Zeus, jalouse, transforme Callisto en ourse que Bôotes, en chassant, manque de tuer. Zeus la sauve alors et la place dans le ciel comme la Grande Ourse. Bien que pauvre en amas d'étoiles brillantes, le Bouvier ne manque pas de cibles intéressantes pour l'astronome amateur muni d'un petit télescope.

NGC 5466, un amas globulaire diffus, est trop peu lumineux pour être vu aux jumelles, mais peut être observé avec un petit télescope.

NGC 5653, vue en infrarouge par le HST. La région rouge dans les bras spiraux est une pouponnière d'étoiles en formation.

NOMS	DESCRIPTION	MAGN.
ARCTURUS (α)	Géante orange (K1), 37 al. La 4ᵉ étoile la plus brillante du ciel.	– 0,05
NEKKAT (β)	Géante jaune (G8), 219 al.	3,5
SEGINUS (γ)	Étoile bleutée géante (A7), 85 al.	3,0
δ	Géante blanche (B8), 117 al.	3,5
IZAR / PULCHERRIMA (ε)	Géante orange et compagne bleue (K0 + A2), 210 al. Nécessite un télescope à fort grossissement.	2,5 + 4,9
κ	Étoile double (F0), 155 et 196 al., aisément séparable.	5,6 + 6,6
NGC 5466	Amas globulaire à 52 000 al. Requiert un télescope de 150 à 250 mm pour résoudre ses étoiles.	9,1
NGC 5653	Faible galaxie spirale à 161 millions d'al. Exige un gd télescope.	12,2

MAGNITUDES DES ÉTOILES						
-1	0	1	2	3	4	5

Charte des magnitudes. *Elle indique la luminosité d'un objet dans le ciel. Dans cette échelle numérique, les étoiles brillantes ont des chiffres bas ou négatifs, comme 0 ou – 1. Les étoiles plus faibles ont des chiffres plus élevés et positifs, comme 4 ou 5. Une étoile de magnitude 1 est cent fois plus brillante qu'une étoile de magnitude 6.*

NGC 3147, une galaxie de faible magnitude, présente de nombreux bras spiraux (avec le plus faible à l'extérieur) enroulés autour d'un petit noyau.

Le Dragon

Draconis (Dra)

Chargé, dans la mythologie grecque, de garder les pommes d'or du jardin des Hespérides (les filles d'Atlas), Draco, le dragon, est tué par Hercule, dont la constellation se tient, épée levée, devant la tête du Dragon. Gardien de la Toison d'or dans une autre légende, il est tué par Jason et les Argonautes. Huitième plus grande constellation par la taille, le Dragon ne présente pas un grand intérêt pour l'astronome amateur, avec ses étoiles faiblement lumineuses ne contenant ni nébuleuses ni amas globulaires. À noter toutefois la présence de quelques faibles galaxies et d'une nébuleuse planétaire.

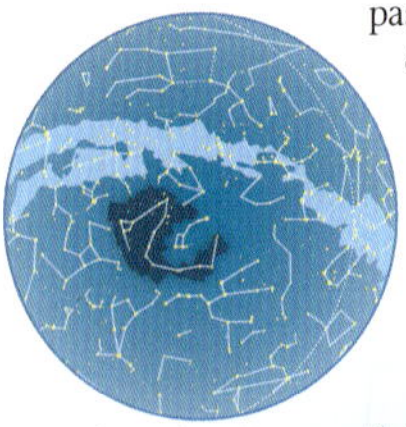

HÉMISPHÈRE CÉLESTE NORD

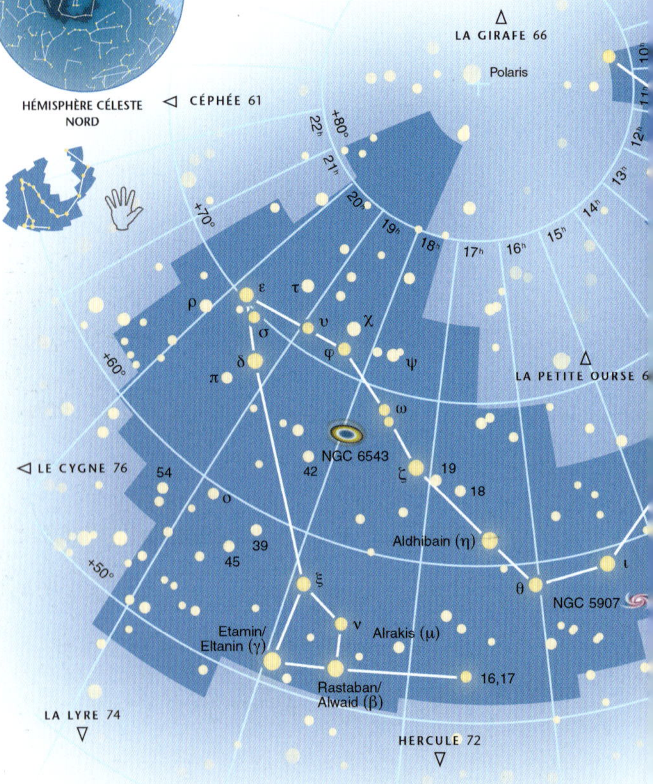

NOM DES OBJETS	DESCRIPTION	MAGN.
NGC 3147	*Galaxie spirale à 120 millions d'al. Requiert un télescope.*	*11,4*
NGC 4125	*Galaxie elliptique à 80 millions d'al. Requiert un télescope.*	*9,8*
NGC 4236	*Spirale barrée à 10 millions d'al. Requiert un petit télescope.*	*9,7*
NGC 5907	*Galaxie spirale à 40 millions d'al. Requiert un grand télescope.*	*11,3*
NÉB. ŒIL DE CHAT (NGC 6543)	*Nébuleuse planétaire à 3 500 al. Des jumelles montrent le disque. Un plus grand instrument dévoile l'étoile centrale.*	*8,8*

NOM DES ÉTOILES	DESCRIPTION	MAGN.
THUBAN (α)	*Géante bleutée (A0) à 305 al. C'était l'Étoile polaire en 3800 av. J.-C.*	3,7
RASTABAN/ALWAID (β)	*Géante jaune (G2), 360 al.*	2,8
ETAMIN/ELTANIN (γ)	*Géante orange (K5), 150 al ; la plus brillante du Dragon.*	2,2
ALDHIBAIN (η)	*Double serrée (G8), 75 al ; à voir avec un gd télescope.*	2,2
ALRAKIS (μ)	*Double (F6 = F6), 88 al ; exige un gd pouvoir de séparation*	5,6 + 5,7
ν	*Deux étoiles (A5 + A5) blanches, 100 al ; vis. aux jumelles*	4,9 + 4,9
ο	*Géante orange (K0), 320 al ; compagne peu lumineuse*	4,6 + 7,8
ψ	*Étoile jaune/blanche avec compagne jaune (F5 + G0), 72 al.*	4,6 + 6,1
16 ET 17	*Deux étoiles bleutées (A0 et A0), à 400 al.*	5,1 + 5,5
39	*Double visible aux jumelles (A1 + F5), 188 al. Un télescope révèle une troisième étoile.*	5,0 + 7,4 + 8,0

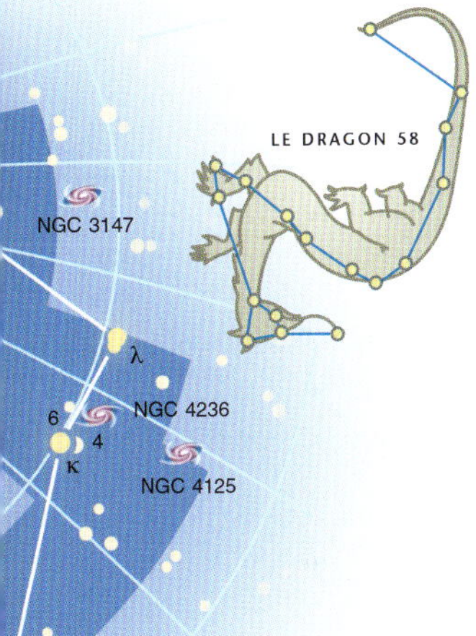

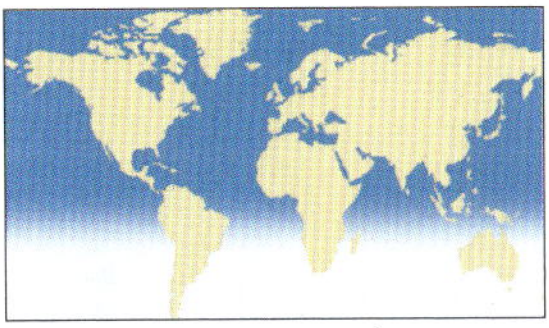

BIEN VISIBLE DE 90° N À 4° S

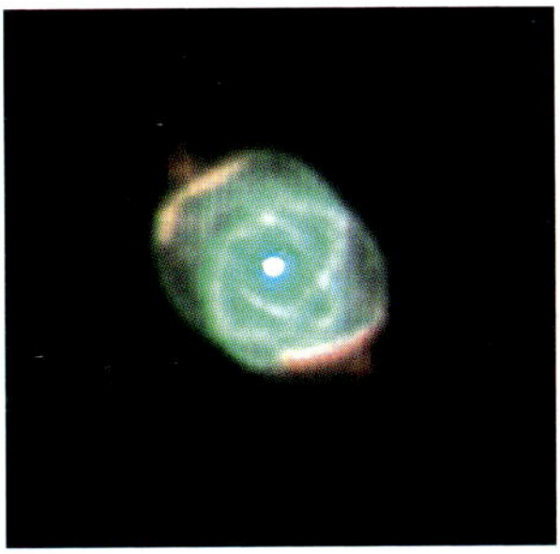

La nébuleuse Œil-de-chat *(NGC 6543), vue ici par le télescope spatial Hubble, tire son nom de son apparence.*

NOTE

Pour les observateurs des latitudes nord moyennes, la pluie d'étoiles filantes des Draconides est à son maximun le 9 octobre. On associe ces météores très lentes à la comète Giacobini-Zinner.

LA GRANDE OURSE 64 ▷

LE BOUVIER 71 ▷

NGC 5907*, une spirale vue par la tranche, est une cible pour l'astronome amateur et n'est accessible qu'avec un puissant télescope.*

NGC 4236 *est une galaxie qui requiert un télescope d'au moins 100 mm d'ouverture ; elle n'est donc pas visible avec des jumelles.*

La Petite Ourse

Ursae Minoris (UMi)

***Polaris** est une étoile variable qui se situe au bout de la queue de la Petite Ourse.*

Répertoriée depuis 600 ans av. J.-C., sans doute par Thalès, la Petite Ourse contient l'étoile Alpha (α) Polaris, l'étoile Polaire qui marque dans le ciel un point tout proche du pôle Nord céleste. L'axe terrestre pointe dans cette direction, mais comme la Terre oscille lentement sur son axe (précession), cette direction change en même temps. Qu'importe, Polaris est un point de repère pour tous les observateurs de l'hémisphère Nord.

HÉMISPHÈRE CÉLESTE NORD

BIEN VISIBLE DE 90° N À 0°

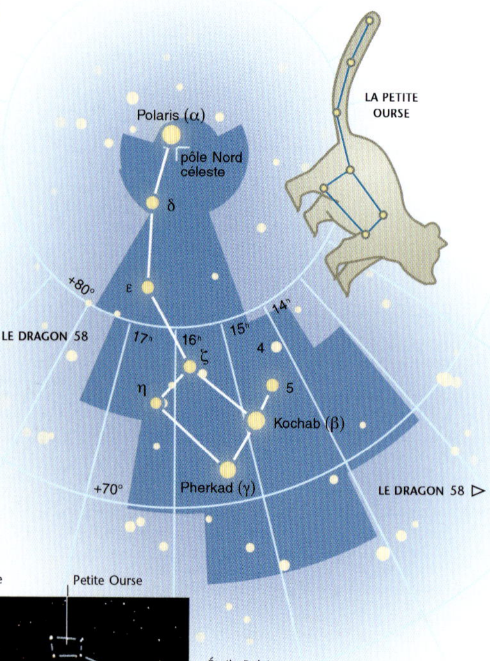

NOTE

Un petit côté du chariot est formé par les étoiles principales, les brillantes Bêta (β) et Gamma (γ), connues comme les Gardiennes du pôle.

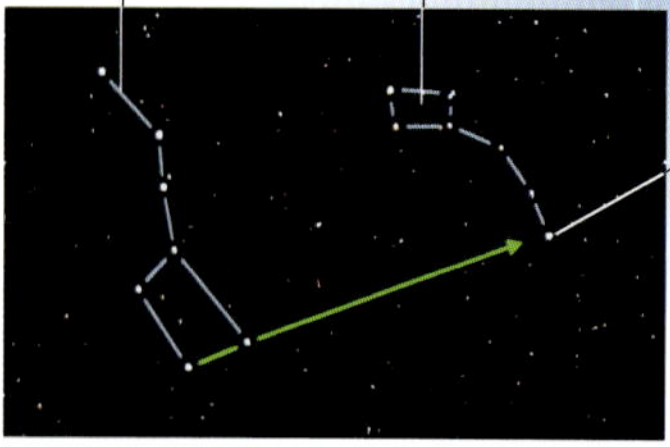

***Une ligne** passant par Alpha et Bêta de la Grande Ourse mène directement vers la Petite Ourse, plus exactement vers Polaris, donc vers le nord, comme le montre ce diagramme.*

N. DES ÉTOILES	DESCRIPTION	MAGN.
POLARIS / ÉT. POLAIRE (α)	*Supergéante jaune variable (F8). Variations indétectables par les amateurs, 431 al. Compagne visible avec un télescope.*	1,9–2,1 + 8,2
KOCHAB (β)	*Géante orange (K4), 126 al.*	2,1
PHERKAD (γ ET 11)	*Géante blanche formant un double visuel, 480 et 390 al.*	3,0 + 5,0
δ	*Blanche de la séquence principale (A1), 183 al.*	4,3
ε	*Binaire à éclipse, géante jaune (G5), 347 al.*	4,2
ζ	*Étoile blanche de la séquence principale (A3), 376 al.*	4,3
η	*Étoile blanche de la séquence principale (F5), 97 al.*	5,0

Céphée

Cephei (Cep)

Selon la mythologie, Céphée est le roi de l'ancien royaume d'Éthiopie, mari de Cassiopée et père d'Andromède. Cette constellation sans grand intérêt est connue pour sa fameuse étoile Delta, une variable dont la période de variation est de 5,366 jours et qui est le prototye de la classe d'étoiles variables nommées les Céphéides.

NGC 6946, galaxie spirale, n'est pas visible à l'œil nu, mais avec un télescope d'ouverture moyenne.

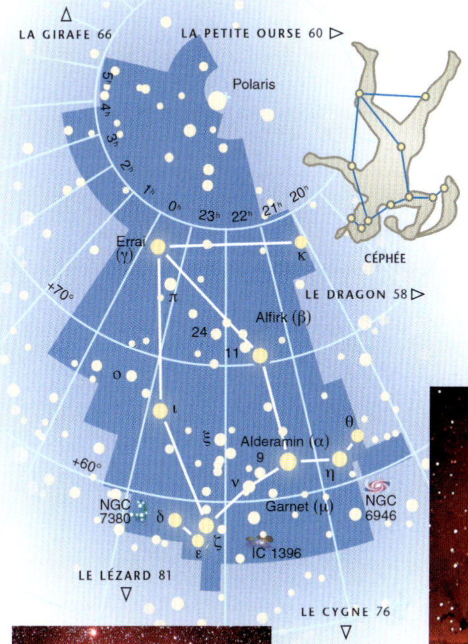

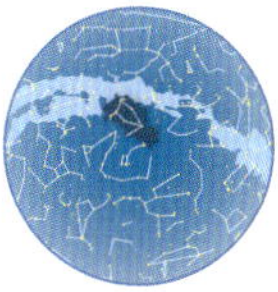

HÉMISPHÈRE CÉLESTE NORD

BIEN VISIBLE DE 90° N À 1°

NGC 7380 est un amas ouvert d'environ 40 étoiles enveloppé d'une faible luminosité. Visible avec des jumelles.

IC 1396 est accessible avec un télescope moyen. La brillante étoile en haut est Garnet, l'étoile Mu (μ).

NOMS	DESCRIPTION	MAGN.
ALDERAMIN (α)	Subgéante blanche (A7), 49 al.	2,5
ALFIRK (β)	Géante bleue et bleutée (B2 + A3), 590 al.	3,2 + 7,9
ERRAI / ALRAI (γ)	Subgéante orange (K1), 45 al.	3,2
δ	Supergéante jaune, variable à pulsation (F5), 982 al. Compagne visible aux jumelles.	3,5–4,4 + 6,3
GARNET (μ)	Supergéante rouge : la plus grande étoile connue (M2), 2 800 al.	3,4–5,1
ξ	Bleutée et jaune (A3 + F7), 102 al.	4,4 + 6,5
NGC 6946	Galaxie spirale vue de face, 15 millions d'al. Télescope de 150 mm.	8,9
NGC 7380	Brillant amas ouvert, à 7 000 al.	7,2
IC 1396	Nébuleuse et amas, à 2 400 al. Fort grossissement pour voir amas.	3,5

M52 est un amas ouvert contenant une centaine d'étoiles, mais il faut un télescope pour les séparer.

Cassiopée

Cassiopeiae (Cas)

Dans la mythologie grecque, Cassiopée est reine de l'ancien royaume d'Éthiopie, épouse de Céphée et mère d'Andromède. Aisément reconnaissable dans le ciel nordique, cette constellation forme un W (ou un M selon la saison). Par rapport à l'étoile Polaire, elle se situe du côté opposé à la Grande Ourse. Elle s'étend le long de la Voie lactée, entre Persée et Céphée, et au nord d'Andromède. Dénuée de galaxies, Cassiopée contient une collection d'amas et de nébuleuses accessibles à l'astronome amateur.

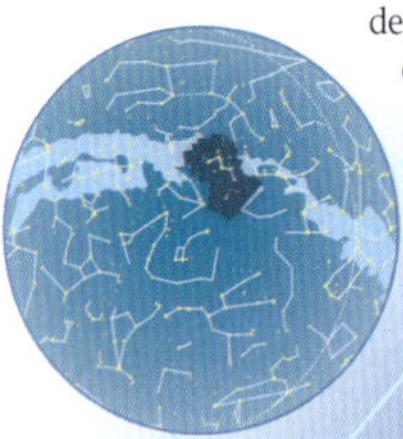

HÉMISPHÈRE CÉLESTE NORD

BIEN VISIBLE DE 90° N À 12° S

N. DES OBJETS	DESCRIPTION	MAGN.
M52	*Amas ouvert à 5 000 al. Tache brumeuse aux jumelles. Un télescope de 75 mm sépare les étoiles.*	7,3
M103	*Amas ouvert à 80 al. Visible aux jumelles.*	7,5
NGC 457	*Amas ouvert à 10 000 al. Accessible avec des jumelles.*	6,4
NGC 663	*Amas ouvert dispersé d'environ 80 étoiles, à 8 200 al.*	7,1

N. DES ÉTOILES	DESCRIPTION	MAG.
SHEDIR (α)	*Géante orange (K0), 229 al.*	*2,2*
CAPH (β)	*Blanche de séquence principale (F2), 54 al.*	*2,3*
γ	*Étoile bleutée, variable imprévisible (B0), 613 al.*	*1,6–3,0*
RUCHBAR (δ)	*Étoile bleutée (A5), 99 al. Une binaire à éclipse indécelable par les astronomes amateurs.*	*2,7*
NAVI (ε)	*Étoile bleutée géante (B3) n 442 al.*	*3,3*

NGC 663 est un amas ouvert brillant, mais la dispersion de ses étoiles se fait sur 15 degrés (moitié de la pleine Lune). Visible facilement aux jumelles.

M103 est un petit amas ouvert allongé, visible aux jumelles. Sa figure caractéristique est un alignement de 3 étoiles.

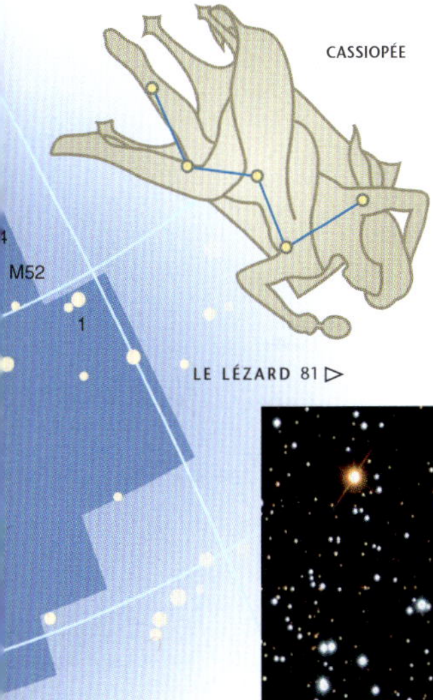

LE LÉZARD 81 ▷

NOTE

La constellation de Cassiopée sert souvent de repère pour localiser les autres constellations du Nord : une ligne allant de Cassiopée à la Grande Ourse passe par la Petite Ourse et parvient, en poursuivant au-delà, à Arcturus du Bouvier.

NGC 457 est un amas ouvert de 80 étoiles, visible aux jumelles. Son apparence l'a fait comparer à une chouette, avec ses deux étoiles brillantes formant les yeux.

M81, *accessible avec des jumelles ou un petit télescope, est l'une des galaxies spirales les plus brillantes du ciel.*

La Grande Ourse

Ursae Majoris (UMa)

Troisième constellation par la taille, la Grande Ourse est la plus célèbre. Les Anciens l'ont vue comme une ourse, et les Européens comme un chariot. Les sept étoiles les plus brillantes (*septem triones* en latin, d'où le nom de septentrion pour le Nord) forment la « charrue ». La plupart des étoiles brillantes appartiennent à un amas ouvert si proche de la Terre (70 al.) qu'elles semblent dispersées dans le ciel. En regardant en direction de la Grande Ourse, l'observateur découvre un champ de galaxies qui représentent autant de cibles d'observation.

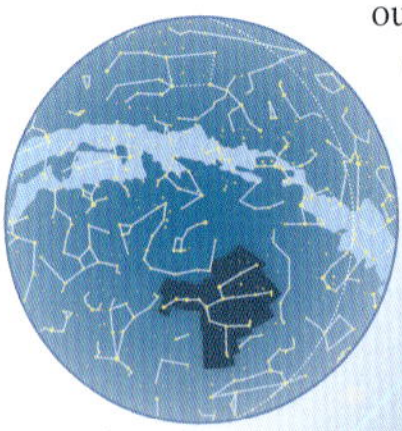

HÉMISPHÈRE CÉLESTE NORD

BIEN VISIBLE DE 90° N À 16° S

M82 est une galaxie active où se forment des étoiles massives. Dans le champ d'un télescope, on peut l'apercevoir près de M81.

N. DES OBJETS	DESCRIPTION	MAGN.
M81	*Galaxie spirale à 10 millions d'al.*	6,9
M82	*Galaxie particulière à 10 millions d'al.*	8,4
NÉBULEUSE HIBOU (M97)	*Nébuleuse planétaire à 1 300 al. Nécessite un télescope d'amateur.*	9,9
LA ROUE (M101)	*Galaxie spirale vue de face, à 23 millions d'al.*	7,7
M109	*Spirale barrée à 58 millions d'al. Avec un appareil de petite ouverture.*	9,8

N. DES ÉTOILES	DESCRIPTION	MAGN.
DUBHE (α)	*Géante jaune (K0), 672 al. Compagne visible au télescope.*	*1,9 + 4,8*
MERAK (β)	*Étoile bleutée de la séquence principale (A1), 79 al.*	*2,3*
PHECDA (γ)	*Étoile blanche de la séquence principale (A0), 84 al.*	*2,4*
MEGREZ (δ)	*Étoile blanche de la séquence principale (A3), 81 al.*	*3,3*
ALIOTH (ε)	*Étoile bleutée (A0), 81 al.*	*1,8*
MIZAR + ALCOR (ζ + 80)	*Double visuelle de deux étoiles de la séquence principale. (A2 + A5), chacune étant un système binaire, 87 + 81 al.*	*2,2 + 4,0*
ALKAID (η)	*Étoile bleutée de la séquence principale (B3), 101 al.*	*1,9*

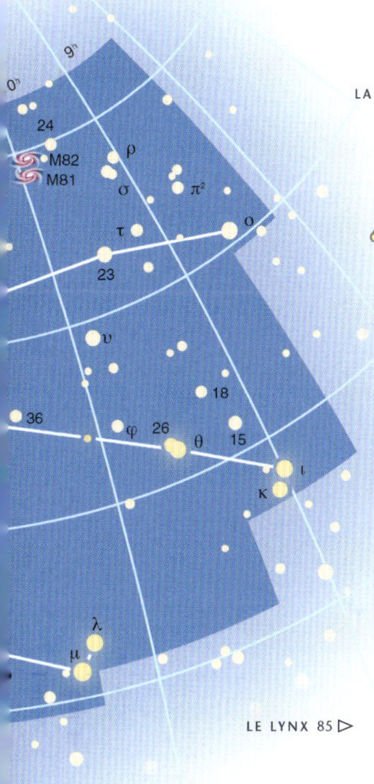

LA GIRAFE 66 ▷

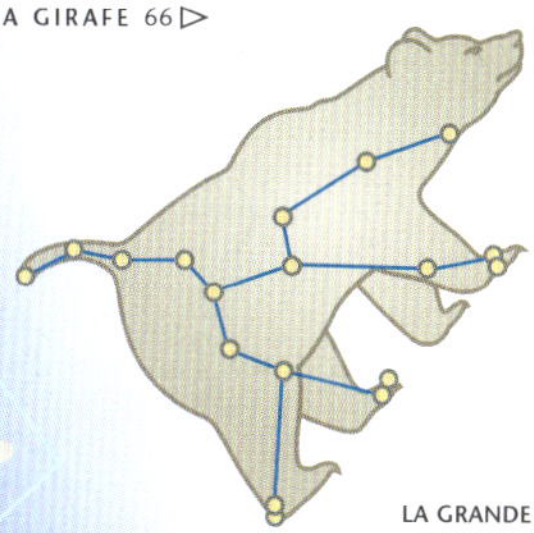

LA GRANDE OURSE

LE LYNX 85 ▷

***La galaxie M101** est une spirale vue de face avec une paire de jumelles. Un petit télescope ne montre que son noyau ; ses bras ne se révèlent qu'avec une grande ouverture ou à la photographie.*

LE PETIT LION 87 ▽

***M109** est une spirale barrée près de l'étoile Gamma (Phecda) dans la charrue. Cette galaxie est visible avec des instruments modestes, mais n'est pas assez lumineuse pour être observée aux jumelles.*

NGC 2403 peut être détectée avec des jumelles dans de bonnes conditions et apparaît comme une tache blanche elliptique dans un petit télescope.

La Girafe

Camelopardalis (Cam)

Cette constellation a été introduite en 1613 par l'astronome et théologien hollandais Petrus Planchus. Bien que couvrant une grande partie du ciel boréal, elle ne contient aucune étoile brillante au-dessous de la magnitude 4, ni d'amas, ouverts ou non, ni de nébuleuses planétaires. L'étoile la plus brillante de la constellation, Bêta (β), possède deux compagnes dont l'une est séparable avec une bonne paire de jumelles, tandis que l'autre exige un télescope. Quelques galaxies sont présentes, mais si peu brillantes qu'il faut un télescope de 100 mm d'ouverture pour les apercevoir et une plus grande ouverture encore pour y déceler un détail. La constellation représente une girafe dont le long cou est tendu vers le pôle Nord céleste en passant par la Petite Ourse et le Dragon.

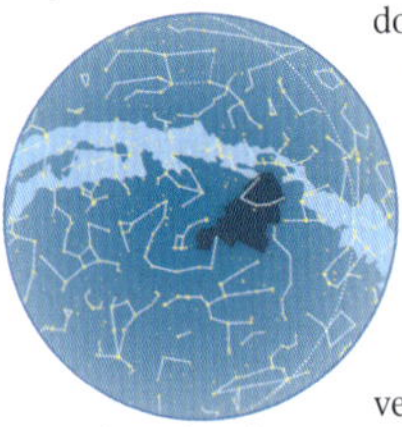

HÉMISPHÈRE CÉLESTE NORD

BIEN VISIBLE DE 90° N À 3° S

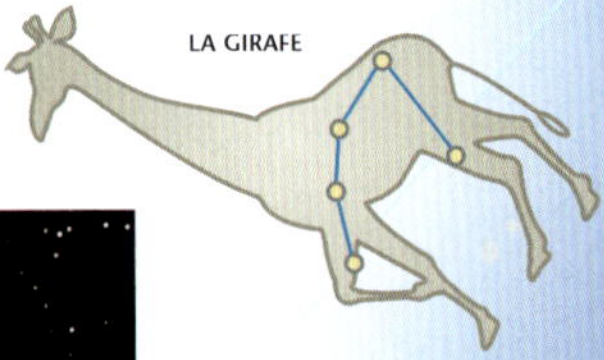

NGC 1502, un amas, petit mais brillant, contenant 45 étoiles. Visible avec des jumelles.

NOMS	DESCRIPTION	MAGN.
α	*Supergéante bleutée, très lumineuse (B0), 5 000 al.*	4,3
β	*Supergéante jaune + 2 compagnes peu visibles (G0) 1 000 al.*	4,0 + 7,4 + 11,4
11 + 12	*Double binaire (B3 + K0), 650 al.*	6,0 + 6,0
32	*Deux étoiles bleutées (A0 = A0), 300 al. Vis. au petit télescope.*	5,3 + 5,7
COLLINDER 464	*Grand amas ouvert dispersé d'environ 50 étoiles.*	4,2
NGC 1502	*Petit amas ouvert brillant, à 3 100 al.*	5,7
NGC 2403	*Galaxie spirale à 12 millions d'al. Tache brillante au télesc. de 100 mm.*	8,4
IC 342	*Spirale barrée à 10 millions d'al. Avec un petit télescope.*	9,1

IC 342 est une grande galaxie, mais sa surface peu brillante requiert l'emploi d'un télescope de grande ouverture.

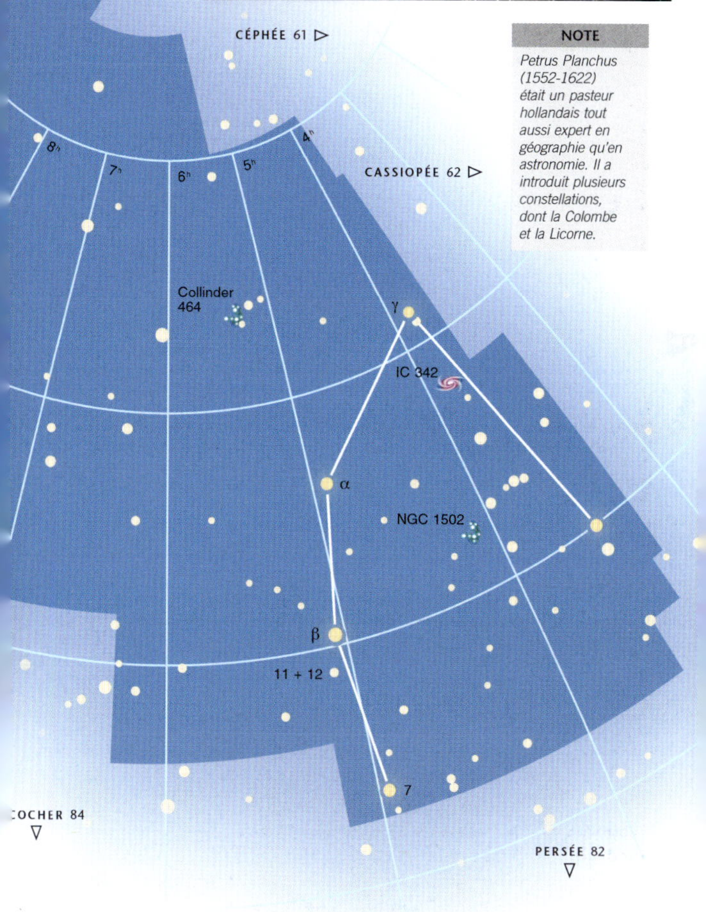

NOTE

Petrus Planchus (1552-1622) était un pasteur hollandais tout aussi expert en géographie qu'en astronomie. Il a introduit plusieurs constellations, dont la Colombe et la Licorne.

***M94** Peu brillante, cette galaxie spirale se présente de face ; un petit télescope la montre comme un noyau d'étoiles entouré d'un halo.*

Les Chiens de Chasse

Canum Venaticorum (CVn)

C'est un astronome polonais, Johannes Hevelius, qui a baptisé cette constellation représentant les deux chiens de chasse, Asterion et Chara. Ils sont tenus en laisse par Bôotes, le Bouvier, et poursuivent Ursa Major, la Grande Ourse. Aucune des étoiles de la constellation n'est brillante et ne dépasse la magnitude 3. Mais les Chiens de Chasse contient quelques galaxies accessibles aux télescopes d'amateur, ainsi que l'amas globulaire le moins brillant de l'hémisphère Nord, M3.

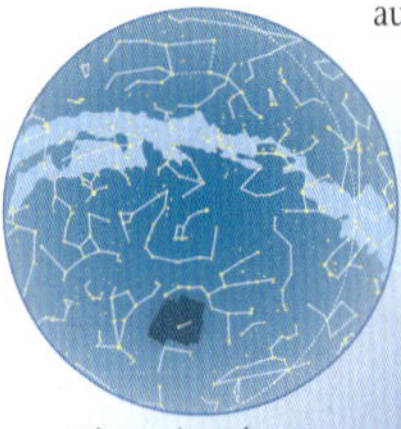

HÉMISPHÈRE CÉLESTE NORD

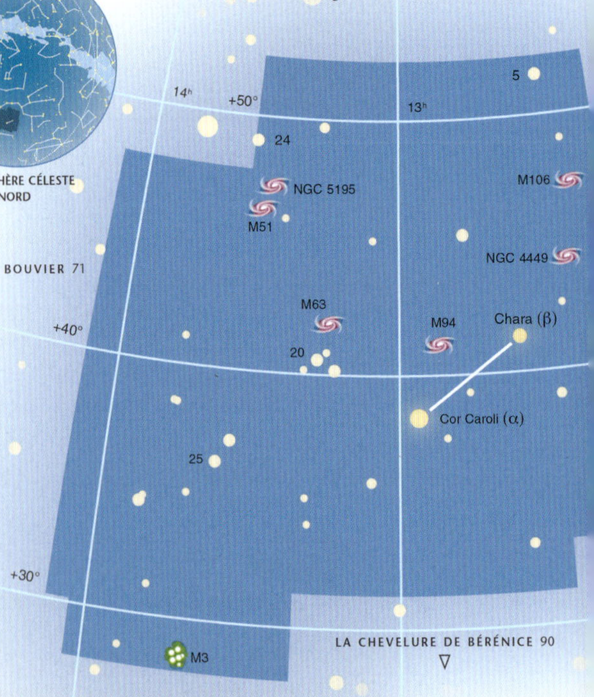

***M51** La galaxie des Chiens de Chasse a une galaxie compagne, NGC 5195, qui entre en collision avec elle depuis 100 millions d'années. Un petit télescope révèle le noyau des deux galaxies, mais des appareils plus ouverts montrent la structure en spirale de l'ensemble.*

M3 est un amas globulaire à la limite de visibilité à l'œil nu. Aisément accessible avec des jumelles, il nécessite un télescope de 100 mm pour résoudre ses étoiles.

NOTE

La galaxie des Chiens de Chasse a été détectée en 1773 par Charles Messier. Elle est reliée à sa galaxie voisine NGC 5195 par un bras de gaz ; leur interaction a provoqué un boom d'étoiles naissantes dans NGC 5195.

LA GRANDE OURSE 64 ▷

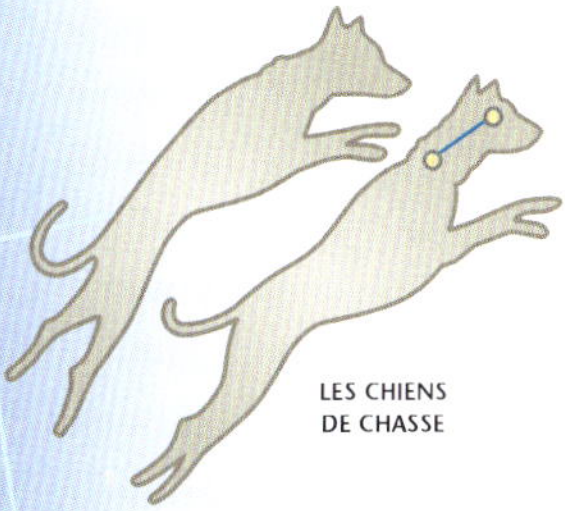

LE LION 86 ▽

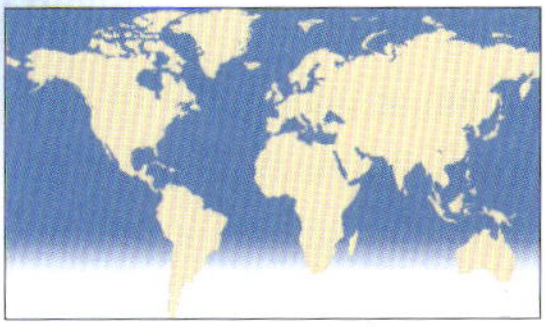

BIEN VISIBLE DE 90° N À 37° S

***La galaxie Tournesol** M63 doit son nom à son apparence dans un grand télescope, qui dévoile les tavelures de ses bras externes. Dans un petit télescope, elle apparaît telle une brume elliptique piquetée.*

NOMS	DESCRIPTION	MAGN.
COR CAROLI (α)	*Étoile double (A0), 110 al. Séparables avec un petit télescope.*	2,9 + 5,6
CHARA (β)	*Étoile jaune de la séquence principale (G0), 27 al.*	4,2
M3	*L'un des plus gros amas globulaires à 34 000 al.*	6,3
LES CHIENS DE CHASSE (M51)	*Galaxie spirale à 26 millions d'al. Visible avec un petit télescope. A une petite galaxie satellite (NGC 5195) de 10,5 m.*	8,4
GALAXIE TOURNESOL (M63)	*Galaxie spirale à 23 millions d'al. Il faut un grand télescope pour en percevoir les détails.*	8,6
M94	*Galaxie spirale de face, à 13 millions d'al. Noyau et halo visibles dans un petit télescope.*	8,2
M106	*Galaxie spirale à 20 millions d'al.*	8,3
BOÎTE GALAXIE (NGC 4449)	*Galaxie irrégulière à 11 millions d'al. Visible avec un petit télescope.*	9,4

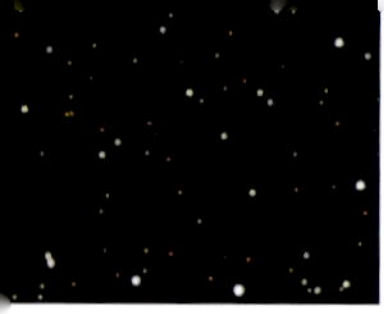

La Couronne boréale

Coronae Borealis (CrB)

Les étoiles de la Couronne boréale dessinent un demi-cercle dans le ciel. Alpha (α) est une étoile bleutée près du centre et Epsilon (ε), plus à gauche, une géante rouge orange.

Cette couronne aurait été portée par la mythique princesse Ariane de Crète lors de ses épousailles avec le dieu Bacchus (Dionysos). Hormis sa forme bien reconnaissable, la constellation *Coronae Borealis* ne se signale par aucune étoile brillante et ne contient pas d'objets du ciel profond, si ce n'est un amas de galaxies. Cet amas, Abell 2065, regroupe au moins 400 galaxies éloignées de 1 500 millions d'années-lumière, dont la magnitude ne descend pas en dessous de 16. Il demande donc de puissants télescopes.

HÉMISPHÈRE CÉLESTE NORD

BIEN VISIBLE DE 90° N À 50 °S

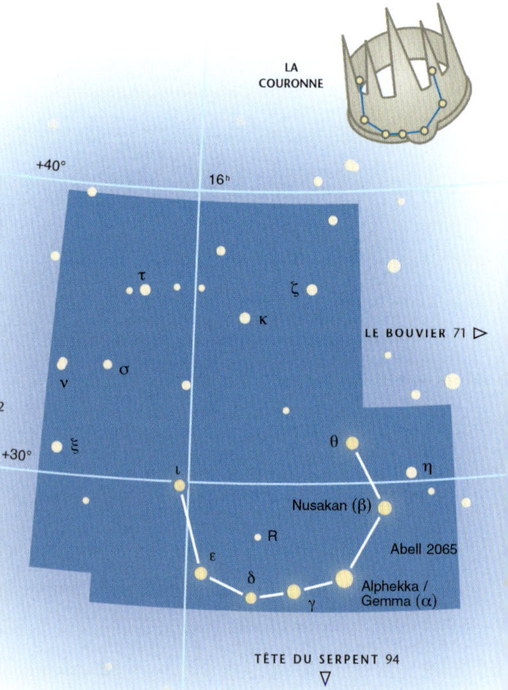

NOTE

Selon la légende, Bacchus a lancé la couronne dans les cieux, et les pierres se sont changées en étoiles. La principale se nomme d'ailleurs Gemma, signifiant « pierre précieuse ».

NOMS	DESCRIPTION	MAGN.
ALPHEKKA / GEMMA (α)	*Étoile bleutée de la séquence principale (A0), 75 al. Binaire à éclipse non visible à l'œil nu.*	2,2
NUSAKAN (β)	*Binaire spectroscopique (F0), 114 al.*	3,7
γ	*Étoile bleutée subgéante (B9), 145 al.*	3,8
δ	*Géante orange (G4), 165 al.*	4,6
ε	*Géante rouge orange (K2), 230 al.*	4,1
ζ	*2 étoiles bleutées (B6 + B7), 470 al. Visible au petit télescope.*	5,0 + 6,0
σ	*2 naines jaunes à éclipse (F8 + G1), 70 al. Période 1 000 ans.*	5,6 + 6,6
R	*Supergéante jaune (C0), 7 000 al.*	5,9–15
ABELL 2065	*Amas de galaxies, 1,5 milliard d'al.*	16

NGC 5466, un amas globulaire diffus, est trop peu lumineux pour être vu aux jumelles, mais peut être observé avec un petit télescope.

Le Bouvier

Bootis (Boo)

Pour les Grecs, cette constellation a été identifiée à un berger gardant la Grande Ourse. Dans cette mythologie, le bouvier Bôotes est le fils de Zeus et de Callisto. Mais l'épouse de Zeus, jalouse, transforme Callisto en ourse que Bôotes, en chassant, manque de tuer. Zeus la sauve alors et la place dans le ciel comme la Grande Ourse. Bien que pauvre en amas d'étoiles brillantes, le Bouvier ne manque pas de cibles intéressantes pour l'astronome amateur muni d'un petit télescope.

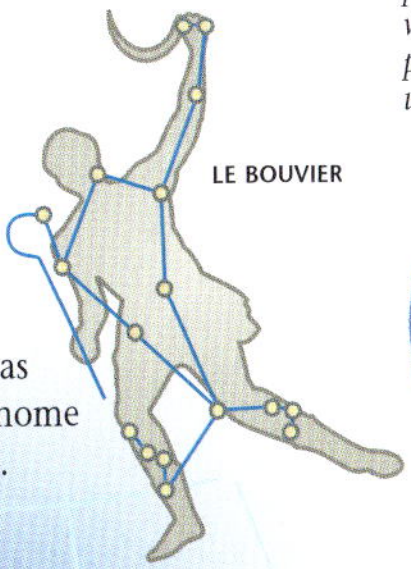

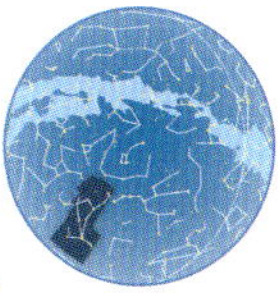

HÉMISPHÈRE CÉLESTE NORD

BIEN VISIBLE DE 90° N À 35° S

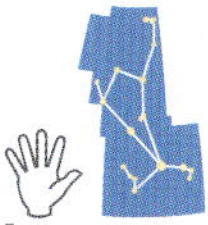

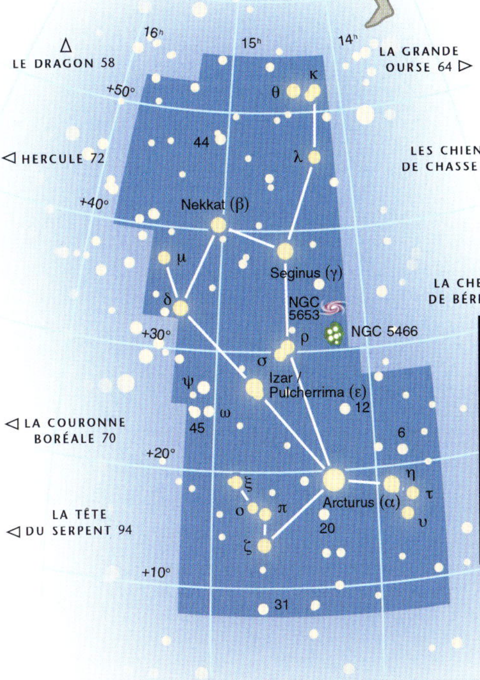

NGC 5653, vue en infrarouge par le HST. La région rouge dans les bras spiraux est une pouponnière d'étoiles en formation.

NOMS	DESCRIPTION	MAGN.
ARCTURUS (α)	*Géante orange (K1), 37 al. La 4e étoile la plus brillante du ciel.*	– 0,05
NEKKAT (β)	*Géante jaune (G8), 219 al.*	3,5
SEGINUS (γ)	*Étoile bleutée géante (A7), 85 al.*	3,0
δ	*Géante blanche (B8), 117 al.*	3,5
IZAR / PULCHERRIMA (ε)	*Géante orange et compagne bleue (K0 + A2), 210 al. Nécessite un télescope à fort grossissement.*	2,5 + 4,9
κ	*Étoile double (F0), 155 et 196 al., aisément séparable.*	5,6 + 6,6
NGC 5466	*Amas globulaire à 52 000 al. Requiert un télescope de 150 à 250 mm pour résoudre ses étoiles.*	9,1
NGC 5653	*Faible galaxie spirale à 161 millions d'al. Exige un gd télescope.*	12,2

Hercule

Herculis (Her)

M13, amas globulaire repérable à l'œil nu, est une beauté du ciel nord. Tache éthérée aux jumelles, un petit télescope résout ses étoiles extérieures.

Cinquième plus grande constellation en taille, Hercule représente le héros mythologique qui, chez les Grecs, a tué l'Hydre, le Lion de Némée et un Dragon au cours des fameux douze travaux qu'il avait reçu l'ordre d'exécuter. Agenouillé sur le genou droit, le pied gauche posé sur le Dragon, Hercule trône dans le ciel à la fin du printemps et au début de l'été. Si les galaxies de la constellation sont peu accessibles aux amateurs, l'amas globulaire M13, visible à l'œil nu ou mieux, avec des jumelles, est l'un des joyaux du ciel de l'hémipshère Nord.

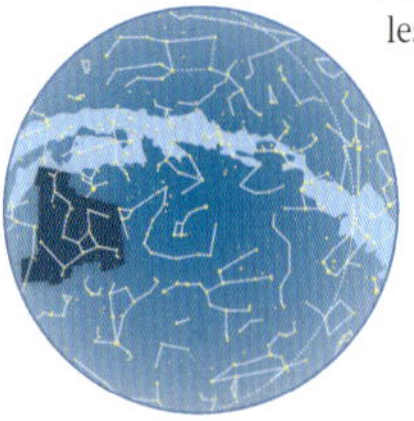

HÉMISPHÈRE CÉLESTE NORD

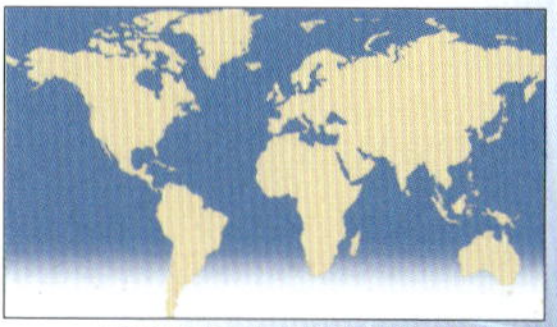

BIEN VISIBLE DE 90° N À 38° S

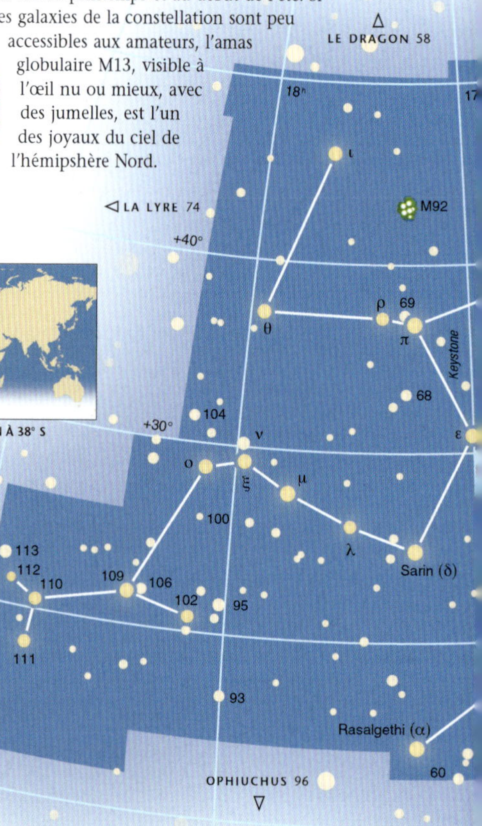

NOMS	DESCRIPTION	MAGN.
RASALGETHI (α)	*Supergéante rouge (M5), 400 al. ; une des plus grandes étoiles. Système multiple.*	2,7-4,0
KORNEPHOROS (β)	*Géante jaune (G8), 148 al.*	2,8
γ	*Géante blanche (A9), 195 al.*	3,8
SARIN (δ)	*Subgéante bleutée (A3), 78 al.*	3,1
RUTILICUS (ζ)	*Binaire (G0 + K0), 33 al. Requiert un télescope.*	2,8 + 5,7
MAASYM (κ)	*Étoile double (G8), 388 al. Visible au télescope.*	5,3 + 6,5
M13	*Plus brillant amas globulaire de l'hémisphère Nord, à 25 000 al.*	5,9
M92	*Amas globulaire à 29 000 al. Splendide aux jumelles.*	6,5
NGC 6210	*Nébuleuse planétaire à 4 000 al.*	9,0

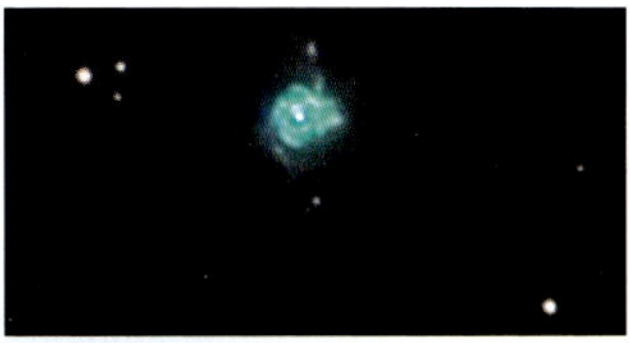

NGC 6210 *est une petite nébuleuse planétaire accessible à un petit télescope. Un plus grand appareil permet d'en voir les détails.*

NOTE

Le nom de Rasalgethi vient de l'arabe et signifie la « tête du genou », Hercule étant agenouillé dans le ciel. Cette supergéante rouge est aussi grande que l'orbite de Mars et sa luminosité varie sur une période de 128 jours.

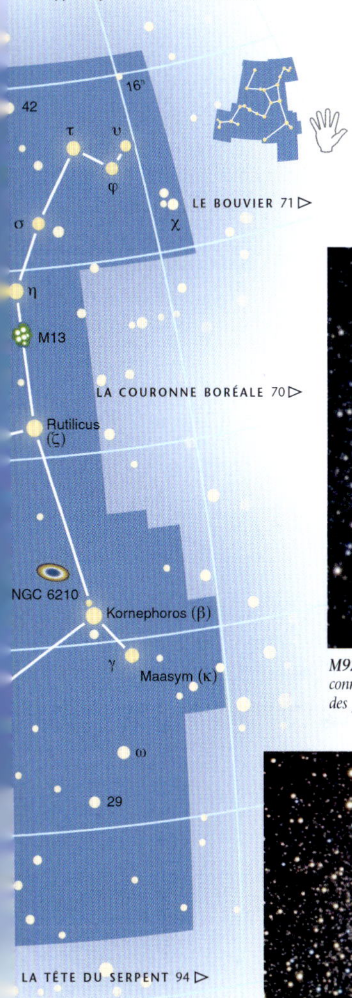

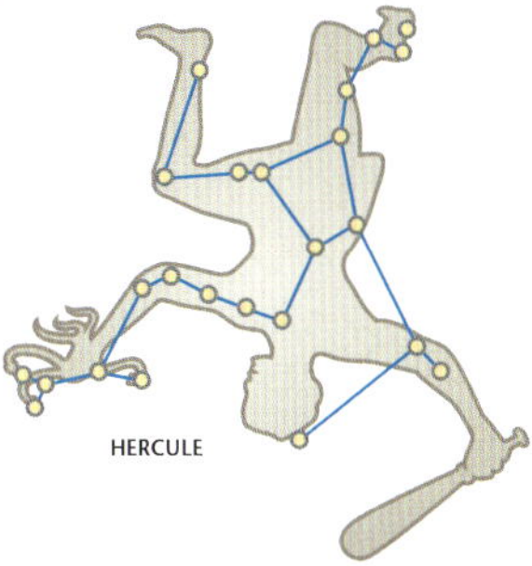

M92 *est peut-être le plus ancien amas globulaire connu. Moins brillant que M13, il reste accessible à des jumelles, et un petit télescope sépare ses étoiles.*

M13, *vu avec un télescope qui résout un grand nombre de ses étoiles. Les plus grands appareils permettent de distinguer les étoiles plus proches du cœur de l'amas.*

La nébuleuse planétaire ***(M57)*** *de la Lyre est une vedette du ciel. On la voit comme un petit disque avec une lunette et comme un anneau avec un grand télescope.*

La Lyre

Lyrae (Lyr)

Cette constellation est connue depuis la plus haute Antiquité, l'instrument à cordes qu'elle représente ayant été inventé, selon la mythologie grecque, par Hermès qui le vendit à Apollon. Celui-ci en fit cadeau à son fils Orphée, qui en jouait si bien que les animaux s'arrêtaient pour l'écouter. Aujourd'hui, Orphée siège dans le ciel près de la Lyre sous le nom du Cygne. Véga de la Lyre, l'étoile la plus brillante de la constellation, sert de référence aux astronomes pour sa couleur et sa brillance (0). Dans son orbite autour de notre galaxie, le Système solaire se dirige vers Véga à 20 km par seconde.

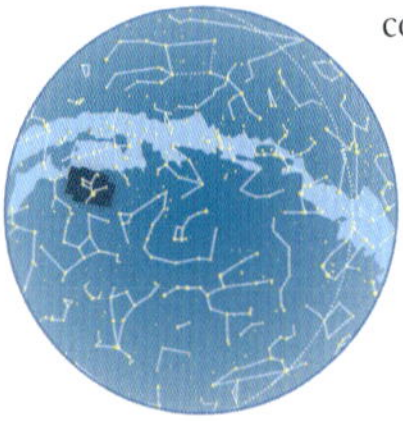

HÉMISPHÈRE CÉLESTE NORD

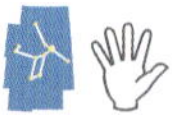

◁LE CYGNE 76

LE RENARD 100 ▽

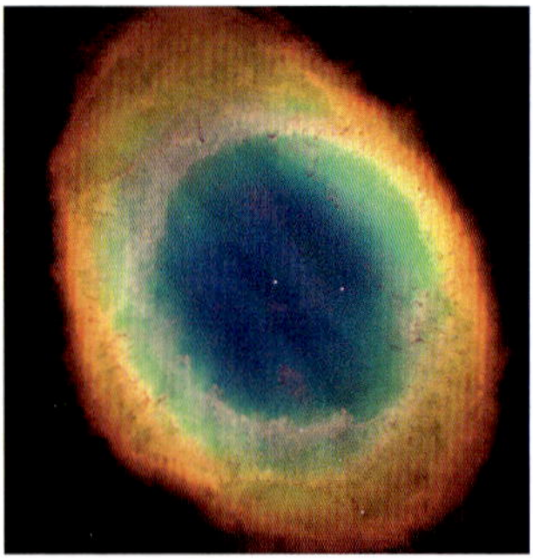

La nébuleuse planétaire *vue en haute résolution par le télescope spatial Hubble ; une vue, hélas, inaccessible aux télescopes d'amateurs.*

M56 Ce petit amas globulaire n'est pas visible à l'œil nu et n'a pas un cœur brillant comme les autres amas. Peu lumineux, il reste cependant une cible de choix pour un petit télescope.

La double double, Epsilon de la Lyre, est une étoile double à l'œil nu, qui apparaît quadruple dans un télescope.

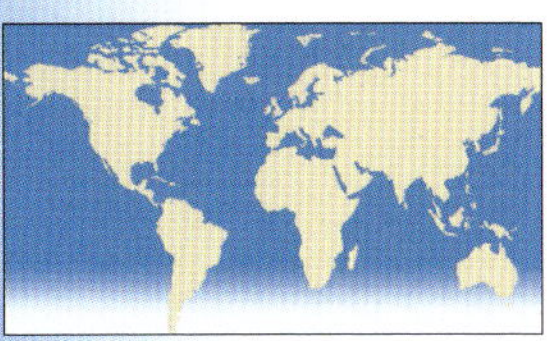

BIEN VISIBLE DE 90° N À 42° S

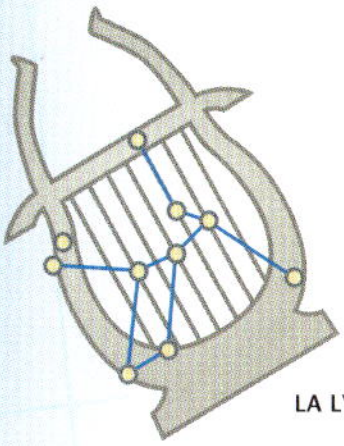

LA LYRE

NOTE

L'étoile Polaire se trouve dans la Petite Ourse. Mais comme l'axe terrestre tourne comme une toupie, c'est Véga de la Lyre, la 5e étoile la plus brillante du ciel qui, dans 12 000 ans, sera l'étoile Polaire.

NOMS	DESCRIPTION	MAGN.
VÉGA (α)	*Étoile naine bleutée de la séquence principale (A0), à 25 al.*	*0.03*
SHELIAK (β)	*Binaire à éclipse (B8) à 882 al.*	*3.3 – 4.4 + 7.2*
SULAFAT (γ)	*Géante bleutée (B9) à 635 al.*	*3.2*
δ	*Double visible à l'œil nu, supergéante rouge et naine blanche (M4 + B2), respectivement à 900 et 1 080 al.*	*5.6 + 4.2*
DOUBLE DOUBLE (ε)	*Double visible à l'œil nu, quadruple au télescope, quintuple au spectroscope (A2 + A4 + A3 + A5), 161 al.*	*5.0 + 6.1+ 5.2 + 5.5*
ζ	*Double visible aux jumelles (A0 + F0), 152 al.*	*4.4 + 5.7*
M56	*Amas globulaire à 33 000 al. Visible avec un petit télescope.*	*8.2*
NÉB. DE LA LYRE (M57)	*Nébuleuse planétaire à 1 100 al. Télesc. de 70 mm minimum.*	*9.7*

La nébuleuse North America (NGC 7000) tire son nom de sa forme qui rappelle celle du continent nord-américain.

Le Cygne

Cygni (Cyg)

C'est sous la forme de ce cygne céleste que Zeus se déguisait pour rendre visite à l'épouse du roi de Sparte. Aisément identifiable, cette constellation s'étend en plein milieu de la Voie lactée, offrant ainsi un grand nombre de cibles à l'astronome amateur. Certes, ni galaxies ni amas globulaires, mais des nébuleuses et des amas ouverts contenus dans notre galaxie. Pour appréhender au mieux cette constellation, il faut s'y promener avec des jumelles ou un télescope à faible grossissement. À l'œil nu, on devine facilement la vallée sombre, faite de poussières, au centre de la Voie lactée.

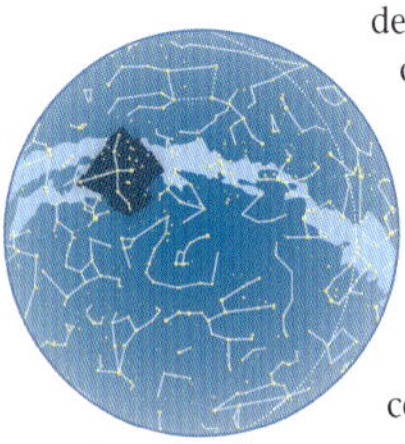

HÉMISPHÈRE CÉLESTE NORD

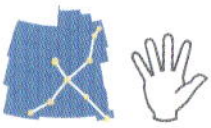

BIEN VISIBLE DE 90° N À 28° S

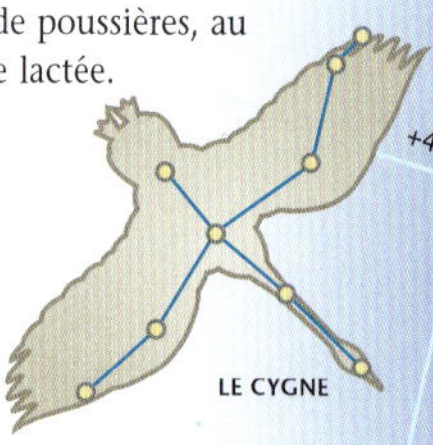

◁ LE LÉZARD 81

Les Dentelles du Cygne (NGC 6992), restes d'une supernova situés dans la partie sud du Cygne, sont visibles aux jumelles.

NOTE

Selon la légende, l'union de Zeus et de Léda, reine de Sparte, a donné les jumeaux Castor et Pollux, et Hélène de Troie. La queue du Cygne est formée par l'étoile Deneb (α), qui signifie « queue » en arabe.

NOMS DES OBJETS	DESCRIPTION	MAGN.
M29	*Amas ouvert d'une vingtaine d'étoiles, à 4 000 al.*	7.1
M39	*Amas ouvert d'une trentaine d'étoiles, à 950 al.*	4.6
NÉBULEUSE PLANÉTAIRE (NGC 6826)	*Nébuleuse planétaire à 3 200 al. Visible au petit télescope, mais nécessite une grande ouverture pour voir le disque.*	9.8
NÉBULEUSE DENTELLE (NGC 6992)	*Nébuleuse située à 2 000 al.*	7.0
NÉBULEUSE NORTH AMERICA (NGC 7000)	*Nébuleuse à 1 500 al. Visible à l'œil nu, détails aux jumelles.*	6.0

M29 (à g.) est un petit amas ouvert visible aux jumelles ou avec un petit télescope.

M39 (à dr.), un amas ouvert dispersé, mieux visible aux jumelles.

N. DES ÉT.	DESCRIPTION	MAGN.
DENEB (α)	*Supergéante bleutée (A2) à 3 200 al.*	1,2
ALBIREO (β)	*Géante orange et compagne bleu-vert (K5), 380 al. Aisément séparables avec des jumelles.*	3,1 + 5,1
SADR (γ)	*Supergéante jaune/blanche (F8), 1 500 al.*	2,2
δ	*Géante bleutée et compagne peu visible (A0), 171 al. Nécessite un télescope de 100 mm ou plus.*	2,9 + 6,6
GIENAH (ε)	*Géante orange (K0) à 72 al.*	2,5

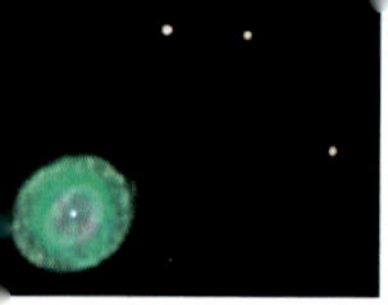

***La Boule** de neige bleue (NGC 7662) est visible avec des jumelles. Seul un fort grossissement dévoile son contour arrondi.*

Andromède

Andromedae (And)

Fille de Cassiopée et de Céphée d'Éthiopie dans la mythologie grecque, Andromède fait la fierté de sa mère car elle est plus belle que les filles de Poséidon, dieu de la Mer. Jaloux, ce dernier envoie un démon marin, Cétus, attaquer l'Éthiopie. Pour apaiser le monstre, Cassiopée et Céphée lui offrent en sacrifice Andromède, attachée à un rocher. Mais Andromède est délivrée par Persée. Constellation peu brillante, Andromède est connue pour sa galaxie M31 et ses deux galaxies satellites, M32 et M110. À part cela, elle ne présente guère d'intérêt et ne contient pas beaucoup de cibles pour l'astronome amateur.

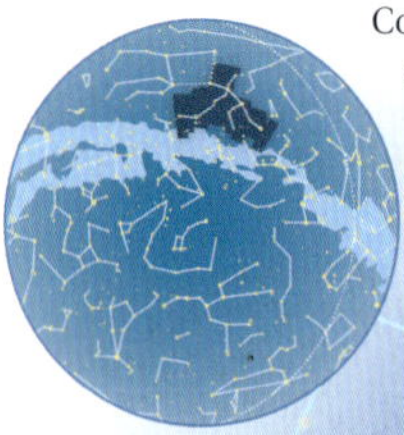

HÉMISPHÈRE CÉLESTE NORD

***M32** est une galaxie satellite de celle d'Andromède. Aux jumelles, elle apparaît telle une étoile et il faut un télescope d'amateur pour en rendre les détails.*

NOM DES OBJETS	DESCRIPTION	MAGN.
GALAXIE D'ANDROMÈDE (M31)	*Galaxie spirale à 2,5 millions d'al. Visible à l'œil nu sous de bonnes conditions.*	3,4
M32	*Galaxie quasi sphérique, à 2,5 millions d'al. Compagne naine de M31.*	8,2
M110	*Galaxie quasi sphérique, à 2,5 millions d'al. Compagne naine de M31.*	8,0
BOULE DE NEIGE BLEUE (NGC 7662)	*Nébuleuse planétaire à 2 610 al. Apparaît tel un faible disque bleuté.*	8,6

N. DES ÉTOILES	DESCRIPTION	MAGN.
ALPHERATZ (α)	*Binaire spectroscopique (A0) à 97 al.*	*2,1*
MIRACH / MIRAAK (β)	*Géante rouge froide (M0) à 199 al.*	*2,1*
ALMACH/ ALMAAK (γ)	*Double orange et bleue (K2 + B9) et une 3e étoile faible, à 355 al.*	*2,3 + 4,8*
δ	*Géante orange (K3) à 101 al.*	*3,3*

NOTE

Sur son cheval ailé, Pégase, le héros grec Persée délivra Andromède qui, attachée en pleine mer à un rocher, était offerte en sacrifice à Poséidon, dieu de la Mer. Puis, il l'épousa.

BIEN VISIBLE DE 90° N À 37° S

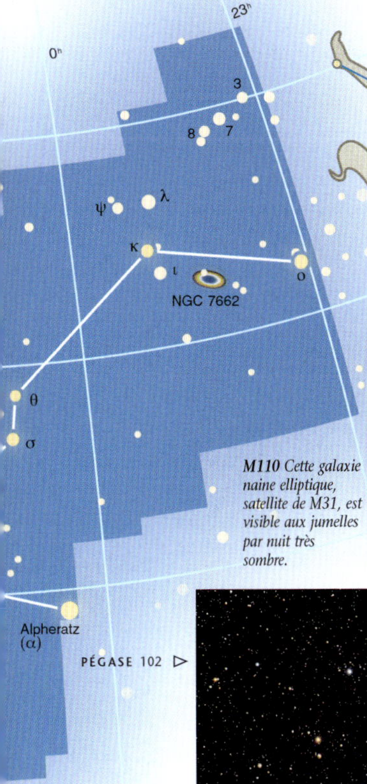

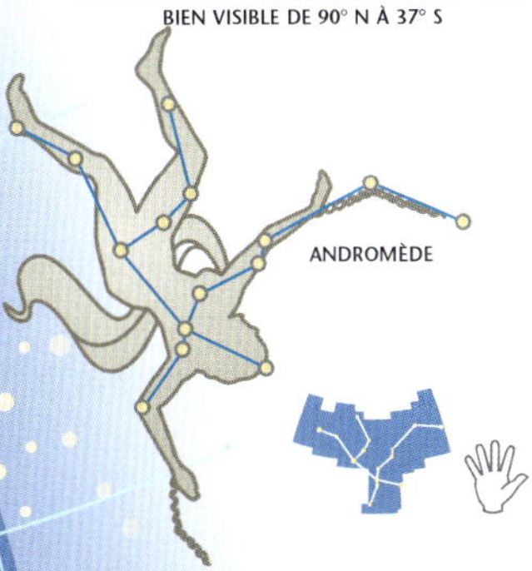

PÉGASE 102 ▷

M110 Cette galaxie naine elliptique, satellite de M31, est visible aux jumelles par nuit très sombre.

La galaxie *d'Andromède (M31) est notre plus proche voisine parmi les galaxies, ce qui permet de la voir à l'œil nu comme une tache allongée dans le ciel noir.*

La galaxie spirale du Triangle M33 paraît plus grande que la pleine Lune. Sa surface peu lumineuse la rend invisible à l'œil nu.

Le Triangle

Trianguli (Tri)

Cette formation de trois étoiles peu brillantes en un triangle isocèle très aigu fait partie des 48 constellations répertoriées par Ptolémée au IIe siècle apr. J.-C. Vide de nébuleuses ou d'amas d'étoiles, elle contient la proche galaxie M33. Celle-ci, environ deux fois plus petite que la Voie lactée en rayon, est le 3e membre le plus important de notre groupe local après la galaxie d'Andromède (M31) et la Voie lactée. Peu lumineuse, elle peut être localisée grâce à une paire de jumelles par ciel bien sombre.

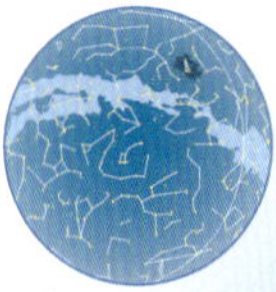

HÉMISPHÈRE CÉLESTE NORD

BIEN VISIBLE DE 90° N À 52° S

NOTE

Le Triangle est connu depuis l'Antiquité grecque. Certains ont vu dans sa forme l'embouchure du Nil, d'autres la Sicile ou l'Islande. On l'appelait aussi parfois Deltotum, car il rappelle le delta (Δ) majuscule de l'alphabet grec.

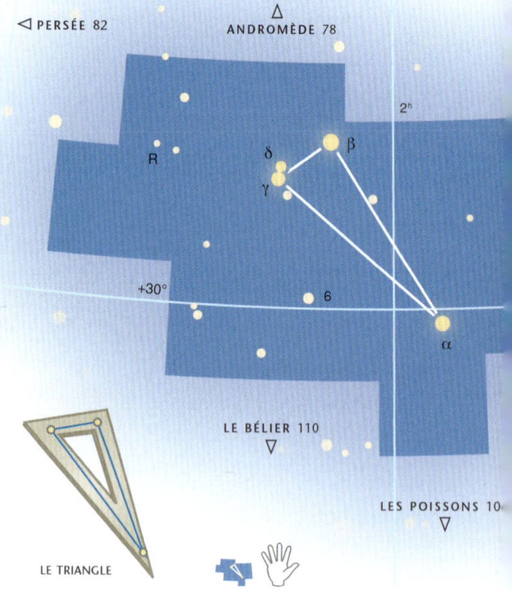

NGC 7243, un amas ouvert dispersé trop faible pour être vu à l'œil nu, est accessible avec des jumelles.

Le Lézard

Lacertae (Lac)

Répertoriée depuis 1687 par l'astronome polonais Johannes Hevelius, Lacerta est une petite constellation insignifiante qui ne contient aucun objet susceptible d'intéresser l'amateur. Sa réputation en astronomie lui vient de l'objet BL Lacertae, une galaxie elliptique lointaine contenant sans doute un trou noir en son centre. Cette galaxie varie entre les magnitudes 12 et 16 et a donné son nom à toute une classe de galaxies au noyau actif, appelées les BL Lac ou « blazars ». L'étoile Alpha (α) est une étoile bleutée de magnitude 2,5 et l'étoile Bêta (β), une géante jaune de magnitude 4,4.

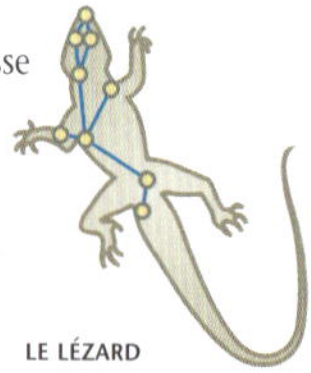

LE LÉZARD

***NGC 604** est une brillante nébuleuse à émission située dans la galaxie du Triangle. Elle est si brillante qu'on peut parfois l'apercevoir avec des jumelles, même si la galaxie est elle-même invisible.*

***La nébuleuse** à émission NGC 604 prise en haute résolution par le télescope spatial Hubble (HST).*

NOMS	DESCRIPTION	MAGN.
α	*Étoile jaune de la séquence principale (F6), 64 al.*	*3,4*
β	*Géante blanche (A5), 124 al.*	*3,0*
γ	*Étoile bleutée (A1), 118 al.*	*4,0*
σ	*Géante jaune avec une compagne (G5), 305 al.*	*5,2 + 6,6*
R	*Géante rouge variable (M4), 1 300 al. Période de 267 jours.*	*5,4-12,6*
GALAXIE DU TRIANGLE (M33)	*Grande spirale vue de face, à 2,6 millions d'al. Télescope de 200 mm pour observer ses détails.*	*5,7*
NGC 604	*Grande nébuleuse à émission dans M33, à 2,6 millions d'al.*	*5,7*

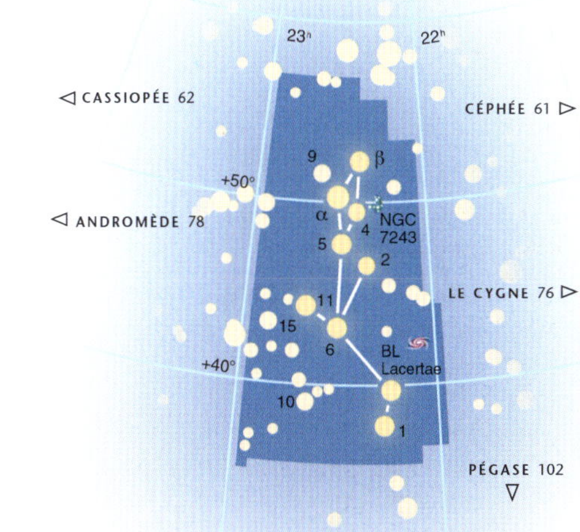

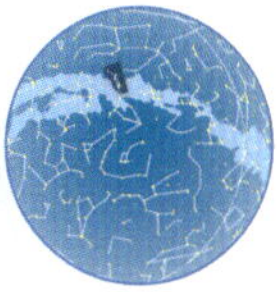

HÉMISPHÈRE CÉLESTE NORD

BIEN VISIBLE DE 90° N À 33° S

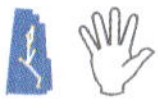

Persée

Persei (Per)

***NGC 884** contient des géantes rouges repérables avec un faible grossissement.*

Persée, le héros grec, sauva Andromède du monstre marin Cetus et tua Méduse. Il prend place aujourd'hui dans le ciel auprès d'Andromède et de Cassiopée, la mère d'Andromède. Cette constellation s'étend sur fond de Voie lactée, ce qui en fait une portion de ciel idéale pour s'y promener avec des jumelles. Ses deux amas ouverts NGC 869 et NGC 884, visibles à l'œil nu, sont des cibles magnifiques pour des jumelles ou un télescope à faible grossissement. L'étoile Bêta (β) est une étoile à éclipse dont on peut suivre aisément l'augmentation de magnitude durant une dizaine d'heures tous les 2 jours et 21 heures.

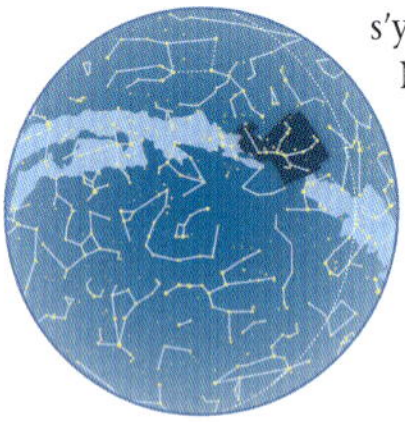

HÉMISPHÈRE CÉLESTE NORD

BIEN VISIBLE DE 90° N À 31° S

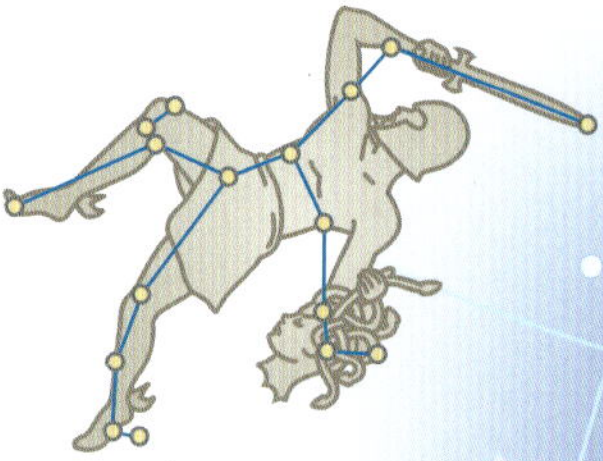

PERSÉE

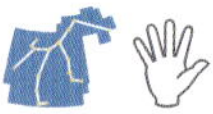

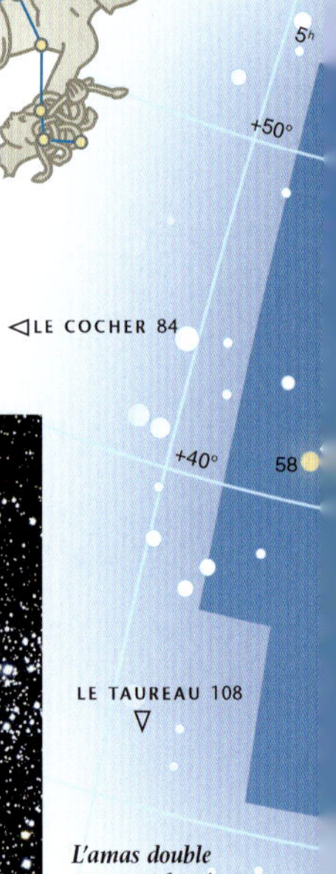

***L'amas double** ouvert est formé par NGC 869 et NGC 884 qui sont très proches l'un de l'autre, à quelques centaines d'années-lumière.*

N. DE L'OBJET	DESCRIPTION	MAGN.
DOUBLE AMAS ÊTA ET CHI (NGC 869 + 884)	*Amas ouverts, à 7 500 et 7 100 al. Visibles à l'œil nu, aux jumelles et avec un petit télescope.*	*4,3 + 4,4*
M34	*Amas ouvert d'environ 80 étoiles, à 1 500 al.*	*5,2*
LA PETITE DUMBBELL (M76)	*Nébuleuse planétaire, à 3 400 al. Visible avec un télescope d'amateur.*	*10,1*

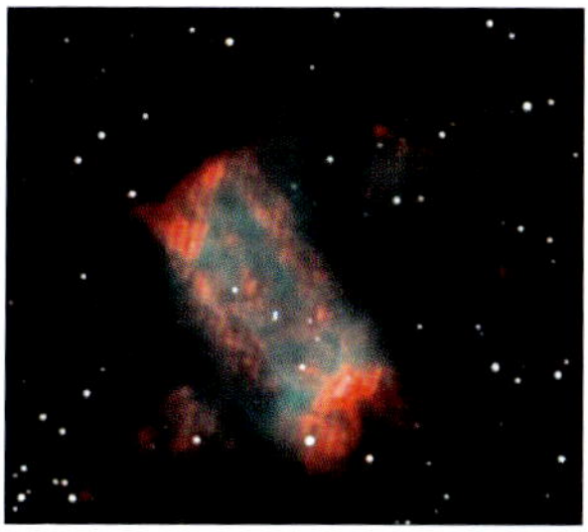

La Petite Dumbbell *(M76) tire son nom de sa ressemblance avec la nébuleuse planétaire Dumbbell dans le Renard. Sa faible luminosité exige un télescope de 150 mm pour l'observer.*

M34. *Cet amas, bien que visible à l'œil nu, est une cible idéale pour des jumelles ou un petit télescope. Il apparaît de la même taille que la pleine Lune (1/2 degré).*

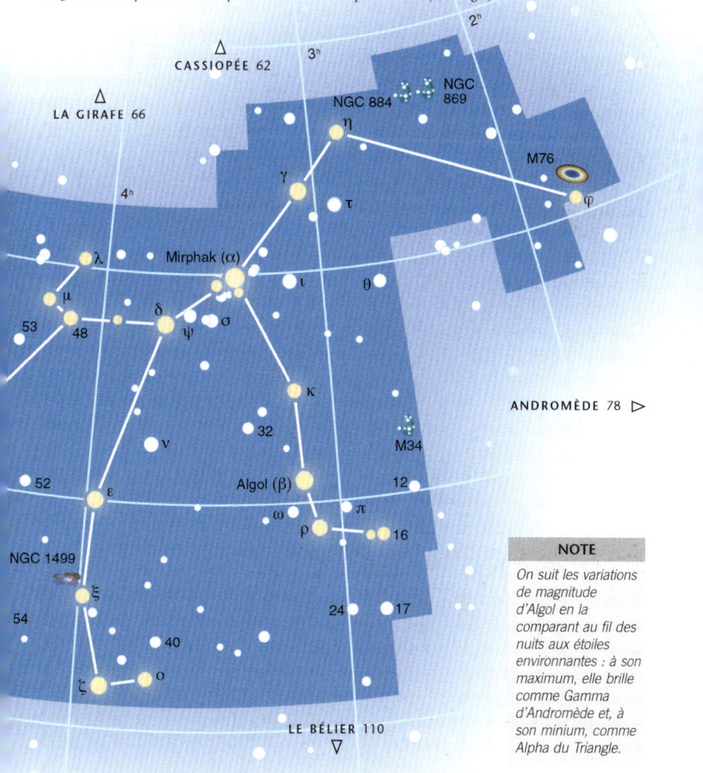

NOTE

On suit les variations de magnitude d'Algol en la comparant au fil des nuits aux étoiles environnantes : à son maximum, elle brille comme Gamma d'Andromède et, à son minium, comme Alpha du Triangle.

N. DES ÉTOILES	DESCRIPTION	MAGN.
MIRPHAK (α)	*Supergéante jaune/blanche (F5), 592 al.*	1,8
ALGOL (β)	*Fameuse binaire à éclipse (B8), 92 al.*	2,1-3,3
γ	*Géante jaune et binaire à éclipse (G8), 256 al.*	2,9
δ	*Géante bleue (B5), 528 al.*	3,0
ε	*Étoile bleutée de la séquence principale (B0), 538 al.*	2,9
ζ	*Supergéante bleue, compagne vis. au télescope (B1), 980 al.*	2,9 + 9,5
η	*Supergéante orange, système multiple (K0), 1 300 al. Deux compagnes visibles avec un petit télescope.*	3,8 + 8,5 + 9,8

Le Cocher

Aurigae (Aur)

M37 est un amas globulaire de 150 étoiles d'une taille apparente voisine de la pleine Lune. Tache blafarde aux jumelles, M37 révèle ses étoiles et ses géantes rouges au télescope.

D'après une légende hellène, le Cocher représente Erichtonius, roi d'Athènes et célèbre conducteur de char. On a longtemps fait partager l'étoile Gamma du Cocher avec le Taureau, mais elle est maintenant assimilée à Bêta du Taureau. L'étoile la plus brillante du Cocher, Capella, personnifie Amaltheia qui a nourri Zeus au sein. La constellation étant traversée par la Voie lactée, les amas ouverts et les régions de nébulosité y sont légion. Il y a aussi quelques galaxies, mais trop faibles pour l'observation amateur.

HÉMISPHÈRE CÉLESTE NORD

BIEN VISIBLE DE 90° N À 34° S

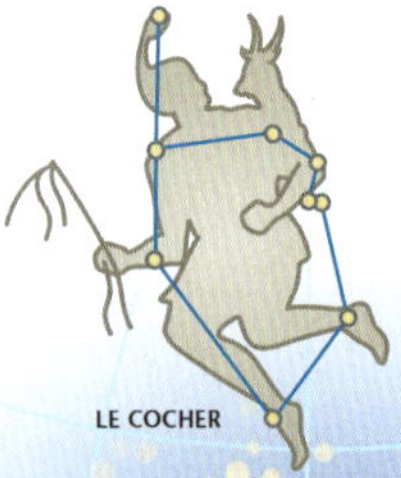

LE COCHER

M36 est un petit amas ouvert brillant visible aux jumelles. Il se livre mieux à de plus grandes ouvertures et de plus forts grossissements.

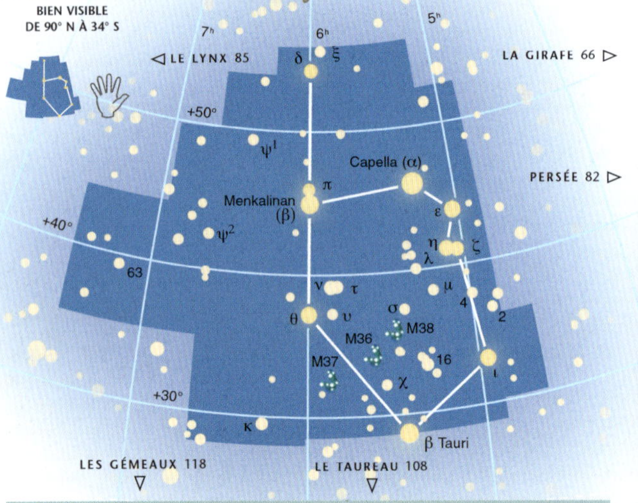

NOM	DESCRIPTION	MAGN.
CAPELLA (α)	*Binaire spectroscopique, deux géantes jaunes (G8), 42 al. La 6e plus brillante étoile du ciel.*	0,1
MENKALINAN (β)	*Binaire à éclipse, deux étoiles bleutées (A2 + A2), 82 al.*	1,9-2,0
δ	*Géante orange (K0), 142 al.*	3,7
ε	*Supergéante blanche (F0), 2 000 al. Éclipsée par un anneau.*	3,0
ζ	*Binaire à éclipse, géante orange et petite bleutée (K4 + B7), 790 al.*	3,7-4,0
M36	*Amas ouvert, à 4 200 al.*	6,0
M37	*Amas ouvert, à 4 600 al.*	5,6
M38	*Amas ouvert, à 4 500 al. Demande un faible grossissement.*	6,4

NGC 2419 est un amas globulaire si éloigné du disque galactique qu'on le nomme le « vagabond intergalactique ».

Le Lynx

Lyncis (Lyn)

Cette petite constellation nordique a été introduite en 1687 par l'astronome polonais Johannes Hevelius qui voulait combler le vide existant entre la Grande Ourse et le Cocher. Bien que contenant peu d'objets facilement accessibles à l'astronome amateur, le Lynx contient des étoiles doubles ou triples qui s'offrent aux télescopes. Par nuit bien sombre, l'œil nu ne distingue pas grand-chose d'autre que son étoile Alpha.

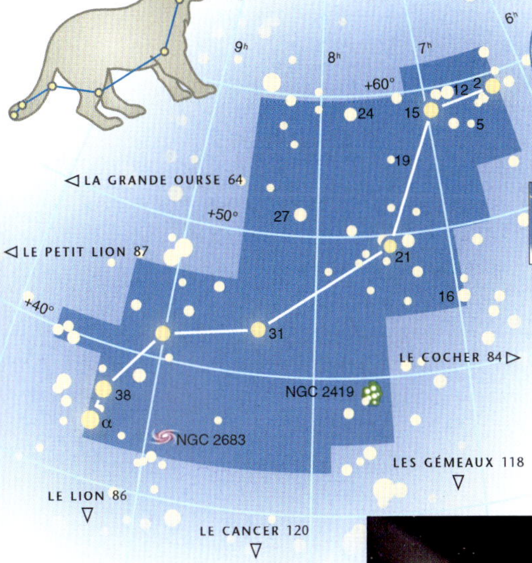

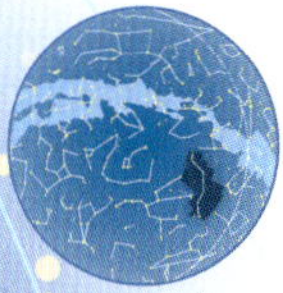

HÉMISPHÈRE CÉLESTE NORD

BIEN VISIBLE DE 90° N À 28° S

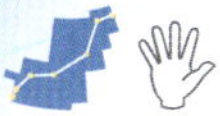

NOTE

On raconte que cette constellation porte ce nom parce qu'il faut une vue de lynx pour apercevoir ses étoiles qui sont toutes de faible magnitude et très dispersées.

NGC 2683 est une galaxie spirale vue par la tranche. On peut la détecter avec un télescope de 150 mm. Des ouvertures plus grandes sont nécessaires pour en observer les détails.

NOM	DESCRIPTION	MAGN.
α	*Géante rouge, 222 al.*	*3,1*
5	*Géante orange avec une compagne (non reliée) visible au télescope (K4), 680 al. Un grand télescope révèle 3 étoiles.*	*5,2 + 7,9 + 9,8*
12	*Blanche de la séquence principale (A3), 230 al. 2e étoile visible au petit télescope, 3e avec un grand télescope.*	*5,0 + 5,5 + 6,1*
19	*Étoile bleutée de la séquence principale et deux faibles compagnes (B8 + A0), 468 al. Visibles dans un petit télescope.*	*5,8 + 6,9 + 7,6*
NGC 2419	*Amas globulaire très lointain du plan de notre galaxie, à 270 000 al.*	*10,4*
NGC 2683	*Galaxie spirale vue par la tranche, à 16 millions d'al.*	*9,7*

La galaxie spirale M65, trop faible pour être vue aux jumelles, est une cible pour l'astrophotographe amateur.

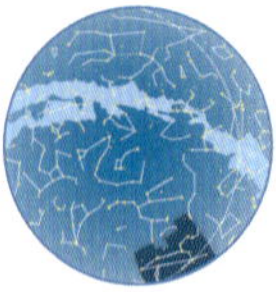

HÉMISPHÈRE CÉLESTE NORD

Le Lion

Leonis (Leo)

Cette constellation, étendue dans le ciel, représente le lion de Némée tué par Hercule. Six étoiles en faucille dessinent la tête et la poitrine de l'animal. Le lion ne contient ni amas ni nébuleuses, mais, situé dans le plan galactique, livre quelques galaxies accessibles aux télescopes d'amateur. La constellation comprend l'étoile naine CN Leo, connue sous le nom de Wolf 359, la quatrième étoile la plus proche du Soleil, à 7,8 années-lumière. Mais celle-ci est, hélas, invisible avec des instruments d'amateur.

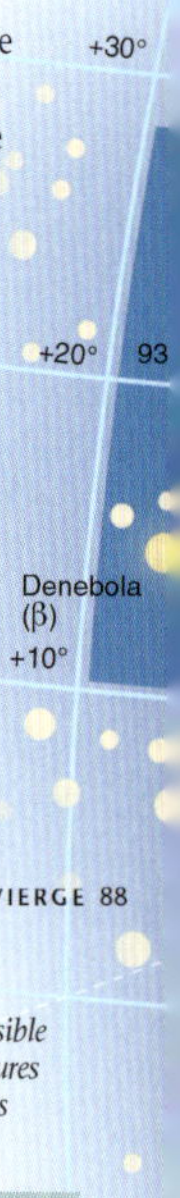

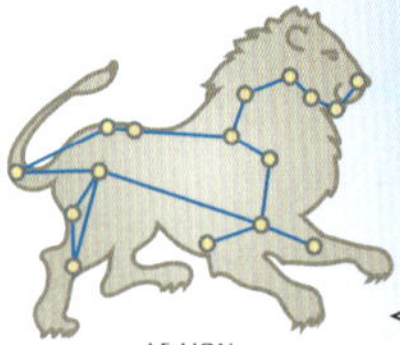

M95 est une spirale barrée vue de face, accessible aux petits télescopes. De plus grandes ouvertures dévoilent des détails dans le noyau ou les bras spiraux.

NOM	DESCRIPTION	MAGN.
REGULUS (α)	Bleue/blanche de la séquence principale avec une compagne orange (B7 + K1), 77 al.	1,4 + 7,7
DENEBOLA (β)	Étoile bleutée de la séquence principale (A3) 35 al.	2,5
ALGIEBA (γ)	Géante orange et jaune (K1 + G7), 126 al.	2,4 + 3,5
ZOSMA (δ)	Étoile bleutée de la séquence principale (A4), 58 al.	2,6
M65	Galaxie spirale, à 25 millions d'al. À peine visible avec des jumelles.	9,3
M66	Galaxie spirale, à 25 millions d'al. À peine visible avec des jumelles.	8,9
M95	Galaxie spirale barrée, à 38 millions d'al.	9,7
M96	Galaxie spirale, à 38 millions d'al.	9,2
NGC 3628	Galaxie spirale vue par la tranche, à 35 millions d'al.	9,6

NGC 3344 est une galaxie trop peu lumineuse pour être aperçue à l'œil nu ou avec des jumelles. Il faut un télescope de 100 mm pour l'observer.

Le Petit Lion

Leonis Minoris (LMi)

Répertoriée en 1687 par Johannes Hevelius, cette constellation représente un lionceau. Elle ne contient guère d'objets intéressants pour l'astronome amateur. Une de ses étoiles seulement, la seconde plus brillante, a reçu une lettre grecque (Bêta). La plus brillante (46), avec une magnitude de 3,8, aurait dû être appelée Alpha, mais elle a été oubliée par Francis Bailey, l'astronome britannique qui a donné ses lettres grecques à la constellation en 1845.

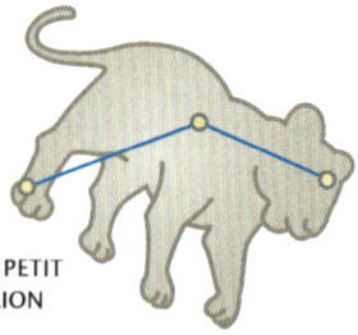

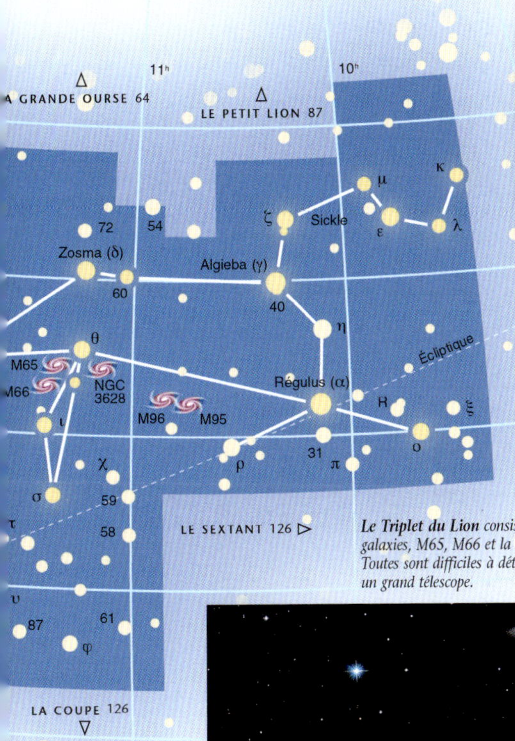

M96, *comme les autres galaxies du Lion, est accessible aux plus gros télescopes. Les petits instruments ne révèlent que sa tache blanche.*

Le Triplet du Lion *consiste en un trio de galaxies, M65, M66 et la spirale NGC 3628. Toutes sont difficiles à détecter et nécessitent un grand télescope.*

BIEN VISIBLE
DE 82° N À 57° S

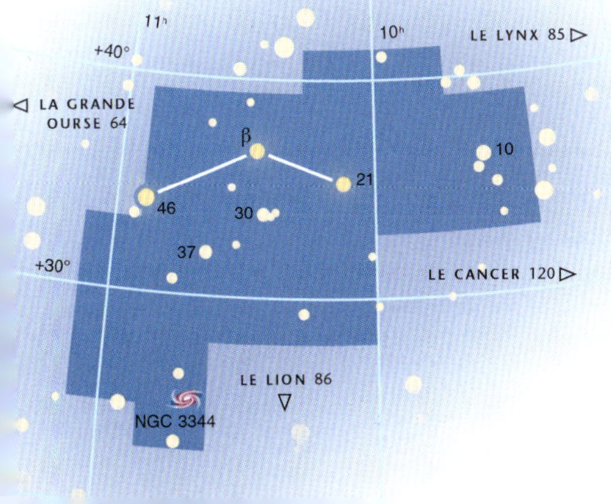

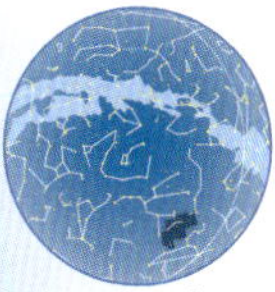

HÉMISPHÈRE CÉLESTE NORD

BIEN VISIBLE
DE 90° N À 48° S

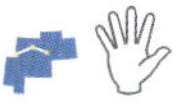

La Vierge

Virginis (Vir)

***La galaxie** du Sombrero (M104) n'appartient pas à l'amas de galaxies Virgo. Sa forme allongée lui a donné son nom.*

Deuxième constellation par la taille après l'Hydre, la Vierge est le seul signe féminin du zodiaque. Associée à peu près à toutes les déesses de la mythologie, elle représente la déesse de la Justice, avec la balance à ses côtés. La Vierge manque d'amas d'étoiles et de nébuleuses, mais se rattrape avec ses galaxies. En regardant vers la Vierge, nous regardons en fait en direction de l'amas Virgo, un amas de plus de 2 000 galaxies situé à 55 millions d'années-lumière, dont certaines sont accessibles aux appareils d'amateur.

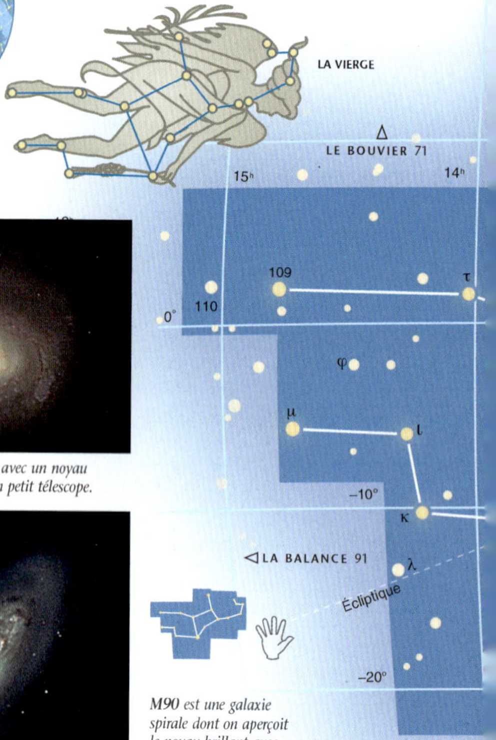

***M58** est une spirale barrée avec un noyau brillant visible à l'aide d'un petit télescope.*

***M90** est une galaxie spirale dont on aperçoit le noyau brillant avec un télescope de 75 mm. Une plus grande ouverture permet d'observer les bras spiraux.*

NOM DES ÉTOILES	DESCRIPTION	MAGN.
SPICA (α)	*Étoile bleutée de la séquence principale (B1), 260 al.*	1,0
ZAVIJAVA (β)	*Étoile jaune de la séquence principale (F8) 36 al.*	3,6
PORRIMA (γ)	*Étoile double (F0 + F0), 39 al. Inaccessible aux petits télescopes.*	3,5 + 3,5
δ	*Géante rouge (M3), 201 al.*	3,4
VINDEMIATRIX (ε)	*Géante jaune (G9), 103 al.*	2,8

N. DE L'OBJET	DESCRIPTION	MAGN.
M49	*Galaxie elliptique, à 55 millions d'al. La plus brillante de Virgo.*	*8,4*
M58	*Galaxie spirale barrée, à 55 millions d'al.*	*9,8*
M59	*Galaxie elliptique, à 55 millions d'al.*	*9,6*
M60	*Galaxie sphérique, à 55 millions d'al. Télescope de 75 mm.*	*8,8*
M61	*Grande galaxie spirale à 55 millions d'al. Télescope de 75 mm.*	*9,7*
M84	*Galaxie quasi sphérique, à 55 millions d'al.*	*9,3*
M86	*Galaxie allongée, à 55 millions d'al.*	*9,2*
M87	*Galaxie sphérique géante, à 55 millions d'al. Forte radiosource.*	*8,6*
M90	*Galaxie spirale, à 55 millions d'al.*	*9,5*
GALAXIE DU SOMBRERO (M104)	*Salaxie spirale vue par la tranche, à 35 millions d'al. Au télescope de 150 mm, on voit le chenal de poussière qui la traverse.*	*8,5*

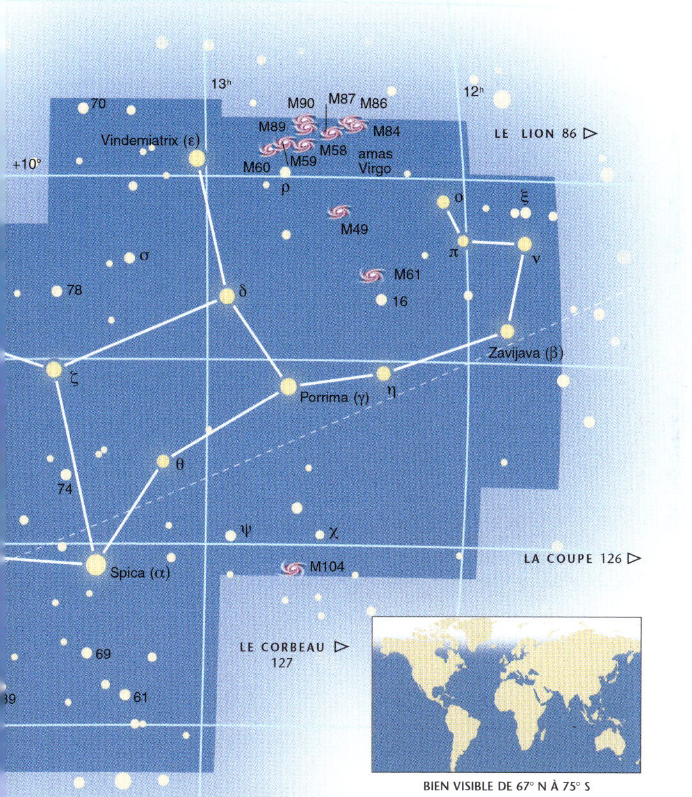

BIEN VISIBLE DE 67° N À 75° S

L'amas galactique *Virgo montre sur cette photo d'amateur quelques-uns de ses 2 000 membres. Les plus brillants sont visibles avec un télescope d'amateur et leur ensemble est très populaire chez les astrophotographes.*

La Chevelure de Bérénice

Comae Berenices (Com)

***La galaxie** à l'œil noir (M64) tire son nom de la poussière sombre qui se détache sur son noyau. Les plus grands télescopes dévoilent ce nuage de poussières.*

La constellation figure la chevelure de la reine Bérénice II d'Égypte. Celle-ci aurait coupé ses cheveux pour les consacrer à Aphrodite, afin que son mari, le roi Ptolémée III, revienne victorieux des Assyriens. Les cheveux ayant été volés, les astronomes de la cour finirent par convaincre la reine que la déesse les avait placés dans le ciel, et l'amas désigné à l'époque est depuis nommé la « Chevelure de Bérénice ». Malgré ses étoiles de faible magnitude, la constellation contient un certain nombre d'objets, surtout des galaxies, visibles aux jumelles ou avec un petit télescope.

***M53** est visible avec des jumelles, mais les détails de l'amas n'apparaissent qu'avec de forts grossissements.*

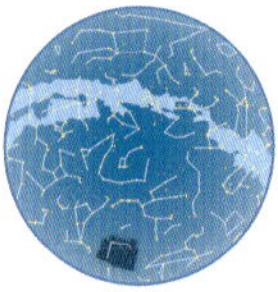

HÉMISPHÈRE CÉLESTE NORD

BIEN VISIBLE DE 67° N À 75° S

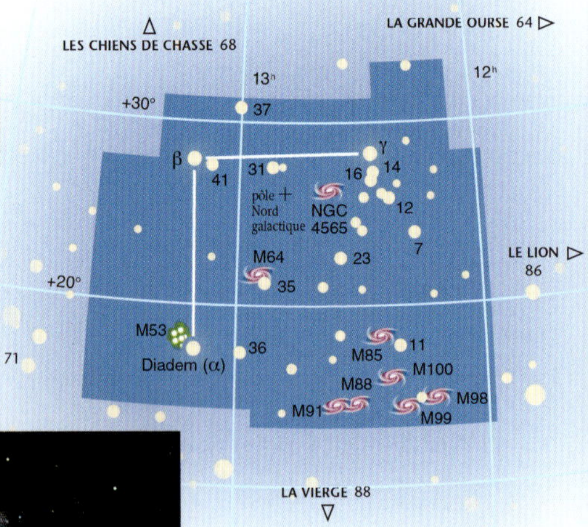

***M99** a un noyau qui brille suffisamment pour être détecté avec un petit télescope. Les détails n'apparaissent que dans de puissants télescopes.*

LA CHEVELURE DE BÉRÉNICE

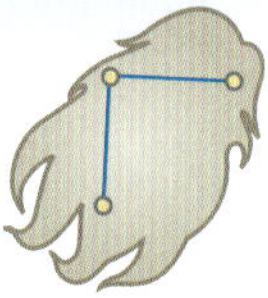

NOM	DESCRIPTION	MAGN.
DIADEM (α)	*Binaire serrée, étoiles jaunes/blanches(F5), période 26 ans, 47 al.*	*5,5 + 5,1*
β	*Étoile jaune de la séquence principale (F9), 30 al.*	*4,2*
γ	*Géante orange (K1), 170 al.*	*4,4*
M53	*Amas globulaire à 56 000 al.*	*7,7*
GALAXIE À L'ŒIL NOIR (M64)	*Galaxie spirale à 15 millions d'al. Visible dans de grandes jumelles.*	*8,5*
M85	*Galaxie elliptique, à 50 millions d'al. Un petit télesc. révèle sa forme.*	*9,1*
M99	*Galaxie spirale de face, à 50 mill. d'al. Un petit télesc. révèle son noyau.*	*9,8*
M100	*Galaxie spirale de face, à 50 millions d'al.*	*9,4*

La Balance

Librae (Lib)

À l'origine, les étoiles de cette constellation s'appelaient Chelae, du latin « pince », et appartenaient à la constellation du Scorpion. Ce sont les Romains qui, au Ier siècle apr. J.-C., ont assigné ces étoiles à la Balance. Il n'en reste pas moins qu'elles continuent de porter des noms faisant allusion au Scorpion : les trois étoiles principales se nomment Zubenelgenubi, Zubeneschamali et Zubenelakrab, signifiant « Pince du Sud », « Pince du Nord » et « Pince du Scorpion ».

NGC 5897, un amas globulaire dispersé et peu dense, est assez décevant au travers d'un télescope de petite ouverture.

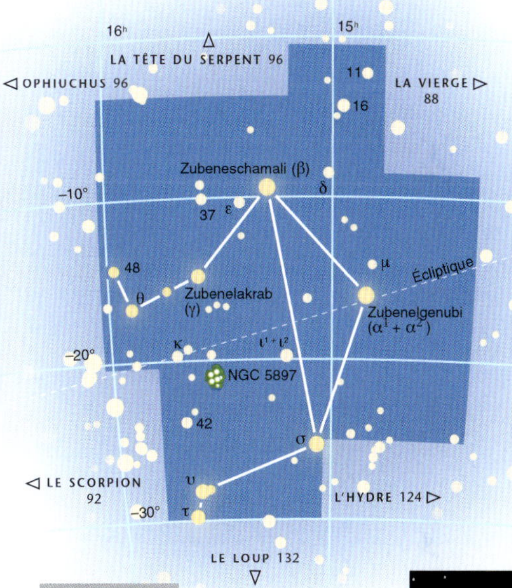

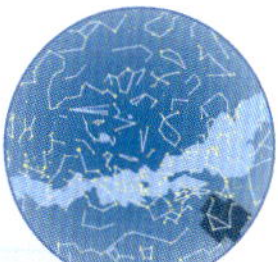

HÉMISPHÈRE CÉLESTE SUD

BIEN VISIBLE DE 60° N À 90° S

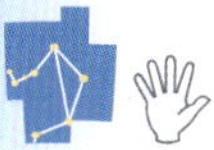

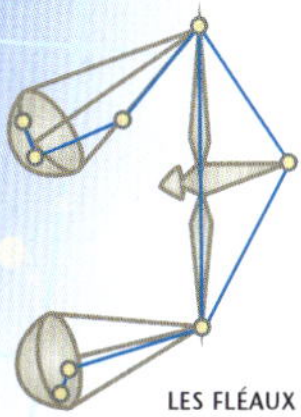

LES FLÉAUX

NOTE

La Balance est une constellation de faible magnitude qui, à part un amas globulaire aux contours flous, n'a pas grand-chose à offrir aux astronomes amateurs.

***Les étoiles** de la Balance, Alpha 1 et Alpha 2 ($\alpha^1 + \alpha^2$), ont le même nom collectif : Zubenelgenubi, l'étoile double près du centre. Plus au sud se trouve l'étoile orange Sigma (σ).*

NOM	DESCRIPTION	MAGN.
ZUBENELGENUBI ($\alpha^1 + \alpha^2$)	*Étoiles bleutées/blanches (A3 + F3), 77 al. séparées avec des jumelles.*	2,7 + 5,2
ZUBENESCHAMALI (β)	*Étoile blanche de la séquence principale (B8), 160 al.*	2,6
ZUBENELAKRAB (γ)	*Géante orange (K0), 152 al.*	3,9
δ	*Binaire à éclipse (B9), période de 2 327 jours ; à 304 al.*	4,9 – 5,9
ε	*Subgéante jaune (F5), 105 al.*	4,9
ι^1	*Système quintuple (B9), 377 al. Trois étoiles qui forment un double avec ι^2. Visible avec un grand télescope.*	4,5 + 10,6 + 10,6
ι^2	*Étoile blanche de la séquence principale (A2), 219 al.*	6,1
NGC 5897	*Amas globulaire en dispersion, à 40 000 al.*	8,6

Le Nuage du Scorpion (M6) est un amas ouvert facilement repérable dont la forme rappelle celle d'un papillon.

Le Scorpion

Scorpii (Sco)

Le Scorpion qui a tué Orion continue, dit-on, de le pourchasser à travers le ciel nocturne. Comme le Lion, le Scorpion mérite son nom, dessinant sa queue dressée par une courbe d'étoiles, bien visibles par nuit sombre. Une partie très riche de la Voie lactée traverse cette constellation, ce qui donne de nombreuses cibles aux astronomes amateurs, particulièrement des amas ouverts. L'étoile la plus brillante, Antarès, est une géante de 600 millions de km de rayon, soit neuf mille fois plus grande que le Soleil. Sa couleur rouge rivalise avec celle de Mars et lui a fait attribuer le nom de « anti-Mars », ou Antarès (Mars = Arès, chez les Grecs). Près d'Antarès se trouve M4, l'amas globulaire le plus proche de la Terre.

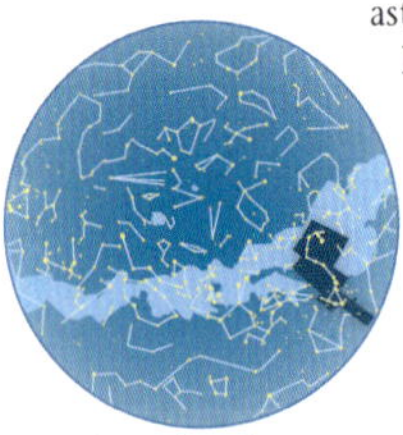

HÉMISPHÈRE CÉLESTE SUD

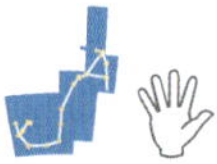

BIEN VISIBLE DE 44° N À 90° S

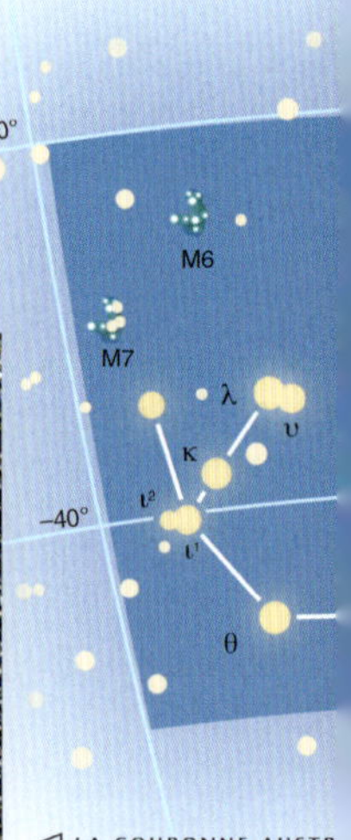

M7 est un vaste et brillant amas ouvert visible à l'œil nu et une cible idéale à contempler aux jumelles.

N. DE L'OBJET	DESCRIPTION	MAGN.
M4	*Vaste amas globulaire très âgé, à 6 500 al.*	5,9
SCORPION (M6)	*Amas ouvert d'environ 80 étoiles et plusieurs géantes rouges, à 2 000 al.*	4,5
M7	*L'un des plus beaux amas ouverts du ciel nordique, à 2 000 al.*	3,3
M80	*Amas globulaire à 32 000 al. Apparaît telle une balle floue à travers des jumelles.*	7,2
NGC 6231	*Amas ouvert à 780 al. Étoiles séparées avec des jumelles.*	5,9

NOTE

Selon un premier mythe, Artémis, déesse de la Chasse, aurait envoyé le Scorpion contre Orion qui avait tenté de l'attaquer. Selon un autre récit, la Terre Mère aurait envoyé Scorpio pour humilier Orion qui avait affirmé pouvoir tuer toute bête sauvage.

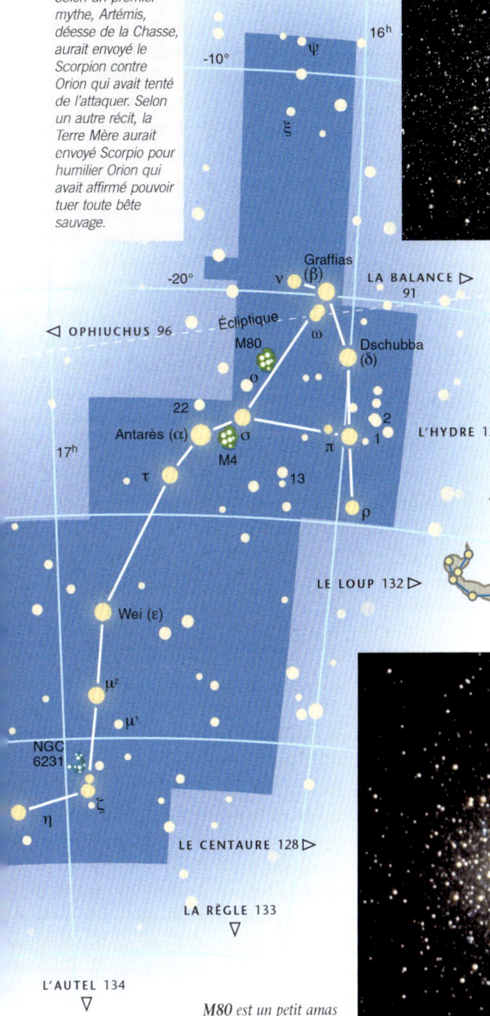

***M4** est un grand amas globulaire proche d'Antarès, visible à l'œil nu. C'est une tache floue aux jumelles.*

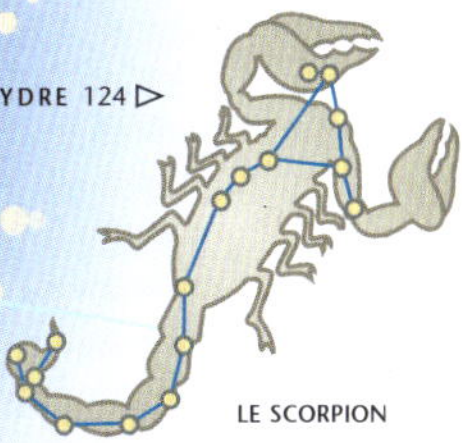

LE SCORPION

***M80** est un petit amas globulaire visible avec des jumelles ou un petit télescope.*

N. DES ÉTOILES	DESCRIPTION	MAGN.
ANTARÈS (α)	*Supergéante rouge (M1), avec une compagne bleue sur une orbite de 900 années ; à 604 al.*	0,9 – 1,2 + 5,4
GRAFFIAS (β)	*Double visuelle (B + B), 530 al. + 1 100 al.*	2,5
DSCHUBBA (δ)	*Sans doute un système quadruple (B0), à 400 al.*	2,3
WEI (ε)	*Subgéante (K2), à 65 al., 40 fois plus lumineuse que le Soleil.*	2,3
ζ	*Double visuelle à l'œil nu, supergéante 280 000 fois plus brillante que le Soleil et compagne géante rouge (B1 + K4), 5 900 + 150 al.*	4,8 + 3,6
η	*L'une des étoiles du Scorpion la plus proche de la Terre, à 50 al.*	3,3

La nébuleuse de l'Aigle (M16) avec ses colonnes de poussières, prise ici en haute résolution par le HST, est l'une des photos d'astronomie les plus populaires.

Le serpent

Serpentis (Ser)

Cette constellation est la seule qui soit en deux parties : la queue (ou corps) du serpent, et la tête du serpent. Le Serpent est le symbole d'Esculape, connu aussi sous le nom d'*Ophiuchus*, dieu de la Médecine. La constellation d'Ophiuchus s'étend entre les deux parties du Serpent. C'est à l'intérieur du Serpent que se trouve une grande partie de la nébuleuse de l'Aigle (M16) qui contient un amas globulaire visible avec des jumelles, telle une bande de gaz la coiffant. On n'obtient des détails de cette nébuleuse qu'à l'aide de photographies à long temps d'exposition. Le Serpent contient deux objets remarquables visibles à l'œil nu : l'amas globulaire M5 et l'amas ouvert IC4756, à observer aux jumelles.

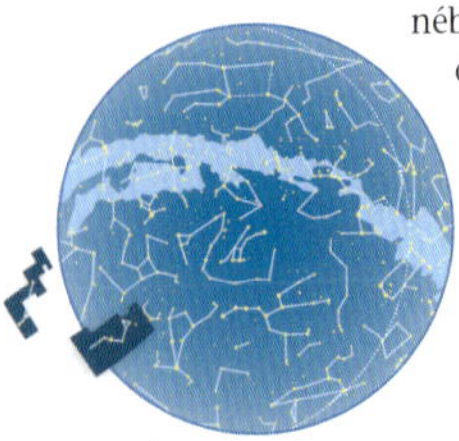

HÉMISPHÈRE CÉLESTE NORD

M5 est l'un des plus beaux amas globulaires du ciel nordique. Sa tache blanche apparaît aux jumelles et ses étoiles se détaillent avec un grand télescope.

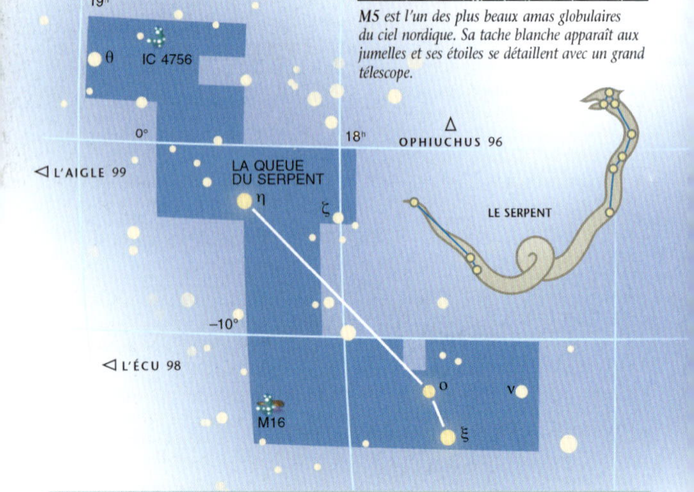

N. DE L'OBJET	DESCRIPTION	MAGN.
M5	Vaste et brillant amas globulaire à 24 000 al. Visible à l'œil nu dans de bonnes conditions.	5,8
NÉBULEUSE DE L'AIGLE (M16)	Nébuleuse + amas ouvert, à 8 000 al. Amas visible aux jumelles et détails de la néb. avec un gd télesc.	6,0
IC 4756	Amas ouvert à 1 300 al. Très net avec des jumelles.	5,4

N. DES ÉTOILES	DESCRIPTION	MAGN.
UNUKALHAI (α)	*Géante orange (K2), 72 al.*	2,6
β	*Bleue/blanche de la séquence principale (A2), compagne de 10e magnitude, 153 al. Séparées au petit télescope.*	3,6
γ	*Blanche de la séquence principale (F6), 36 al.*	3,8
δ	*Binaire à longue période – environ 1 000 ans – (A9 + A7), 210 al. Séparées au petit télescope.*	4,2 + 5,2
ε	*Étoile bleue/blanche (A2), 107 al.*	3,7
ζ	*Subgéante jaune (F2), 75 al.*	4,6
η	*Géante orange (K0), 62 al.*	3,2

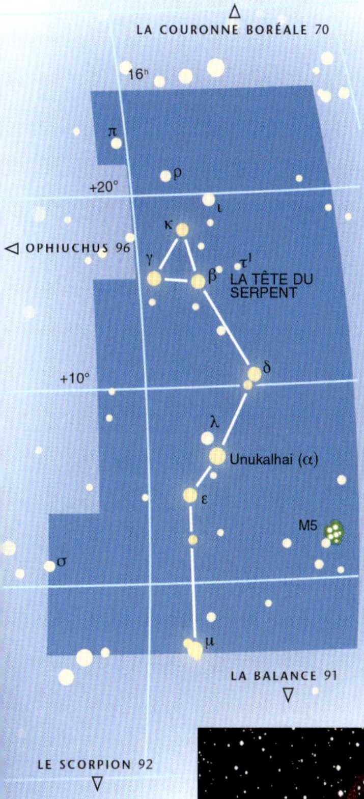

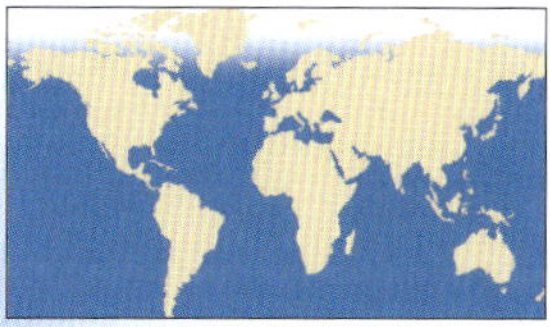

BIEN VISIBLE DE 74° N À 64° S

NOTE

La partie supérieure du Serpent contient l'étoile Unukalhai qui signifie « tête du serpent » en arabe. Chez les Grecs, le serpent, par sa mue, était le symbole de la renaissance.

IC 4756 est un amas ouvert dispersé visible à l'œil nu. Des jumelles ou un télescope à grand champ et fort grossissement le dévoilent très bien.

***La nébuleuse de l'Aigle** (M16) a, avec son amas, plus de 800 000 ans. L'amas d'étoiles apparaît dans une brume blanchâtre aux jumelles.*

Ophiuchus

Ophiuchi (Oph)

M10 est un amas brillant, assez large, qui requiert un télescope d'amateur pour résoudre ses étoiles.

Chevauchant l'équateur céleste, la constellation d'Ophiuchus peut être décrite comme un homme tenant un serpent (Serpens) ou avec un serpent enroulé autour du corps. Peut-être s'agit-il de la représentation d'Esculape, dieu grec de la Médecine qui avait le pouvoir de ressusciter les morts. Peu brillante, la constellation renferme de nombreux objets intéressants, dont plus d'une vingtaine d'amas globulaires. Cette même région du ciel contient de nombreuses nébulositées bien connues des astrophotographes amateurs. Son étoile la plus brillante, Alpha, porte le nom de Rasalhague, qui signifie « tête du charmeur de serpent » en arabe.

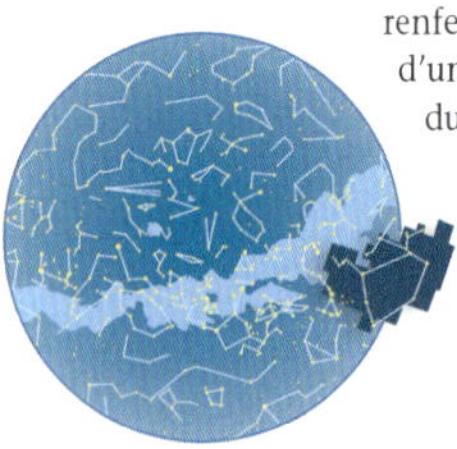

HÉMISPHÈRE CÉLESTE SUD

BIEN VISIBLE DE 59° N À 75° S

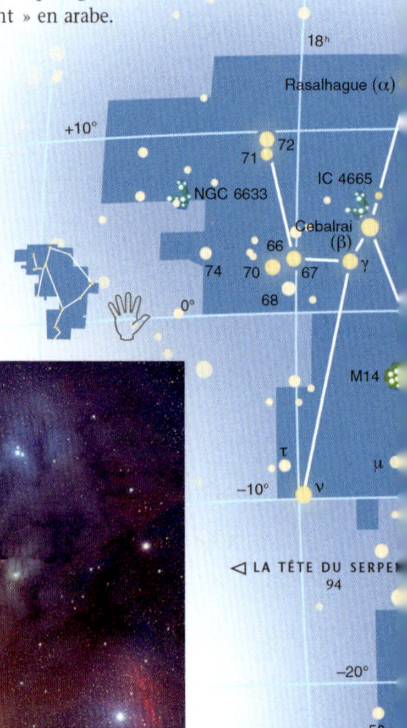

Régions de nébulosités dans Ophiuchus et le Scorpion. L'étoile brillante, en bas, est Antarès du Scorpion.

N. DE L'OBJET	DESCRIPTION	MAGN.
M10	*Grand amas globulaire à 14 000 al.*	6,6
M12	*Vaste et brillant amas globulaire à 18 000 al. Cible pour des jumelles ou un petit télescope.*	6,6
M19	*Amas globulaire à 28 000 al. Forme allongée visible aux jumelles.*	7,2
NGC 6633	*Amas ouvert de 30 étoiles à 950 al. Visible aux jumelles.*	4,6
IC 4665	*Amas ouvert de 20 étoiles, à 1 100 al. Visible aux jumelles.*	4,2

N. DES ÉTOILES	DESCRIPTION	MAGN.
RASALHAGUE (α)	*Blanche de la séquence principale (A5), 47 al.*	2,1
CEBALRAI (β)	*Géante orange (K2), 82 al.*	2,8
γ	*Bleue/blanche de la séquence principale (A0), 95 al.*	3,7
YED PRIOR (δ)	*Géante rouge (M1), 170 al.*	2,7
YED POSTERIOR (ε)	*Étoile géante jaune (G0), 108 al.*	3,2
HAN (ζ)	*Bleue de la séquence principale (09), 458 al.*	2,5
SABIK (η)	*Bleue/blanche de la séquence principale (A2), 84 al.*	2,4
ρ	*Système multiple (B2), 400 al. Séparé avec des jumelles ou un petit télescope.*	5,0 + 5,7 + 6,7 + 7,3
70	*Binaire jaune et orange, période orbitale de 88 ans (K0 + K6), 16 al. Très accessible à un petit télescope.*	4,2 + 6,0

M12, l'un des amas globulaires les plus brillants d'Ophiuchus, est plus vaste mais moins lumineux que M10. Peu dense, on a longtemps hésité à le classer parmi les amas ouverts ou globulaires.

LA QUEUE DU SERPENT 94 ▷

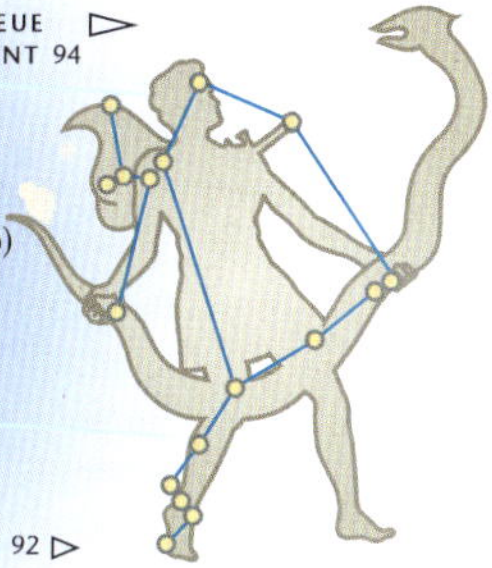

LE SCORPION 92 ▷

LE DRESSEUR DE SERPENT

M19 est un bel amas riche et dense, connu pour sa forme allongée, ovoïdale. Cette particularité est décelable avec des jumelles.

L'amas du Canard sauvage (M11) *apparaît comme une tache aux jumelles. Un petit télescope révèle sa forme.*

L'Écu

Scuti (Sct)

C'est en 1684, en hommage au roi Sobieski III de Pologne, que l'astronome Johannes Hevelius a répertorié cette constellation sous le nom de *Scutum Sobiescianum*, soit l'Écu ou le Bouclier de Sobieski. Connue sous le simple nom de l'Écu, cette petite constellation est traversée par la Voie lactée qui y parsème de nombreux nuages stellaires à regarder avec des jumelles. Le nuage stellaire de l'Écu est le plus brillant de la Voie lactée en dehors du Sagittaire. Pour les astronomes amateurs, la meilleure cible reste l'amas du Canard Sauvage (M11) qui ressemble à un vol de canards au télescope.

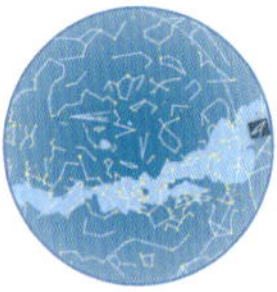

HÉMISPHÈRE CÉLESTE SUD

BIEN VISIBLE DE 74° N À 90° S

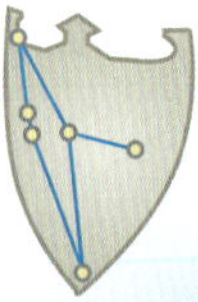

L'ÉCU

M26 *est un amas ouvert peu lumineux d'une quarantaine d'étoiles. À observer avec un grand télescope.*

NGC 6712 n'est pas visible à l'œil nu ou aux jumelles. Un télescope d'amateur de 100 mm permet de le repérer, et un appareil de 200 mm d'en séparer les étoiles.

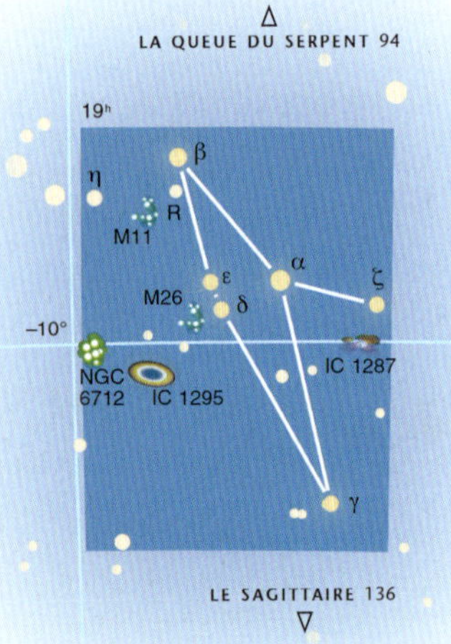

NOM	DESCRIPTION	MAGN.
α	*Géante orange (K3), 174 al.*	3,8
β	*Géante jaune (G4), 690 al.*	4,2
γ	*Bleue/blanche de la séquence principale (A1), 290 al.*	4,7
δ	*Géante blanche (F2), 187 al. Étoile variable intrinsèque.*	4,6 – 4,8
A. DU CANARD SAUVAGE (M11)	*Amas ouvert à 5 600 al. Une bonne cible aux jumelles. Magnifié avec une grande ouverture.*	6,3
M26	*Amas ouvert à 5 000 al.*	8,0
NGC 6712	*Amas globulaire dispersé à 22 000 al.*	8,2
IC 1287	*Nébuleuse à 1 000 al. Visible avec un télescope de 75 mm.*	5,5
IC 1295	*Nébuleuse planétaire à 3 600 al. Avec un grand télescope.*	12,5

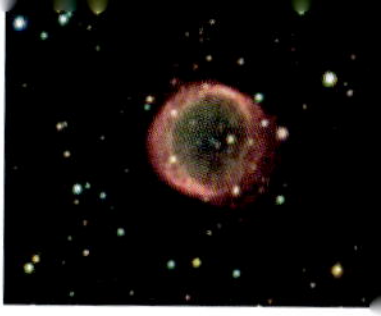

NGC 6781 est un amas difficile à observer. Il faut le prendre en photo avec un long temps de pose.

L'Aigle

Aquilae (Aql)

Cette constellation est connue sous ce nom depuis 3 000 ans. Dans la mythologie, Zeus changé en aigle enlève Ganymède et l'emporte sur le mont Olympe pour y servir d'échanson (le Verseau). L'Aigle contient peu d'objets visibles à l'œil nu et la plupart des nébuleuses ou amas sont trop peu lumineux pour être observés avec des jumelles.

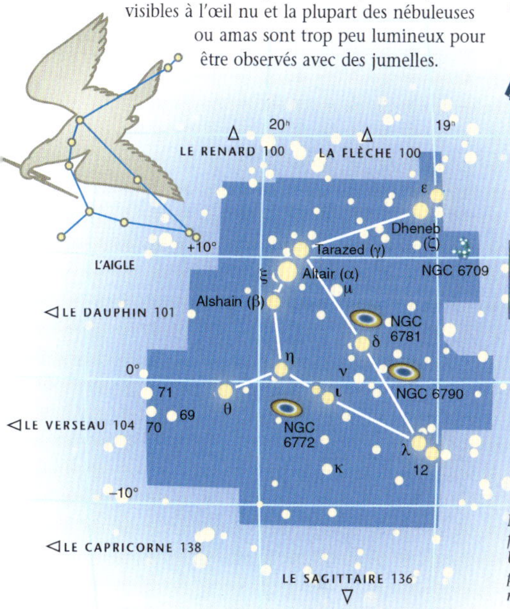

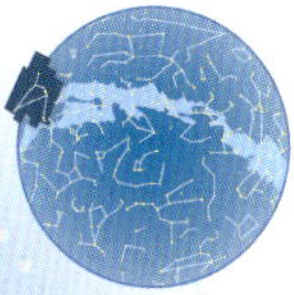

NGC 6772 est une faible nébuleuse. Un télescope ou la photographie sont nécessaires pour en percevoir des détails.

NGC 6790 est une petite nébuleuse brillante détectable avec un télescope de 75 mm d'ouverture.

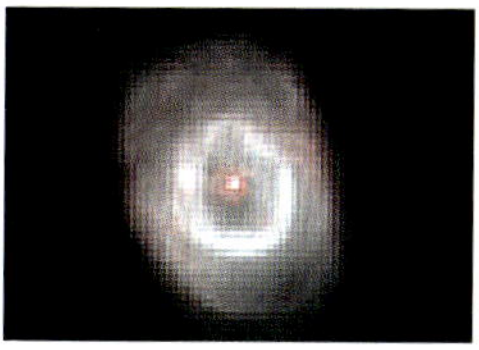

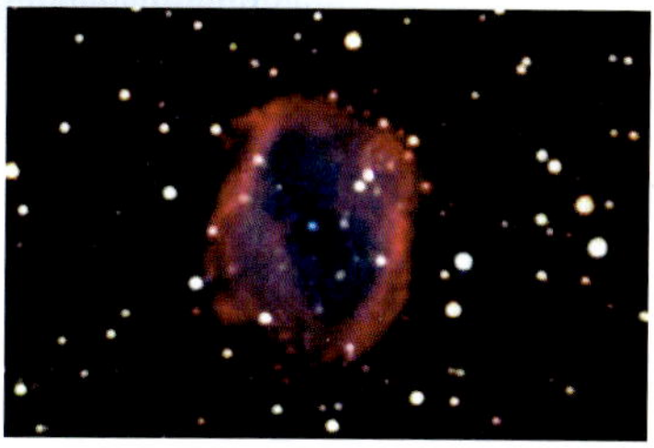

NOM	DESCRIPTION	MAGN.
ALTAÏR (α)	*Étoile blanche de la séquence principale (A7), 17 al.*	*0,7*
ALSHAIN (β)	*Subgéante jaune (G8), 45 al.*	*3,7*
TARAZED (γ)	*Géante orange (K3), 460 al.*	*2,7*
δ	*Jaune orange (F0), 50 al.*	*3,4*
ε	*Subgéante orange (K1), 155 al.*	*4,0*
DHENEB (ζ)	*Bleue/blanche (B9), 83 al.*	*3,0*
η	*Jaune/blanche supergéante (F6), 1 200 al. Variable sur 7 jours.*	*3,5-4,4*
NGC 6772	*Faible nébuleuse planétaire à 4 100 al. Difficile à voir.*	*12,3*
NGC 6781	*Faible nébuleuse planétaire à 2 500 al. Visible.*	*11,8*
NGC 6790	*Nébuleuse planétaire à 10 000 al.*	*10,5*

M71 apparaît telle une étoile floue aux jumelles. Un objectif de plus de 150 mm peut résoudre ses étoiles.

La Flèche

Sagittae (Sge)

La troisième plus petite constellation du ciel nocturne, la Flèche est répertoriée depuis des temps immémoriaux. D'après la légende, ce serait la flèche décochée par le héros Hercule sur un vautour tourmentant le centaure Chiron. Hormis l'amas globulaire M71, invisible à l'œil nu et situé à 13 000 années-lumière, la Flèche ne présente guère d'intérêt pour l'astronome amateur.

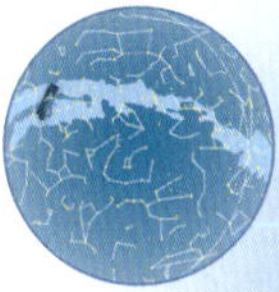

HÉMISPHÈRE CÉLESTE NORD

BIEN VISIBLE DE 90° N À 69° S

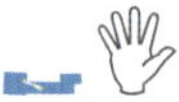

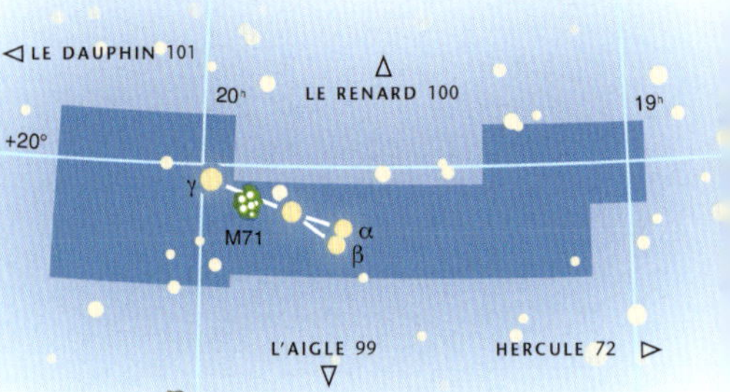

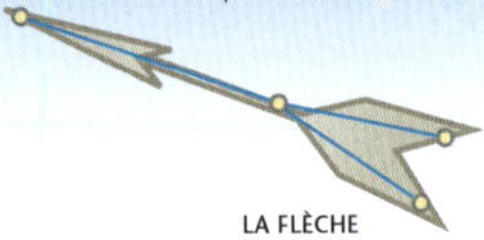

M27 est visible aux jumelles tel un disque bleuté et révèle sa forme d'haltère avec un télescope d'amateur.

Le Renard

Vulpeculae (Vul)

Cataloguée au XVIIe siècle par l'astronome Johannes Hevelius qui l'a appelée Vulpecula cum Anser (« le Renard et l'Oie »), cette constellation s'étend au sud de celle du Cygne. C'est dans le Renard que se trouve la fameuse et brillante nébuleuse Dumbbell, M27, située à environ 1 000 années-lumière et d'une magnitude 7,4. Découverte en 1764 par Charles Messier, M27 est peut-être la nébuleuse planétaire la plus facilement observable par les astronomes amateurs. Il existe aussi deux amas ouverts : l'amas de Brocchi et le NGC 6882.

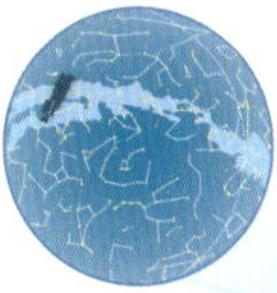

HÉMISPHÈRE CÉLESTE NORD

BIEN VISIBLE DE 90° N À 61° S

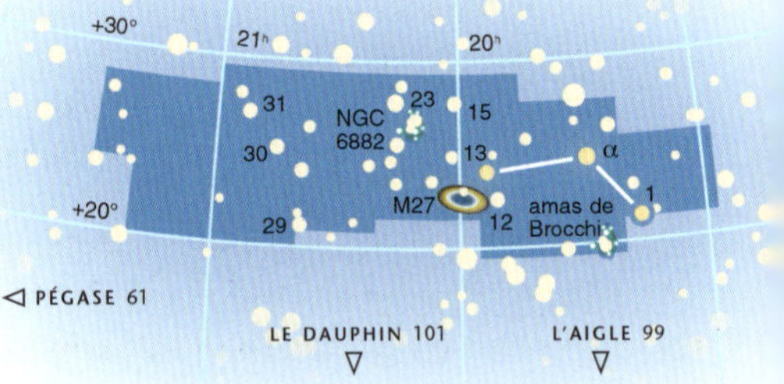

Le Dauphin

Delphini (Del)

Cette petite constellation située entre l'Aigle et Pégase évoque un dauphin jaillissant de l'eau. Pour les Grecs, les dauphins étaient les messagers du dieu des Mers, Poséidon. Ses deux étoiles les plus brillantes sont Alpha et Bêta, nommées pour la première fois dans le catalogue de l'observatoire de Palerme en 1814. Mais c'est son étoile Gamma, une fort belle étoile double, qui retient l'attention des astronomes amateurs. Le Dauphin propose aussi une nébuleuse planétaire et un amas globulaire facilement accessibles.

NGC 6934 est un petit amas globulaire qui ne s'observe qu'avec un télescope amateur d'assez grande ouverture.

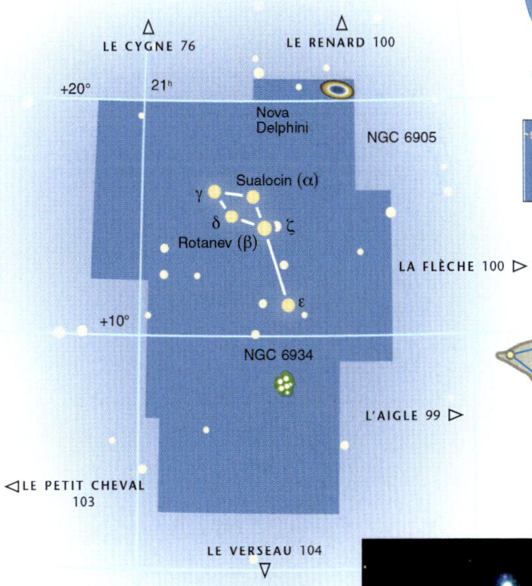

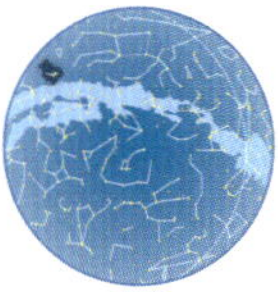

HÉMISPHÈRE CÉLESTE NORD

BIEN VISIBLE DE 90° N À 69° S

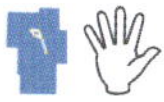

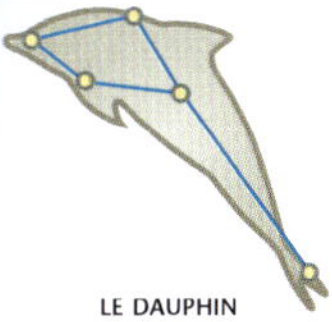

LE DAUPHIN

NOTE

Le « cercueil de Job » est le nom donné aux quatre étoiles brillantes du Dauphin, sans doute à cause de la forme qu'elles dessinent.

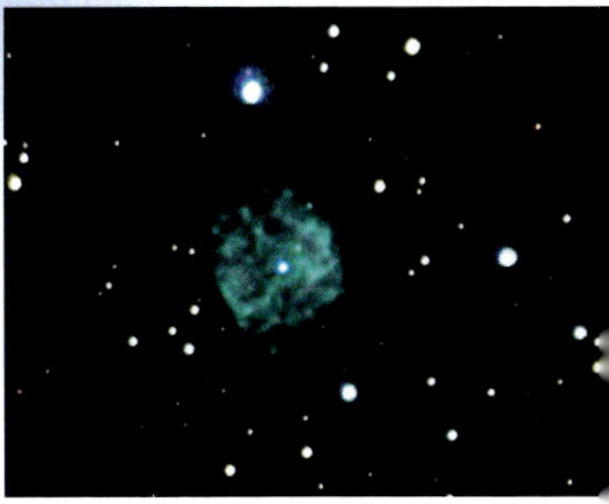

La nébuleuse bleue Flash *(NGC 6905) peut être repérée avec un petit télescope d'au moins 150 mm d'ouverture pour percevoir sa couleur bleue.*

NOM	DESCRIPTION	MAGN.
SUALOCIN (α)	*Étoile bleue/blanche de la séquence principale (B9), 241 al.*	*3,8*
ROTANEV (β)	*Binaire jaune (F5), 97 al. Séparable avec un gd télesc.*	*4,0 + 4,9*
γ	*Étoile jaune et jaune/blanche (G5 + F8), 102 al. Facilement séparables avec un petit télescope.*	*4,5 + 5,5*
δ	*Géante orange (A7), 204 al.*	*4,4*
NÉBULEUSE BLEUE FLASH (NGC 6905)	*Nébuleuse planétaire à 4 700 al. Détectable avec un petit télescope.*	*11,1*
NGC 6934	*Amas globulaire à 49 000 al. Avec un petit télescope.*	*8,9*

Pégase

Pegasi (Peg)

NGC 7332 (à droite), plus brillante que NGC 7339 (à gauche), a une forme de cacahuète. Les deux galaxies sont visibles dans un télescope.

Pégase, le cheval ailé, serait né du sang de Méduse, tuée par le héros Persée. S'étendant au nord du Verseau et des Poissons et rejoignant Andromède, la constellation représente la partie antérieure d'un cheval. Sa région la plus caractéristique est le Carré (ou Rectangle) de Pégase, formé des quatre étoiles Alpha, Bêta, Gamma Pegasi et Alpha Andromedae. Pégase abrite le brillant amas globulaire M15, l'un des joyaux du ciel nordique, que l'on peut voir avec des jumelles ou, mieux, avec un petit télescope, mais qui se laisse aussi deviner à l'œil nu par ciel bien noir. C'est autour de l'étoile jaune 51 de Pégase qu'a été trouvée la première planète extrasolaire.

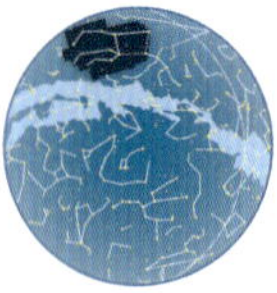

HÉMISPHÈRE CÉLESTE NORD

BIEN VISIBLE DE 90° N À 53° S

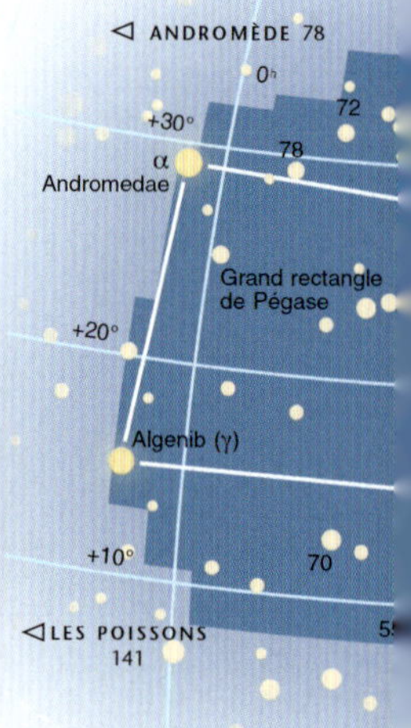

***NGC 7331**, une galaxie spirale barrée, ressemble à la Voie lactée. Vue à moitié de profil depuis la Terre, elle est visible dans un petit télescope.*

Le Petit Cheval

Equulei (Equ)

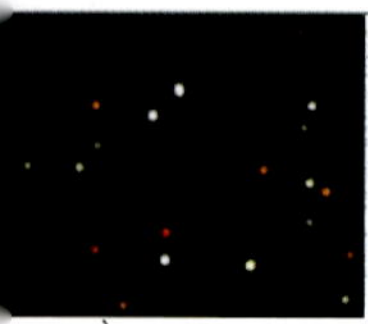

***À gauche** des étoiles du Petit Cheval se trouve Enif, une supergéante orange appartenant à Pégase, que l'on aperçoit à l'œil nu.*

Seconde plus petite constellation après la Croix du Sud, le Petit Cheval était déjà mentionné par le Grec Ptolémée au IIe siècle apr. J.-C., dans son catalogue de 48 constellations, et représente un poulain ou un petit cheval auprès du cheval ailé Pégase. Cette constellation contient des étoiles doubles et multiples. Son étoile la plus brillante, Alpha Equulei, est une géante jaune nommée Kitalpha, de magnitude 3,9, située à 186 années-lumière de la Terre.

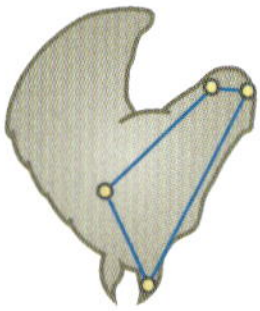

LE PETIT CHEVAL

NOM	DESCRIPTION	MAGN.
MARKAB (α)	*Étoile bleue/blanche géante (B9), 140 al.*	2,5
SCHEAT (β)	*Géante rouge (M2), 199 al. Variable sans période fixe.*	2,3 – 2,7
ALGENIB (γ)	*Variable intrinsèque à pulsations (B2), 333 al.*	2,8
ENIF (ε)	*Supergéante orange et faible compagne bleue (K2), 670 al.*	2,4 + 8,4
HOMAM (ζ)	*Bleue/blanche de la séquence principale (B8), 209 al.*	3,4
MATAR (η)	*Géante jaune (G2), 215 al.*	2,9
51	*Étoile jaune de la séquence principale (G2), 50 al.*	5,5
M15	*Amas globulaire à 33 000 al.*	6,2
NGC 7331	*Galaxie spirale barrée à 49 millions d'al.*	9,5
NGC 7332	*Galaxie elliptique aplatie à 63 millions d'al.*	10,9

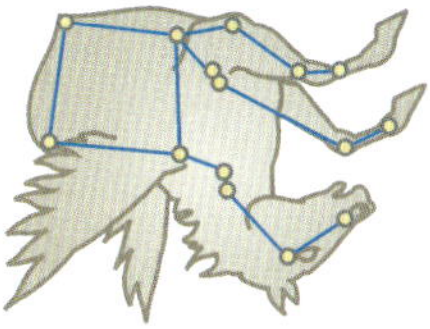

LE CHEVAL AILÉ

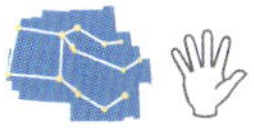

M15, l'un des amas globulaires les plus visibles, peut être repéré à l'œil nu ou avec des jumelles. Observation au télescope.

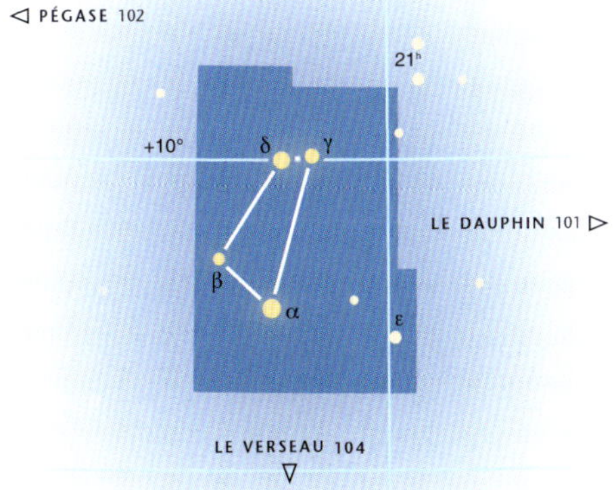

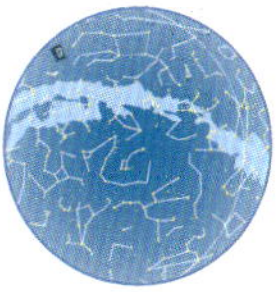

HÉMISPHÈRE CÉLESTE NORD

BIEN VISIBLE DE 90° N À 77° S

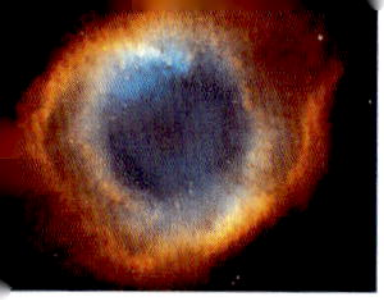

La nébuleuse Hélix du Verseau requiert un télescope d'amateur pour dévoiler sa forme et ses détails.

Le Verseau

Aquarii (Aqr)

Représentant l'eau ou la mer dans les anciennes civilisations, le Verseau est aujourd'hui assimilé au porteur d'eau. Dans la mythologie grecque, il personnifie Ganymède, le jeune berger enlevé par Zeus pour servir d'échanson aux dieux de l'Olympe. La constellation a également été associée au mythe sumérien du Déluge et, de fait, Aquarius se trouve dans le ciel proche des Poissons, de la rivière de l'Éridan et du Dauphin. Le Verseau abrite l'amas globulaire M2, accessible aux jumelles, ainsi que M72, qui requiert des instruments plus puissants. L'objet le plus réputé d'Aquarius est la nébuleuse Hélix du Verseau, malheureusement peu visible avec de simples jumelles.

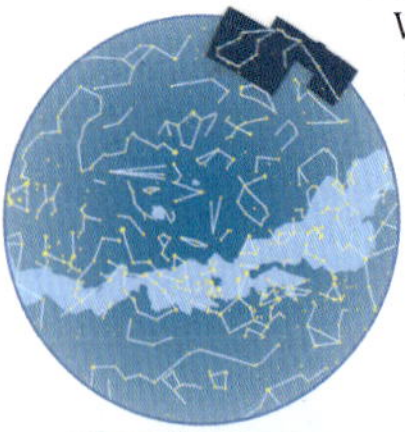

HÉMISPHÈRE CÉLESTE NORD

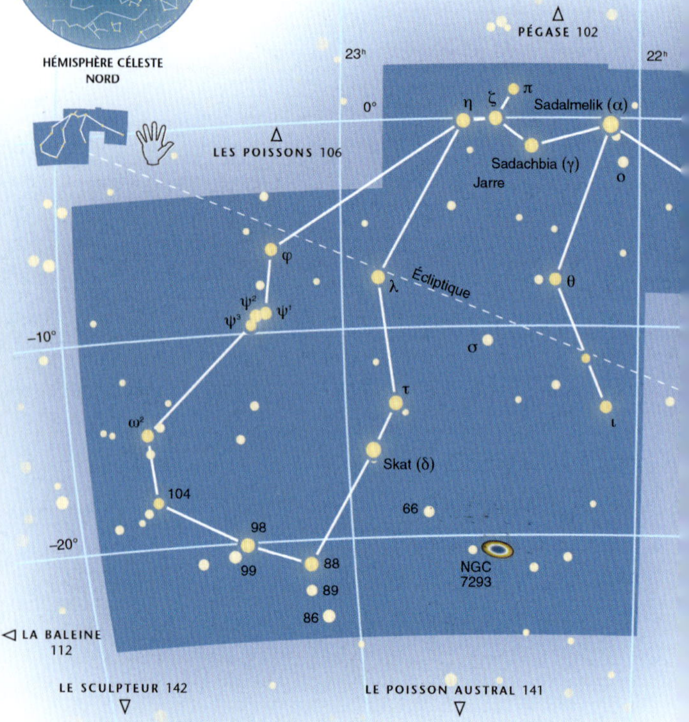

NOM DES OBJETS	DESCRIPTION	MAGN.
M2	*Amas globulaire à 35 000 al. Visible aux jumelles.*	6,5
M72	*Amas globulaire à 58 000 al. Visible avec un petit télescope.*	9,5
NÉBULEUSE SATURNE (NGC 7009)	*Nébuleuse planétaire, 2 400 al. Disque bleu allongé. Télescope de grande ouverture pour observer les détails.*	8,0
NÉBULEUSE HÉLIX (NGC 7293)	*Nébuleuse planétaire, 450 al. Plus proche nébuleuse planétaire de la Terre, à peu près de la taille de la Lune.*	8,0

M2 est une cible facile pour les jumelles, mais exige un télescope de 150 mm pour résoudre les étoiles de l'amas.

NOTE

Pour les observateurs de l'hémisphère Sud, la pluie d'étoiles filantes des Êta Aquarides, en mai, dépasse les 50 météores à l'heure. Chaque météorite est un fragment de la comète de Halley.

M72, trop peu lumineux pour des jumelles, apparaît comme une tache dans un petit télescope.

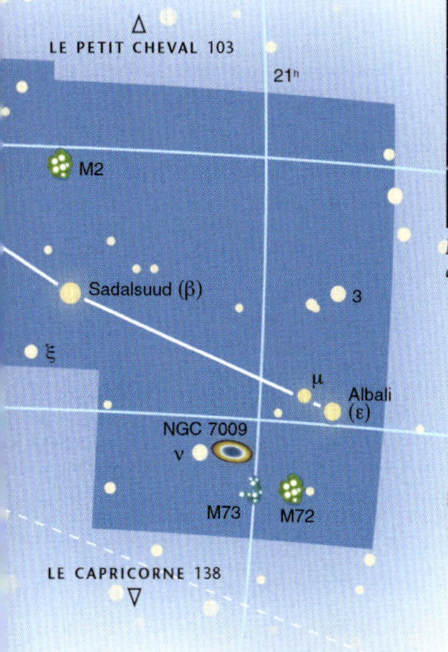

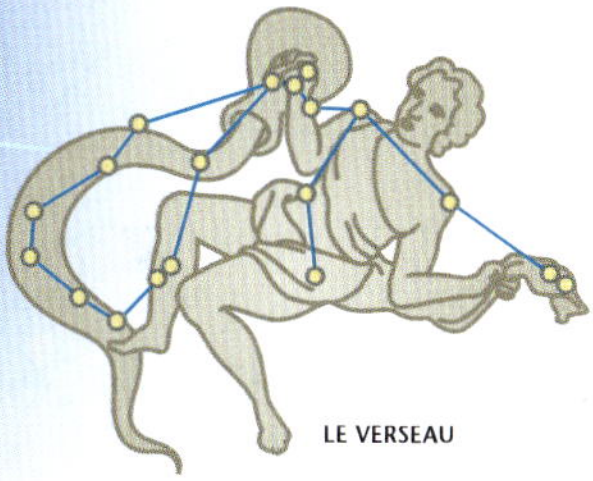

LE VERSEAU

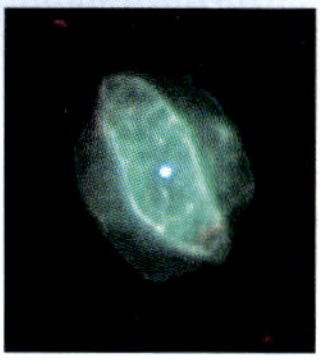

NGC 7009 a reçu le nom de nébuleuse Saturne au XIXe siècle, donné par l'astronome lord Rosse qui avait constaté la ressemblance au télescope.

BIEN VISIBLE DE 65° N À 86° S

N. DES ÉTOILES	DESCRIPTION	MAGN.
SADALMELIK (α)	*Supergéante jaune (G2), 760 al.*	2,9
SADALSUUD (β)	*Supergéante jaune (G0), 610 al.*	2,9
SADACHBIA (γ)	*Bleue/blanche de la séquence principale (B9), 158 al.*	3,9
SKAT (δ)	*Bleue/blanche de la séquence principale (A2), 160 al.*	3,3
ALBALI (ε)	*Bleue/blanche de la séquence principale (A1), 102 al.*	3,8
ζ	*Binaire à deux étoiles blanches (F2 + F2), période de 760 j., 103 al. Séparables avec un petit télescope.*	4,4 + 4,5

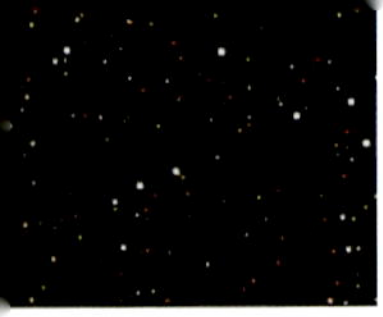

Les étoiles des ***Poissons*** *incluent l'étoile blanche, au centre, Alpha Alrescha, qui correspond en fait à une paire d'étoiles tournant ensemble. L'étoile orange, en haut à gauche, est Alpha Ceti.*

Les Poissons

Piscium (Psc)

On retrouve l'existence de cette constellation chez les Babyloniens. Pour les Grecs, les Poissons représentent Vénus et son fils Cupidon (Éros) qui, pour échapper au monstre Typhon, s'étaient déguisés en poissons. Pourtant vaste, la constellation ne comprend pas beaucoup d'objets intéressants pour l'astronome amateur, et il n'y a ni amas ni nébuleuses. On y trouve cependant la galaxie M74, une galaxie spirale vue de face d'environ 80 000 années-lumière de diamètre, que l'on perçoit avec un petit télescope mais qui nécessite des appareils de plus grande ouverture pour dévoiler ses détails.

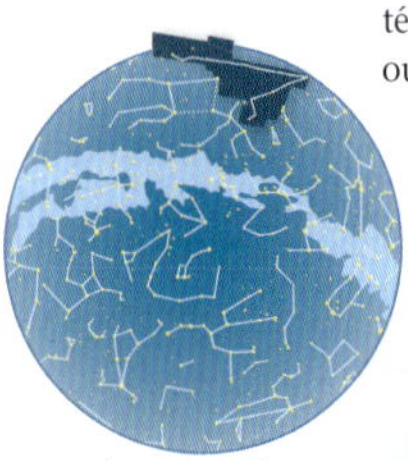

HÉMISPHÈRE CÉLESTE NORD

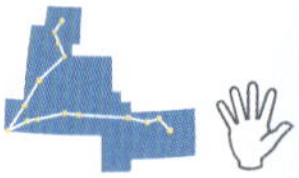

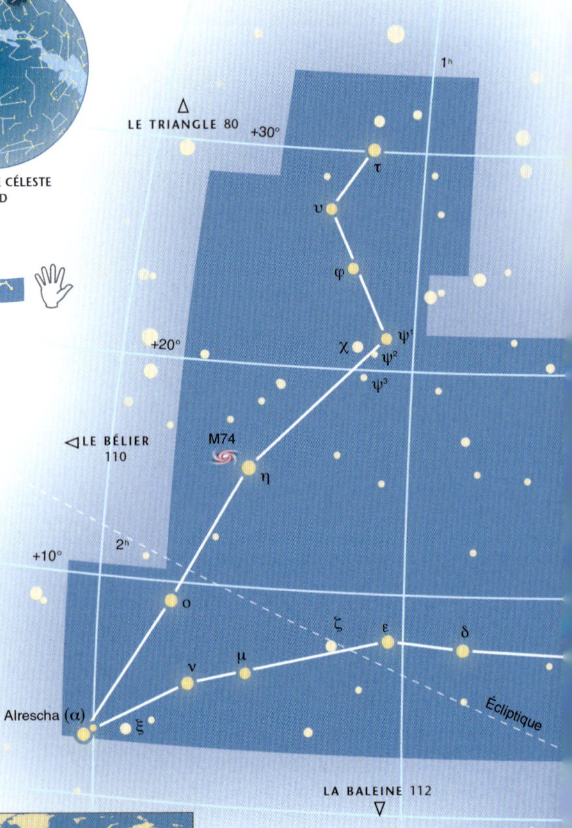

BIEN VISIBLE DE 83° N À 56° S

NOM	DESCRIPTION	MAGN.
ALRESCHA (α)	*Étoile double (A2), période de 933 ans, à 140 al., possible système quadruple. Exige un télescope de 100 mm.*	4,2 + 5,2
β	*Bleue/blanche de la séquence principale (B5), 493 al.*	5,4
γ	*Géante jaune (G8), 179 al.*	3,7
δ	*Géante orange (K4), 281 al.*	4,4
ε	*Géante jaune (G9), 215 al.*	4,3
ζ	*Double (F0), 148 al. Séparable avec un petit télescope.*	5,2 + 6,4
η	*Géante jaune (G8), 294 al. La plus brillante des Poissons.*	3,6
M74	*Galaxie spirale de face à 25 millions d'al.*	9,2

M74 est trop peu lumineuse pour être visible à l'œil nu, mais un petit télescope en dévoile la structure. Une grande ouverture montre ses bras spiraux, tout comme une photographie à long temps de pose.

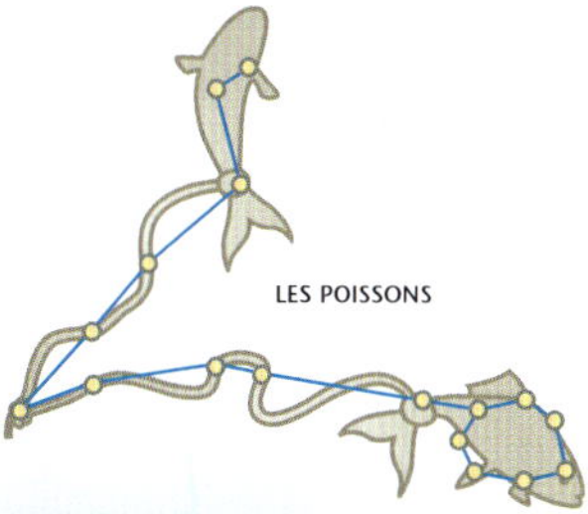

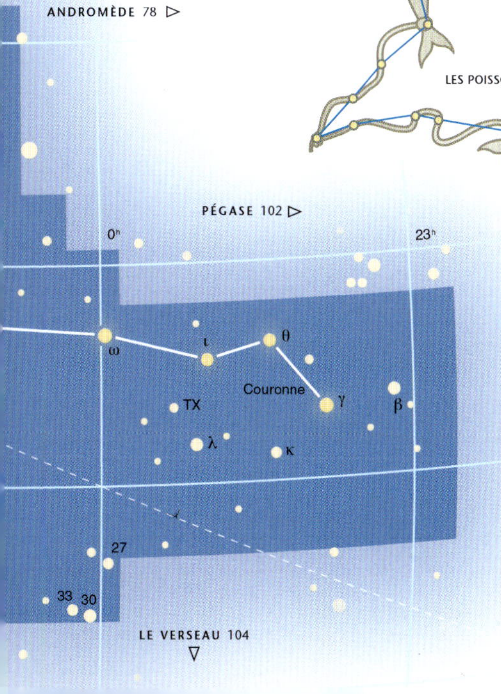

NOTE

La constellation représente deux poissons aux queues reliées par deux longues cordes nouées à l'endroit où se trouve l'étoile double Alrescha, l'Alpha des Poissons.

***Les Pléiades** (M45) comptent six étoiles visibles à l'œil nu. Des jumelles en dévoilent des dizaines en un spectacle féerique. Un télescope ou l'astrophotographie en captent la nébulosité.*

Le Taureau

Tauri (Tau)

Cette ancienne constellation du zodiaque représente la silhouette du taureau sous l'apparence duquel Zeus enleva la princesse Europa de Phénicie. Le Taureau s'étale entre le Bélier et les Gémeaux et abrite de nombreux objets qui sont autant de cibles à l'œil nu, aux jumelles ou avec un petit télescope. Son étoile la plus brillante est la géante rouge Aldébaran. Le Taureau présente aussi deux amas ouverts célèbres : M45, connu sous le nom des Pléiades ou des Sept Sœurs, et l'amas très dispersé des Hyades, d'environ 200 étoiles.

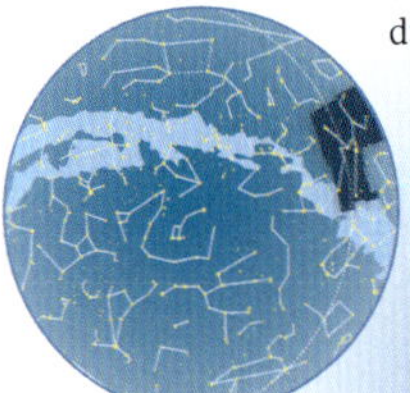

HÉMISPHÈRE CÉLESTE NORD

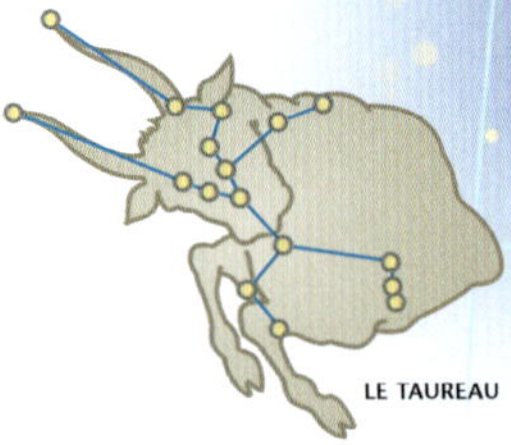

LE TAUREAU

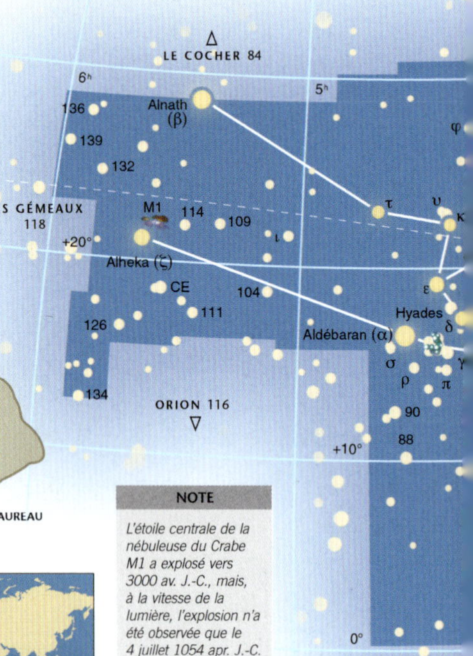

NOTE

L'étoile centrale de la nébuleuse du Crabe M1 a explosé vers 3000 av. J.-C., mais, à la vitesse de la lumière, l'explosion n'a été observée que le 4 juillet 1054 apr. J.-C. Les astronomes chinois ont alors annoncé une nouvelle étoile dans le Taureau.

BIEN VISIBLE DE 88° N À 58° S

NOM	DESCRIPTION	MAGN.
ALDÉBARAN (α)	*Variable géante rouge (K5), 65 al. Possible étoile sextuple.*	*0,75 – 0,95*
ALNATH (β)	*Bleue/blanche géante (B7), 131 al.*	*1,6*
γ	*Géante jaune (K0), 140 al.*	*3,6*
δ	*Géante jaune (K0), 150 al.*	*3,8*
ε	*Géante jaune (K0), 135 al.*	*3,5*
ALHEKA (ζ)	*Système binaire serré (B2), à 417 al.*	*3,0*
LES HYADES	*Amas ouvert dispersé en V, à 150 al.*	*0,5*
M1 DU CRABE	*Restes de supernova à 6 500 al.*	*8,4*
LES PLÉIADES (M45)	*Amas ouvert à 378 al. Splendide aux jumelles.*	*4,17*

ÉT. DES PLÉIADES	DESCRIPTION	MAGN.
ALCYONE (η)	*Bleue/blanche géante (B7), 378 al.*	*2,8*
ATLAS (27)	*Bleue/blanche géante (B8), 378 al.*	*3,6*
ELECTRA (17)	*Bleue/blanche géante (B6), 378 al.*	*3,7*
MAIA (20)	*Bleue/blanche géante (B7), 378 al.*	*3,8*
MÉROPE (23)	*Bleue/blanche géante (B6), 378 al.*	*4,2*
TAYGETA (19)	*Bleue/blanche géante (B6), 378 al.*	*4,3*
PLÉIONE (28)	*Bleue/blanche géante (B8), 378 al.*	*5,1*
CELAENO (16)	*Bleue/blanche géante (B7), 378 al.*	*5,4*
ASTEROPE (21 + 22)	*Bleue/blanche géante (B8 + B9), 378 al.*	*5,6 + 6,4*

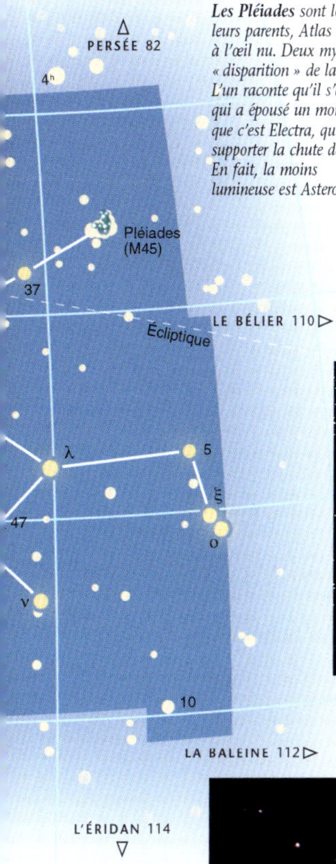

***Les Pléiades** sont les mythiques Sept Sœurs avec leurs parents, Atlas et Pléione. Six sont visibles à l'œil nu. Deux mythes expliquent la « disparition » de la septième étoile. L'un raconte qu'il s'agit de Mérope, qui a épousé un mortel, l'autre que c'est Electra, qui n'a pu supporter la chute de Troie. En fait, la moins lumineuse est Asterope.*

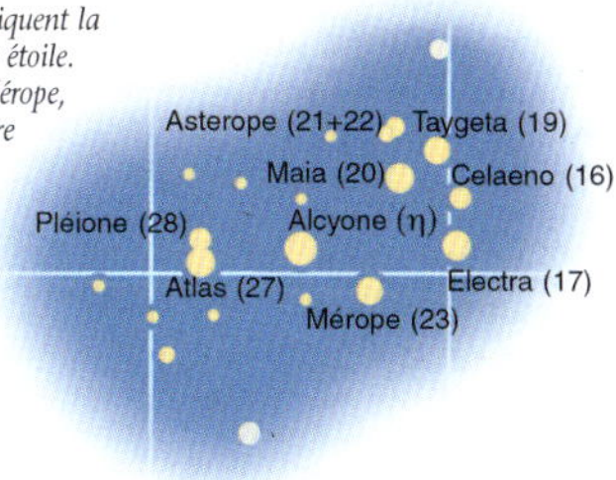

***Les Hyades**, un amas ouvert dispersé, forment le V du Taureau et sont très belles aux jumelles. L'étoile rouge est Aldébaran, qui n'appartient pas aux Hyades.*

***La nébuleuse du Crabe** (M1), non visible à l'œil nu, se voit difficilement avec des jumelles. Un petit télescope en dévoile les détails.*

Parmi les étoiles du Bélier, Hamal (α) est en bas au centre de l'image. En haut à gauche, l'amas des Pléiades. La géante rouge, près de Hamal, est Bêta d'Andromède.

Le Bélier

Arietis (Ari)

Cette ancienne constellation représente Ariès, le bélier à la Toison d'or. Les Anciens voyaient la figure d'un bélier accroupi dans la ligne brisée formée par les trois étoiles Alpha, Bêta et Gamma. Vue depuis la Terre sur le fond céleste, la position du Soleil change sans cesse, et, chaque année, le Soleil traverse l'équateur céleste en passant de l'hémisphère céleste Sud à l'hémisphère Nord le jour du printemps. Le point où il croise l'équateur céleste se nomme le point vernal. Il y a 4 000 ans, ce point se trouvait dans le Bélier, mais, du fait de la précession des équinoxes, il s'est déplacé vers les Poissons et s'approche maintenant du Verseau.

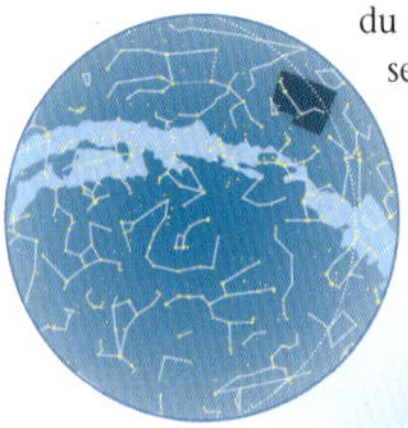

HÉMISPHÈRE CÉLESTE NORD

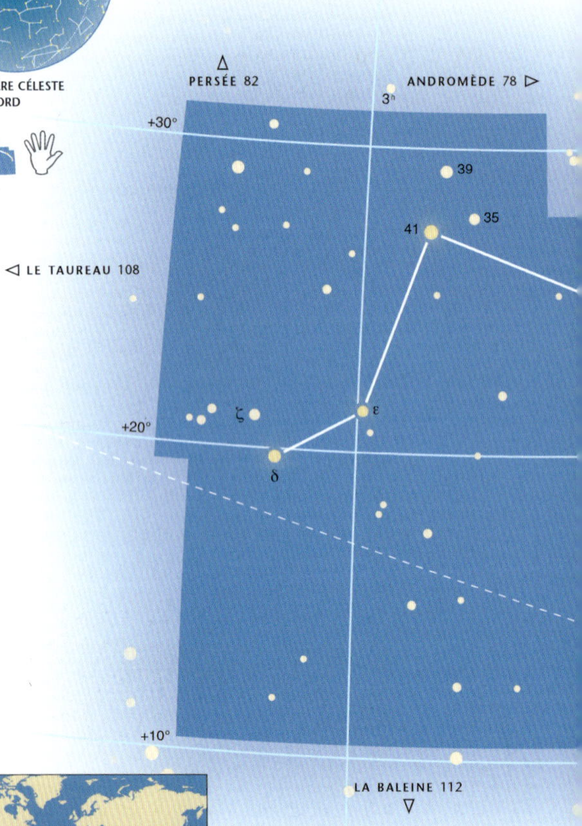

BIEN VISIBLE DE 90° N À 58° S

NGC 772 se révèle à peine à un petit télescope. Les plus grands appareils eux-mêmes ne montrent que sa région centrale.

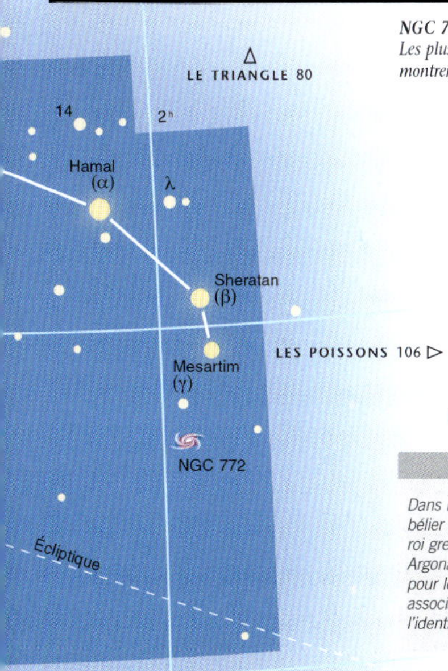

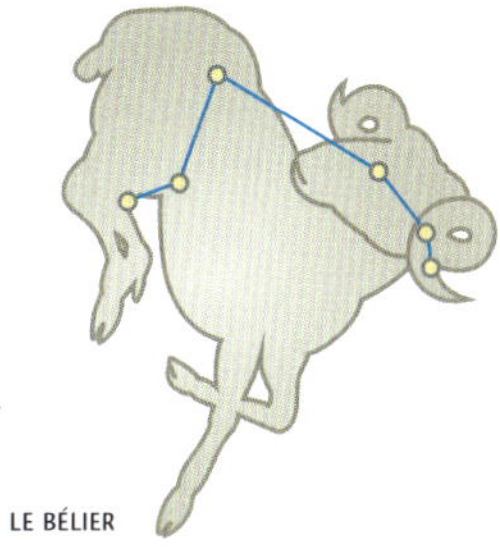

NOTE

Dans la mythologie grecque, Ariès était le bélier à la Toison d'or. C'est Jason, fils d'un roi grec, qui, avec ses compagnons, les Argonautes, alla chercher Ariès en Colchide pour le ramener en Grèce. Les Égyptiens associaient également Ariès à un bélier et l'identifiaient à leur dieu Amon Râ.

NOM	DESCRIPTION	MAGN.
HAMAL (α)	*Géante orange (K2), 66 al.*	2,0
SHERATAN (β)	*Bleue/blanche de la séquence principale (A5), 60 al.*	2,6
MESARTIM (γ)	*Étoile double (A0 + A1), 204 al. Séparable au télescope.*	4,7 + 4,6
δ	*Géante rouge (K2), 168 al.*	4,3
ε	*Deux étoiles blanches (A2 + A2), 290 al. Séparable au télescope.*	5,2 + 5,5
λ	*Blanche avec une faible compagne jaune (F0), à 113 al.*	4,8 + 7,3
NGC 772	*Galaxie spirale à 130 millions d'al. Difficile au télesc. d'amateur.*	10,3

M77 est la plus brillante des galaxies de Seyfert, une classe de galaxies au centre très brillant. Il faut un télescope pour l'observer.

La Baleine

Ceti (Cet)

Quatrième constellation par la taille, la Baleine (ou Cetus) ne contient que peu d'objets du ciel profond. Répertoriée parmi les 48 constellations de Ptolémée, la Baleine s'étend au sud des Poissons. En 1596, l'astronome David Fabricius crut y découvrir une nouvelle étoile, mais ce n'était que l'étoile Omicron qui venait d'accroître sa taille. Cette étoile, connue aussi sous le nom de Mira, l'Admirable, fut la première étoile variable découverte, dont on peut suivre l'évolution de magnitude à l'œil nu sur une période de 331,96 jours. Elle est le prototype d'une classe d'étoiles variables.

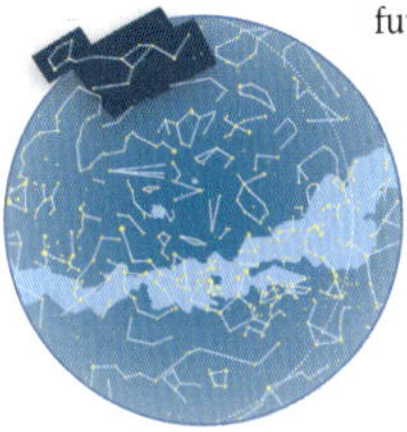

HÉMISPHÈRE CÉLESTE SUD

BIEN VISIBLE DE 65° N À 79° S

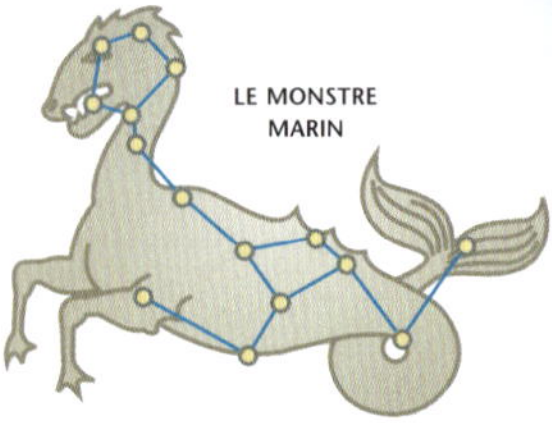

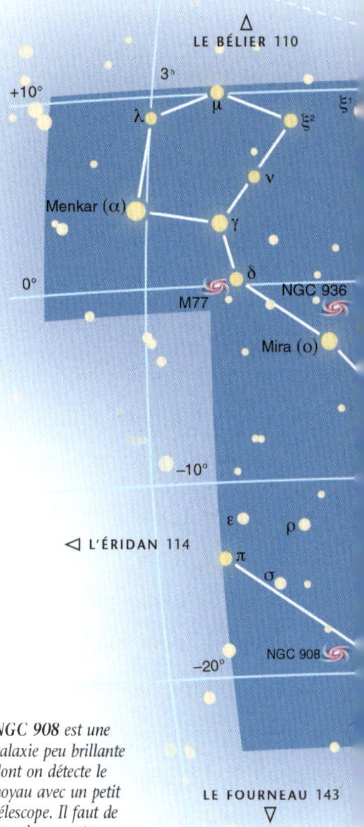

NGC 908 est une galaxie peu brillante dont on détecte le noyau avec un petit télescope. Il faut de grandes ouvertures pour une observation détaillée.

N. DES OBJETS	DESCRIPTION	MAGN.
M77	*Galaxie spirale à 40 millions d'al. Noyau visible aux jumelles.*	8,8
NGC 246	*Nébuleuse planétaire brillante à 1 450 al.*	8,5
NGC 247	*Galaxie spirale de profil à 13 millions d'al.*	8,9
NGC 908	*Spirale barrée vue par la tranche, à 65 millions d'al.*	10,2
NGC 936	*Spirale barrée à 50 millions d'al. Télescope de 100 mm.*	10,1

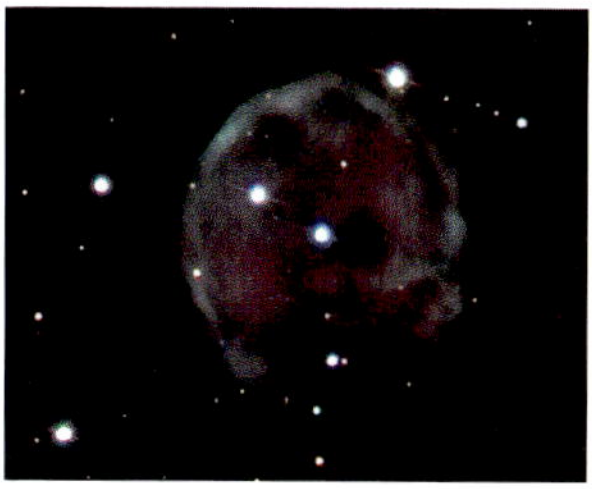

NGC 246 est repérable aux jumelles, mais sa faible luminosité demande un télescope de 150 mm pour être observée.

NGC 247, membre du groupe de galaxies du Sculpteur, n'est pas visible à l'œil nu. Des jumelles permettent de la détecter et un télescope de l'étudier en détail.

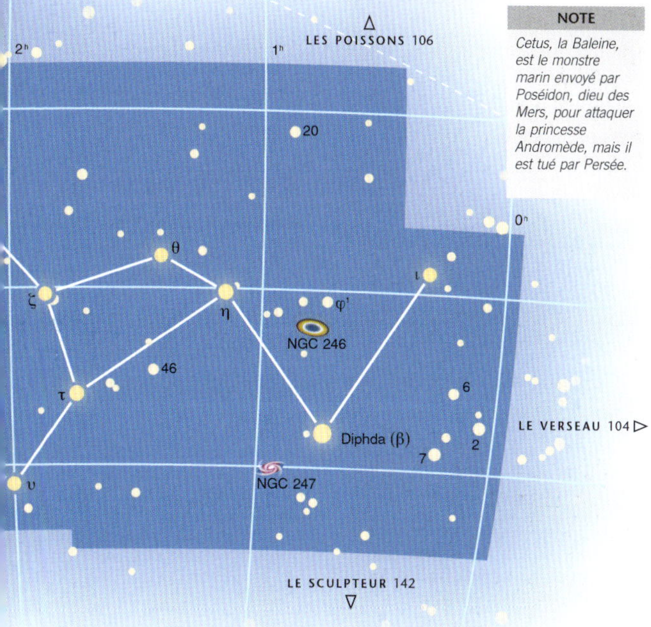

NOTE

Cetus, la Baleine, est le monstre marin envoyé par Poséidon, dieu des Mers, pour attaquer la princesse Andromède, mais il est tué par Persée.

N. DES ÉTOILES	DESCRIPTION	MAGN.
MENKAR (α)	Géante rouge (M2), 220 al. A une double visuelle de magn. 5,6.	2,5
DIPHDA / DENEB KAITOS (β)	Géante orange (K0), 96 al. La plus brillante de la Baleine.	2,0
γ	Double serrée (A3 + F3), 82 al. Séparable au télescope.	3,5 + 6,2
δ	Subgéante bleue/blanche (B2), 650 al.	4,1
ε	Jaune de la séquence principale (F5), 88 al.	4,8
MIRA (ο)	Géante rouge variable (M7), 420 al.	3,5 – 9,5

IC 2118, la nébuleuse Tête de sorcière, est visible à l'œil nu, par ciel dégagé et nuit noire, sous la forme étrange qui lui a donné son nom.

L'Éridan

Eridani (Eri)

L'Éridan, qui représente une rivière, est la sixième plus grande constellation du ciel mais aussi la deuxième plus longue. Les divers mythes ont identifié ce fleuve céleste au Nil, à l'Euphrate, au Pô, etc. Constituée d'étoiles de faibles magnitudes, la constellation de l'Éridan ne contient pas d'objets bien intéressants pour l'astronome amateur, si ce n'est quelques galaxies relativement accessibles et une nébuleuse planétaire que l'on aperçoit avec des jumelles dans de très bonnes conditions.

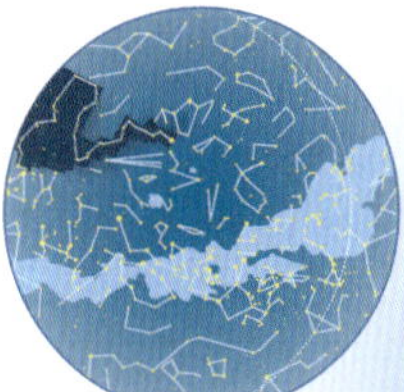

HÉMISPHÈRE CÉLESTE SUD

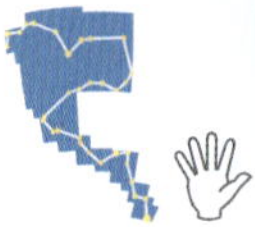

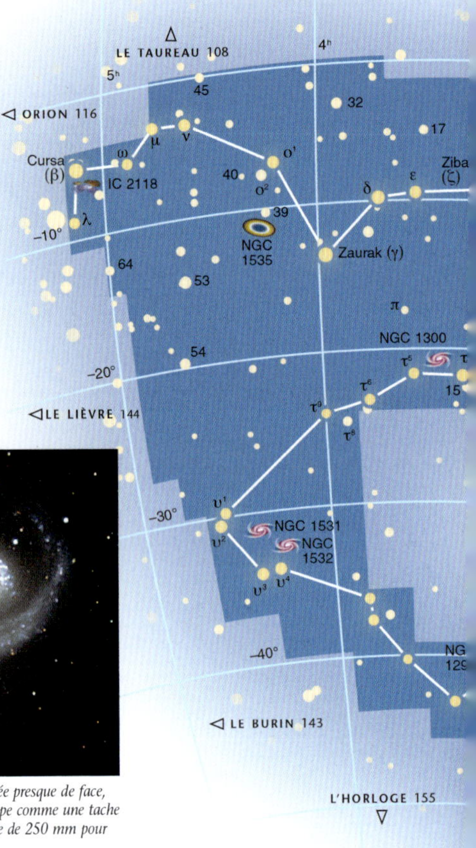

NGC 1300, une spirale barrée presque de face, apparaît avec un petit télescope comme une tache blanche. Il faut une ouverture de 250 mm pour observer sa structure.

N. DES OBJETS	DESCRIPTION	MAGN.
NGC 1291	*Spirale barrée à 22 millions d'al., visible aux jumelles.*	8,5
NGC 1300	*Spirale barrée à 46 millions d'al. Requiert un petit télescope.*	11,0
NGC 1532	*Spirale barrée à 54 mill. d'al. NGC 1531 est dans le même champ.*	11,1
NGC 1535	*Nébuleuse planétaire à 1 700 al.*	9,6
NÉB. TÊTE DE SORCIÈRE (IC 2118)	*Nébuleuse à 1 000 al. Sa surface peu lumineuse exige un télescope pour être observée.*	5,0

N. DES ÉTOILES	DESCRIPTION	MAGN.
ACHERNAR (α)	*Bleue/blanche de la séquence principale (B5), 140 al.*	0,5
CURSA (β)	*Géante bleue/blanche (A3), 89 al.*	2,8
ZAURAK (γ)	*Géante rouge (M0), 140 al. L'une des plus brillantes du ciel.*	2,9
δ	*Subgéante orange (K0), 28 al.*	3,5
ε	*Orange de la séquence principale (K2), 11 al. Possède une planète.*	3,7
ZIBAL (ζ)	*Bleue/blanche (A5), 52 al.*	4,8
AZHA (η)	*Géante orange (K1), 72 al.*	3,9
ACAMAR (θ)	*Bleue/blanche double (A3 + A2), 160 al. Avec un télescope.*	3,2 + 4,3
40 (o)	*Naines orange et blanche (K1), 16 al. Avec un petit télescope.*	4,4 + 9,5

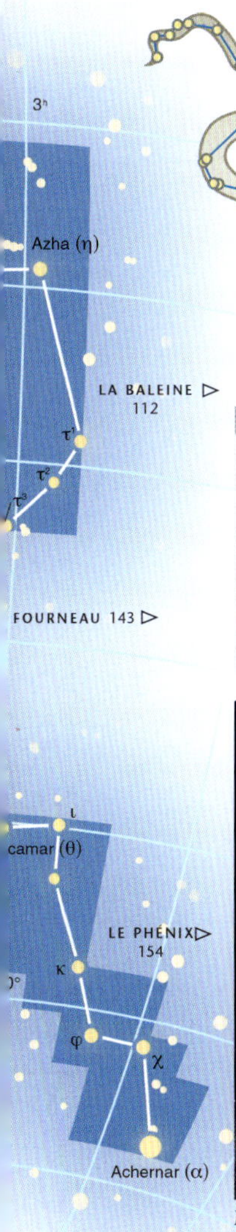

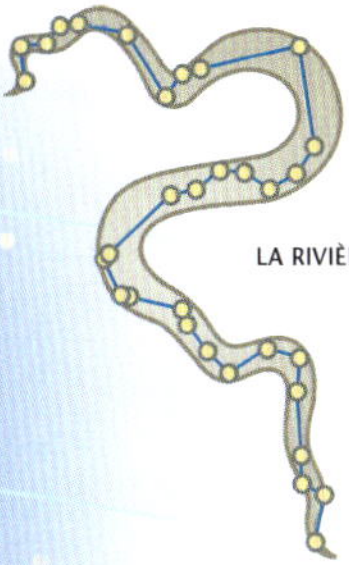

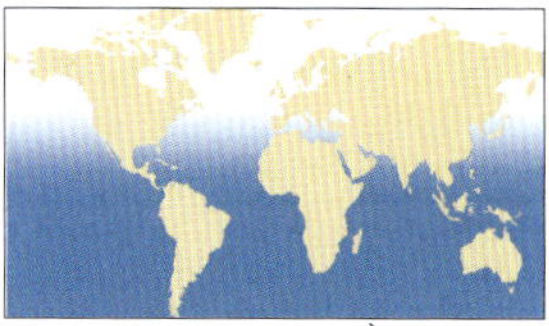

BIEN VISIBLE DE 32° N À 89° S

NOTE

Achernar (α), l'étoile la plus brillante de l'Éridan et la neuvième plus brillante du ciel, doit son nom au mot arabe qui signifie « bout de rivière ». Elle termine la constellation au sud.

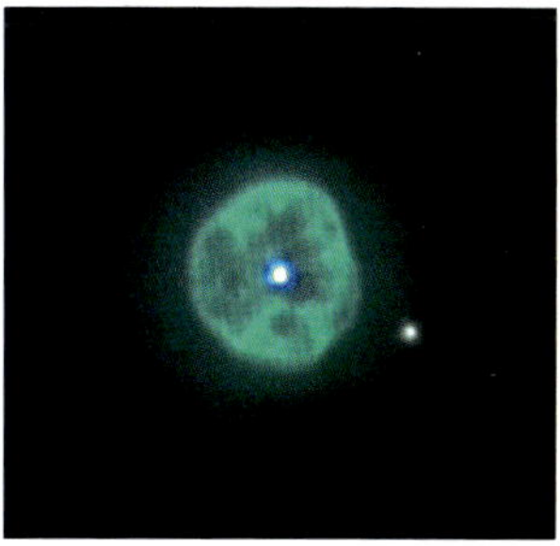

NGC 1535 est une nébuleuse planétaire visible aux jumelles. Un bon télescope permet d'y observer des détails et sa couleur verdâtre.

NGC 1532 a une petite galaxie voisine, NGC 1531. NGC 1532 est visible au télescope d'amateur, mais son observation requiert de plus grandes ouvertures.

Orion

Orionis (Ori)

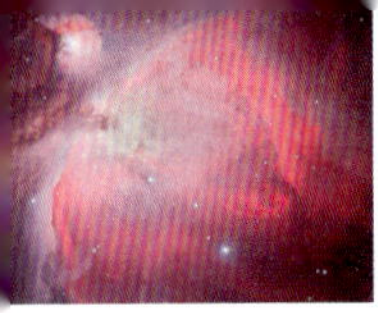

La nébuleuse d'Orion *devient plus complexe vue aux jumelles. Cette photo d'amateur en révèle certaines structures.*

Orion est une constellation connue depuis toujours. Les Syriens la nommaient Al Jabbar, le « Géant », et les Égyptiens y voyaient l'âme d'Osiris. Sa position sur l'équateur céleste fait qu'elle est visible de partout. Au centre d'Orion, la nébuleuse M42, qui apparaît à l'œil nu comme une tache brillante, est une pouponnière de 700 jeunes étoiles en formation dont le nuage stellaire est illuminé par quatre étoiles géantes appelées le Trapèze (Thêta). Orion est une constellation de prédilection pour les astrophotographes.

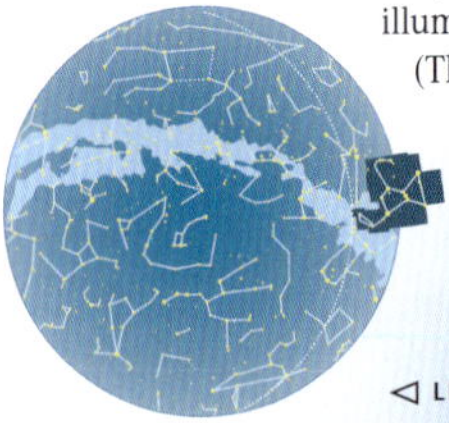

HÉMISPHÈRE CÉLESTE NORD

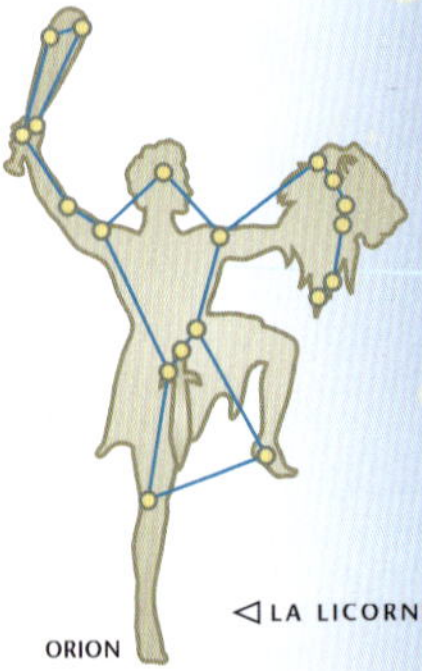

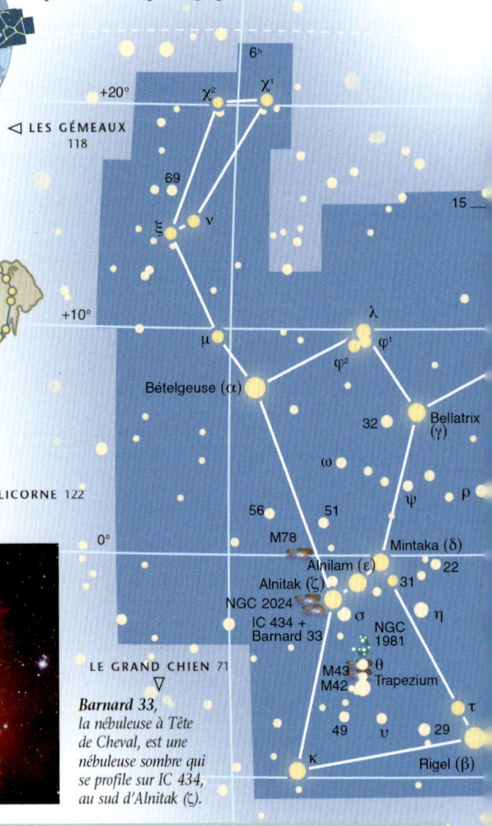

Barnard 33, *la nébuleuse à Tête de Cheval, est une nébuleuse sombre qui se profile sur IC 434, au sud d'Alnitak (ζ).*

N. DES ÉTOILES	DESCRIPTION	MAGN.
NÉB. ORION (M42 + M43)	*Nébuleuses à 1 500 al. Visibles à l'œil nu et avec des jumelles.*	*4,0 + 9,0*
M78	*Faible nébuleuse à réflexion et étoile de magn. 10, à 1 600 al.*	*8,3*
BARNARD 33 + IC 434	*Nébuleuse sombre + bande de nébulosité, à 1 500 al. La forme de tête de cheval est visible avec un petit télescope.*	
NGC 1981	*Petit amas ouvert d'environ 20 étoiles, à 1 300 al.*	*4,6*
NÉB. FLAME (NGC 2024)	*Nébuleuse brillante avec des filets de poussières, à 1 500 al. Aisément visible aux jumelles près d'Alnitak.*	*10,7*

N. DES ÉTOILES	DESCRIPTION	MAG.
BÉTELGEUSE (α)	*Supergéante rouge variable (M2), 427 al. 800 x la taille du Soleil.*	*0,0 – 1,3*
RIGEL (β)	*Hypergéante chaude bleue (B8), 773 al. Deux compagnes naines.*	*0,2 + 6,8*
BELLATRIX (γ)	*Géante bleue (B2), à 243 al.*	*1,6*
MINTAKA (δ)	*Géante bleue (09), à 2 000 al. Compagne visible au télescope.*	*2,2 + 6,9*
ALNILAM (ε)	*Supergéante bleue (B0), à 1 300 al.*	*1,7*
ALNITAK (ζ)	*Supergéante bleue (09), à 820 al.*	*1,7 + 3,9*
η	*Étoile double, primaire bleue/blanche (B1), à 900 al.*	*3,8 + 4,8*
TRAPEZIUM (θ)	*Quatre étoiles vues au petit télescope (0, B). En fait, système de 10 étoiles, à 1 500 al.*	*5,1 + 5,1+ 6,7 + 8,0*

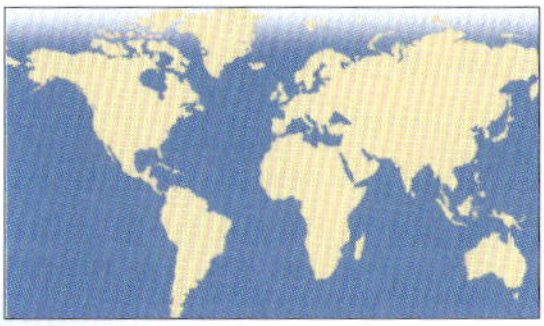

BIEN VISIBLE DE 79° N À 67° S

NOTE

Orion représente un chasseur suivi par ses deux chiens, Canis Major et Canis Minor. Ses prouesses ne l'ont pas empêché d'être tué par un simple scorpion. Chaque nuit dans le ciel, tandis que les étoiles d'Orion fuient vers l'ouest, se lèvent les premières étoiles du Scorpion à l'est.

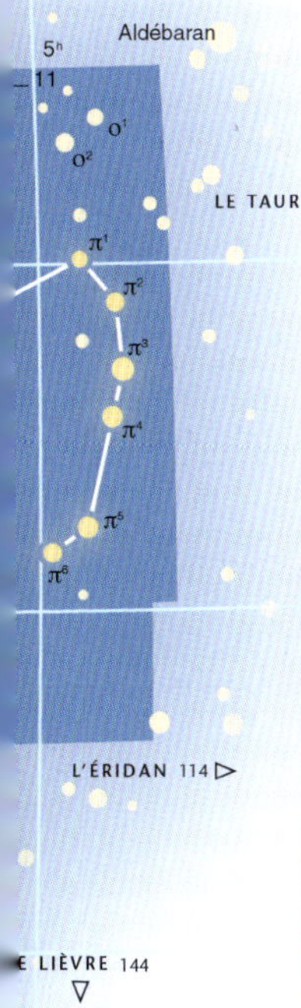

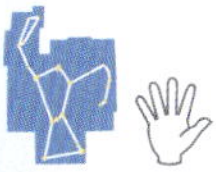

Le Trapèze d'Orion*, système multiple de l'étoile Thêta, illumine la nébuleuse d'Orion. Il est visible avec un petit télescope.*

Cette photographie *grand angle montre la nébuleuse d'Orion sous l'étoile supergéante bleue Alnitak (en haut). Sous Alnitak, on devine la forme sombre de Barnard 33, la nébuleuse à Tête de Cheval.*

M35 est un amas ouvert d'environ 200 étoiles dont une partie est résolue aux jumelles ou au petit télescope.

Les Gémeaux

Geminorum (Gem)

Ces Gémeaux représentent Castor et Pollux, les jumeaux de la reine de Sparte. Ayant navigué avec Jason et les Argonautes à la recherche de la Toison d'or, ils furent considérés comme les patrons des navigateurs. Castor et Pollux sont les deux étoiles les plus brillantes de la constellation. Traversée seulement par une frange de la Voie lactée, cette constellation ne propose pas beaucoup d'objets du ciel profond. À noter, l'amas ouvert M35, visible à l'œil nu, qui apparaît aux jumelles comme une tache elliptique.

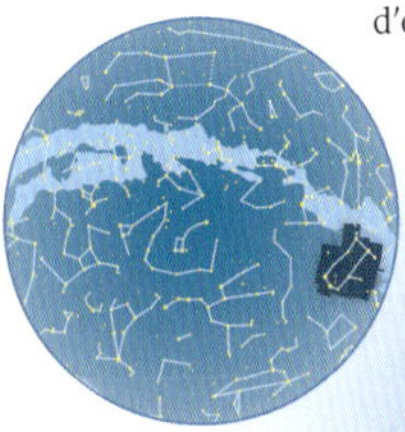

HÉMISPHÈRE CÉLESTE NORD

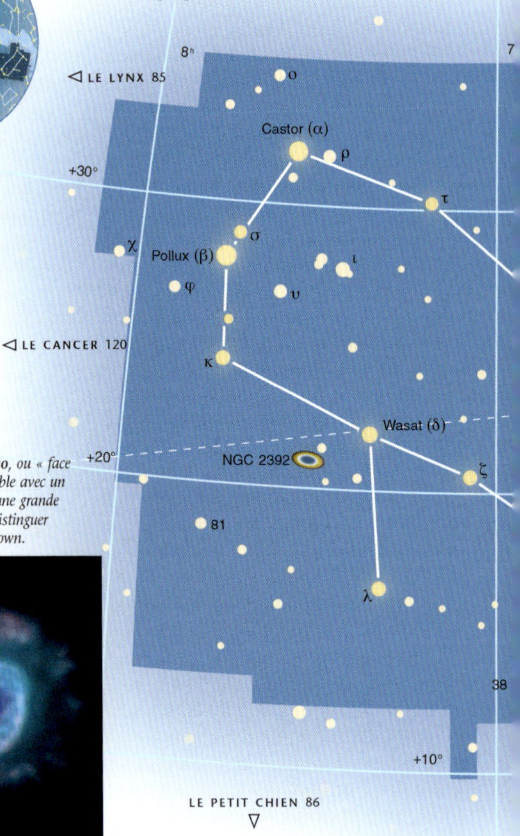

La nébuleuse Eskimo, ou « face de clown », est repérable avec un petit télescope. Seule une grande ouverture permet de distinguer sa forme en tête de clown.

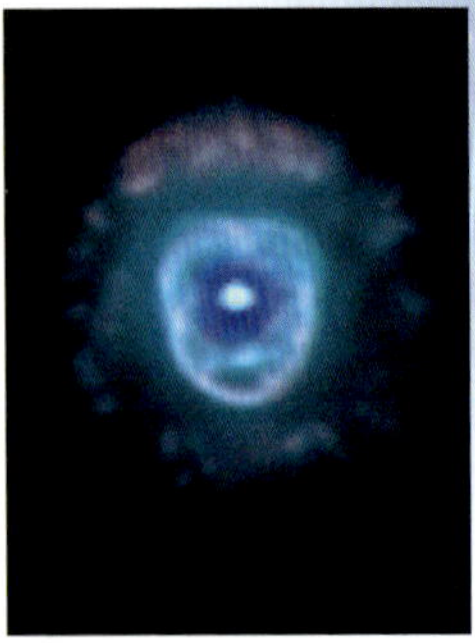

NOM DES OBJETS	DESCRIPTION	MAGN.
M35	*Amas ouvert à 2 800 al.*	*5,1*
NÉB. ESKIMO (NGC 2392)	*Nébuleuse planétaire à 1 600 al. Apparaît comme un disque bleuté au télescope.*	*9,1*
NÉB. MÉDUSE (IC 443)	*Nébuleuse à 5 000 al. Faible reliquat d'une supernova visible avec un grand télescope.*	*12,0*

NOTE

Bien que jumeaux, Castor et Pollux n'ont rien en commun. Si Pollux est une géante orange isolée, Castor est un système de six étoiles, dont une paire d'étoiles bleues/blanches et une paire serrée de naines rouges.

La nébuleuse Méduse (IC 443) *est le reste d'une supernova proche de l'étoile Êta (en haut à droite). Un pulsar a été découvert dans cette nébuleuse.*

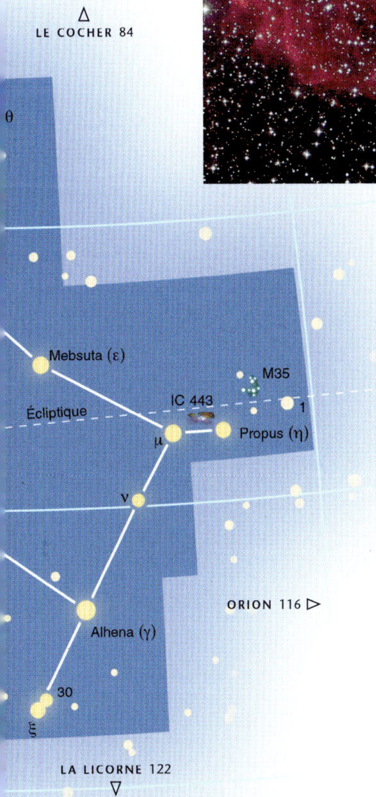

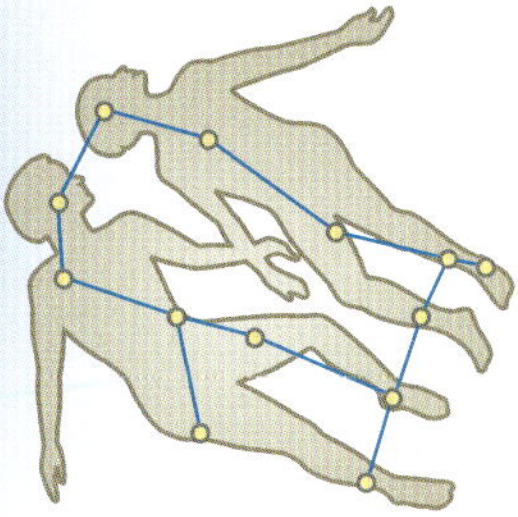

LES JUMEAUX

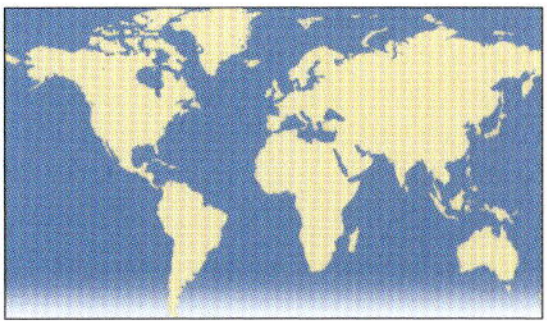

BIEN VISIBLE DE 90° N À 55° S

N. DES ÉTOILES	DESCRIPTION	MAGN.
CASTOR (α)	*Système multiple (A0), à 42 al. Trois étoiles visibles au télescope.*	*1,9 + 3,0*
POLLUX (β)	*Géante orange (K0), à 34 al. La plus brillante des Gémeaux.*	*1,2*
ALHENA (γ)	*Subgéante bleue/blanche (A0), à 105 al.*	*1,9*
WASAT (δ)	*Étoile blanche et naine orange (F0 + K3), à 59 al. Séparable avec un télescope de grande ouverture.*	*3,5 + 8,2*
MEBSUTA (ε)	*Supergéante jaune (G8), à 900 al.*	*3,1*
ζ	*Étoile variable (F7-G3), période de 10,15 jours, à 1 220 al.*	*3,6 – 4,2*
PROPUS (η)	*Système triple, rouge et géantes jaunes (M3 + G0), à 350 al. Une des étoiles est variable, deux sont visibles au télescope.*	*3,1 – 3,9 + 6,5*

Le Cancer

Cancri (Cnc)

Praesepe (M44), ou La Ruche, s'étend sur plus de 1,5 degré et est visible à l'œil nu.

Le Cancer figure le crabe qui attaque Hercule lors de son combat avec l'Hydre et finit piétiné au cours de la bagarre. Avec des étoiles très faiblement lumineuses, la constellation est difficile à repérer. Elle ne contient pas grand-chose d'intéressant pour l'astronome amateur, si ce n'est deux amas ouverts : Praesepe (M44), dit « La Ruche », qui est un amas dispersé que l'on distingue certaines nuits à l'œil nu comme une tache blanche, et M67, plus petit et plus dense.

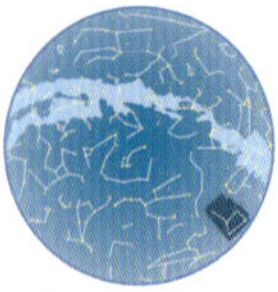

HÉMISPHÈRE CÉLESTE NORD

BIEN VISIBLE DE 90° N À 57° S

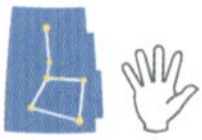

NGC 2775 est une galaxie spirale repérable au télescope, dont l'observation en détail exige une grande ouverture.

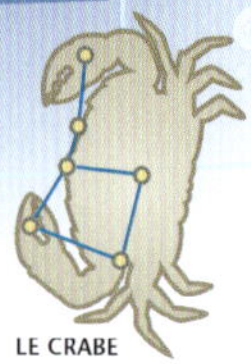

LE CRABE

Le Petit Chien

Canis Minoris (CMi)

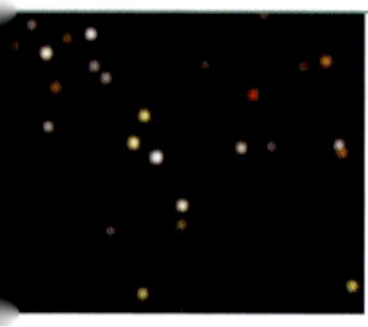

Procyon, l'étoile près du centre vers le haut, et Gomeisa, l'étoile Bêta en dessous, sont les plus brillantes du Petit Chien.

La constellation représente le second chien de chasse d'Orion. Mis à part l'étoile Alpha Procyon, la huitième plus brillante du ciel, le Petit Chien ne contient rien d'intéressant pour l'astronome amateur. Procyon forme un triangle remarquable avec deux autres étoiles de première magnitude : Bételgeuse d'Orion et Sirius du Grand Chien.

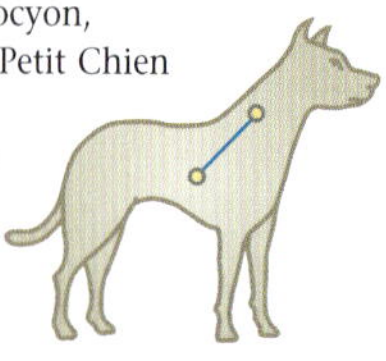

LE PETIT CHIEN

N. DES ÉTOILES	DESCRIPTION	MAGN.
PROCYON (α)	*Jaune de la séquence principale et compagne naine (F5), à 11,4 al. Inobservable pour les instruments amateurs.*	*0,4 + 10,7*
GOMEISA (β)	*Bleue/blanche de la séquence principale (B8), à 170 al.*	*2,9*

M67 est un amas ouvert plus fourni que M44 mais beaucoup moins lumineux. Il faut un petit télescope pour résoudre ses étoiles, qui sont plus de 200.

NOM	DESCRIPTION	MAGN.
ACUBENS (α)	*Étoile blanche (A5), à 174 al. Compagne de magnitude 12.*	*4,3*
β	*Géante orange (K4), à 290 al.*	*3,5*
ASELLUS BOREALIS (γ)	*Blanche de la séquence principale (A1), à 158 al.*	*4,7*
ASELLUS AUSTRALIS (δ)	*Géante orange (K0), à 136 al.*	*3,9*
TEGMENI (ζ)	*Système triple (F8 + G0), à 83 al. Un petit télescope montre deux étoiles ; une plus grande ouverture montre les trois.*	*5,0 + 6,0 + 6,2*
PRAESEPE (M44)	*Amas ouvert d'environ 50 étoiles, à 570 al. Visible aux jumelles.*	*3,7*
M67	*Amas ouvert à 2 500 al.*	*6,1*
NGC 2775	*Galaxie spirale à 55 millions d'al.*	*10,3*

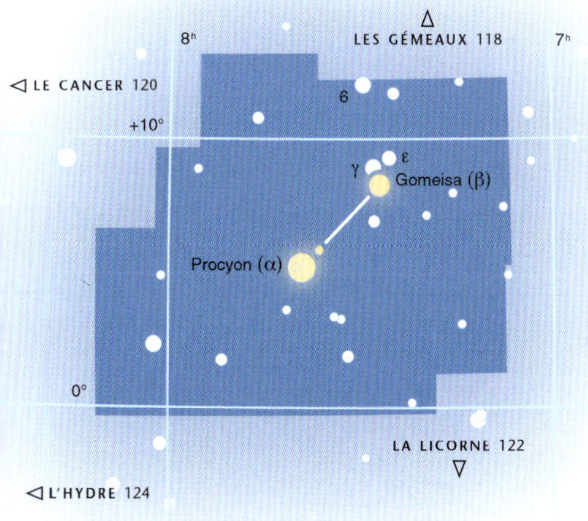

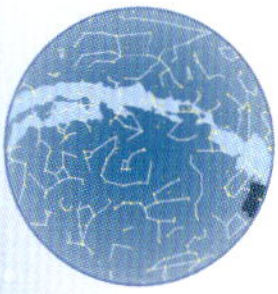

HÉMISPHÈRE CÉLESTE NORD

BIEN VISIBLE DE 89° N À 77° S

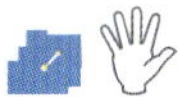

NGC 2237, la nébuleuse de la Rosette, contient l'amas ouvert NGC 2244. Un grand télescope dévoile la nébulosité qui l'entoure.

La Licorne

Monocerotis (Mon)

Les origines de cet animal fabuleux sont très vagues. On en trouve les premières mentions dans la littérature au XVIIe siècle, époque à laquelle la Licorne (ou Monoceros) entre dans le répertoire des constellations, grâce à l'astronome hollandais Petrus Planius en 1613 et au scientifique allemand Jakob Bartsch en 1624. Traversée par la Voie lactée, Monoceros est très riche en amas d'étoiles et en nébuleuses, mais ses étoiles ne sont guère brillantes, ce qui rend son repérage délicat.

Son objet le plus connu est la nébuleuse de la Rosette, NGC 2237, invisible à l'œil nu. Il faut un bon télescope pour la détecter et seule l'astrophotographie révèle la beauté de cette nébuleuse en forme de fleur.

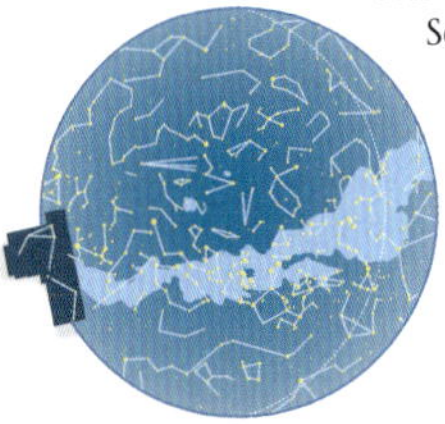

HÉMISPHÈRE CÉLESTE SUD

BIEN VISIBLE DE 78° N À 78° S

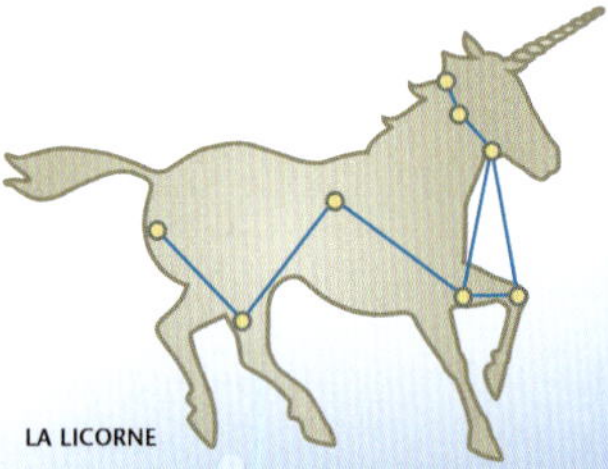

LA LICORNE

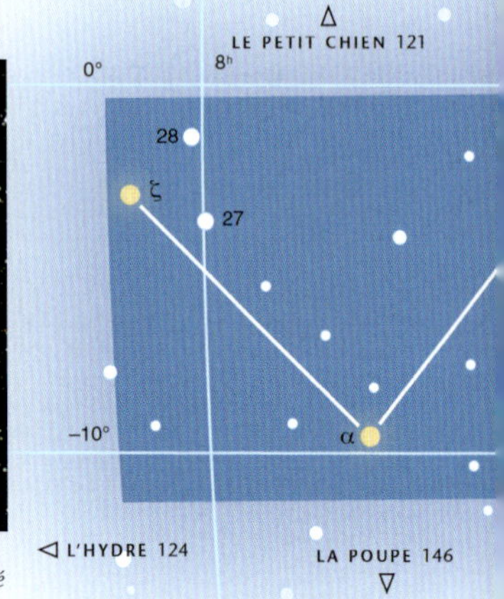

M50 se voit avec des jumelles qui résolvent ses principales étoiles. L'amas ouvert apparaît moitié moins grand que la pleine lune.

NOM DES OBJETS	DESCRIPTION	MAGN.
M50	*Amas ouvert d'environ 100 étoiles, à 2 950 al.*	*6,3*
NGC 2232	*Amas ouvert à 1 300 al. Vingt étoiles aux jumelles.*	*3,9*
NGC 2244 + NÉB. DE LA ROSETTE (NGC 2237)	*Amas ouvert + nébuleuse, à 4 500 al.*	*4,8*
ARBRE DE NOËL (NGC 2264)	*Amas ouvert à 2 600 al.*	*3,8*

NOTE

Monoceros, la Licorne, est éclipsée par ses voisines, les constellations des Gémeaux, d'Orion et du Grand Chien. On peut la repérer qui longe l'équateur céleste entre les trois étoiles brillantes Bételgeuse, Procyon et Sirius.

***NGC 2244** est un amas ouvert dans la nébuleuse de la Rosette. Si celle-ci est invisible à l'œil nu, l'amas d'étoiles est accessible aux jumelles.*

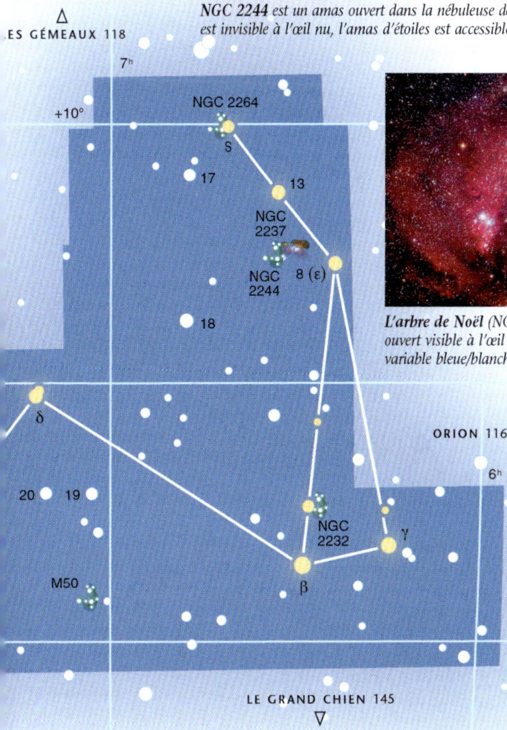

***L'arbre de Noël** (NGC 2264) est un amas ouvert visible à l'œil nu. Il contient l'étoile variable bleue/blanche S Monocerotis.*

N. DES ÉTOILES	DESCRIPTION	MAGN.
α	*Géante orange (K0), à 144 al.*	3,9
β	*Système triple (B3 + B3 + B3), à 690 al. Séparables avec un télescope d'amateur.*	4,6 + 5,0 + 5,4
γ	*Géante orange (K3), à 215 al.*	4,0
δ	*Bleue/blanche de la séquence principale (A2), à 375 al.*	4,2
8 (ε)	*Jaune et bleue/blanche (A5 + F4), à 128 al. + 79 al. Double visuelle séparable avec un petit télescope.*	4,4 + 6,7
S	*Système multiple de six étoiles (O7), à 2 600 al.*	4,7

M48 *est un amas ouvert de la taille de la pleine lune, visible à l'œil nu. C'est une cible privilégiée aux jumelles.*

L'Hydre

Hydrae (Hya)

La constellation de l'Hydre est la plus étendue du ciel. Selon la légende, l'Hydre est le monstre aux têtes multiples tué par Hercule. Un autre mythe en fait le Serpent de mer banni aux cieux par Apollon, en compagnie de Corvus, le Corbeau, auquel Apollon reprochait d'avoir utilisé la présence de l'Hydre comme prétexte pour retarder le retour des eaux bienfaisantes. Cette grande constellation n'a qu'une étoile brillante, Alphar, « la solitaire » en arabe. Peu d'objets du ciel profond y sont accessibles à l'astronome amateur.

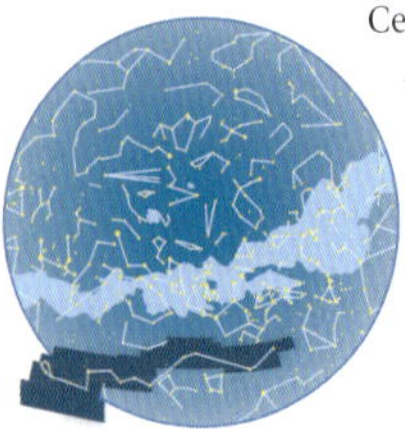

HÉMISPHÈRE CÉLESTE SUD

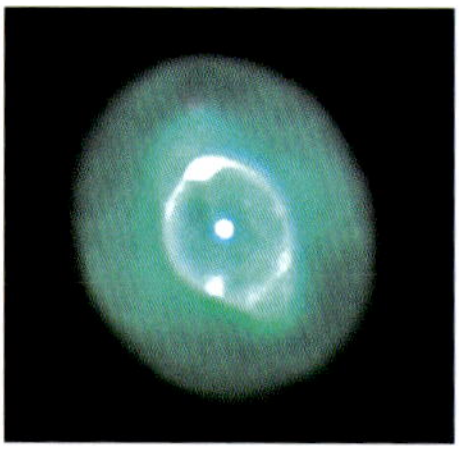

NGC 3242 *est une nébuleuse planétaire repérable avec un petit télescope, mais une grande ouverture est nécessaire pour l'observer. Sa ressemblance avec Jupiter lui vaut le surnom de « fantôme de Jupiter ».*

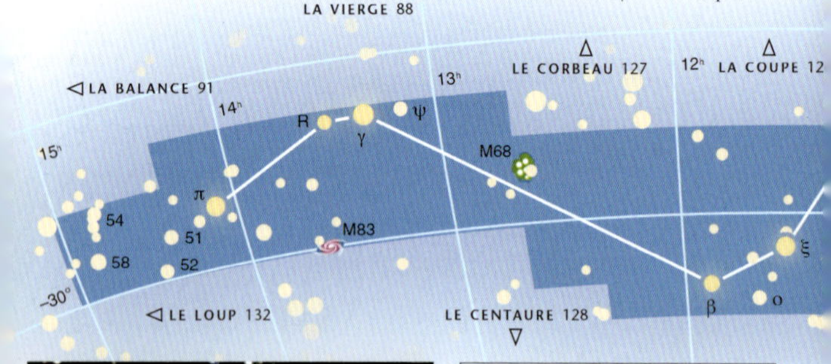

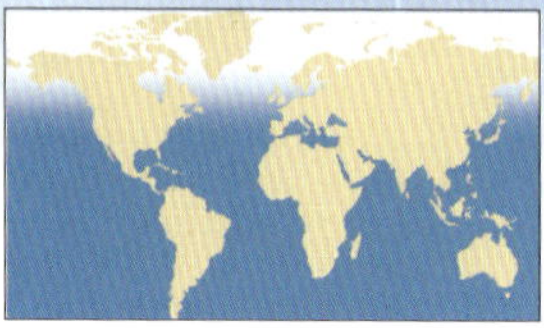

BIEN VISIBLE DE 54° N À 83° S

M68 *apparaît aux jumelles comme une tache floue et demande un télescope de grande ouverture pour une observation détaillée.*

NOM DES OBJETS	DESCRIPTION	MAGN.
M48	*Amas ouvert d'environ 80 étoiles, à 2 000 al.*	5,8
M68	*Amas globulaire à 31 000 al.*	8,2
M83	*Galaxie spirale vue de face, à 15 millions d'al.*	8,2
FANTÔME DE JUPITER (NGC 3242)	*Nébuleuse planétaire à 2 600 al. Son disque bleu-vert est visible dans un petit télescope.*	8,6

N. DES ÉTOILES	DESCRIPTION	MAGN.
ALPHARD (α)	*Géante orange (K3), à 177 al.*	2,0
β	*Géante bleue/blanche (B9), à 365 al.*	4,3
γ	*Géante jaune (G8), à 132 al.*	3,0
δ	*Bleue/blanche de la séquence principale (A0), à 180 al.*	4,1
ε	*Binaire jaune et bleue (G0), à 135 al. En fait système quintuple visible avec un grand télescope.*	3,4 + 6,7
27	*Double visuelle jaune et blanche (G8 + F5), à 202 + 244 al.*	5,0 + 6,9
54	*Binaire visible au petit télescope (F0 + G1), à 55 al.*	5,3 + 7,4

NOTE

L'Hydre était un serpent à neuf têtes dont l'une était immortelle. Lors du deuxième de ses douze travaux, Hercule coupa huit têtes puis écrasa la dernière, celle qui était immortelle, sous un rocher.

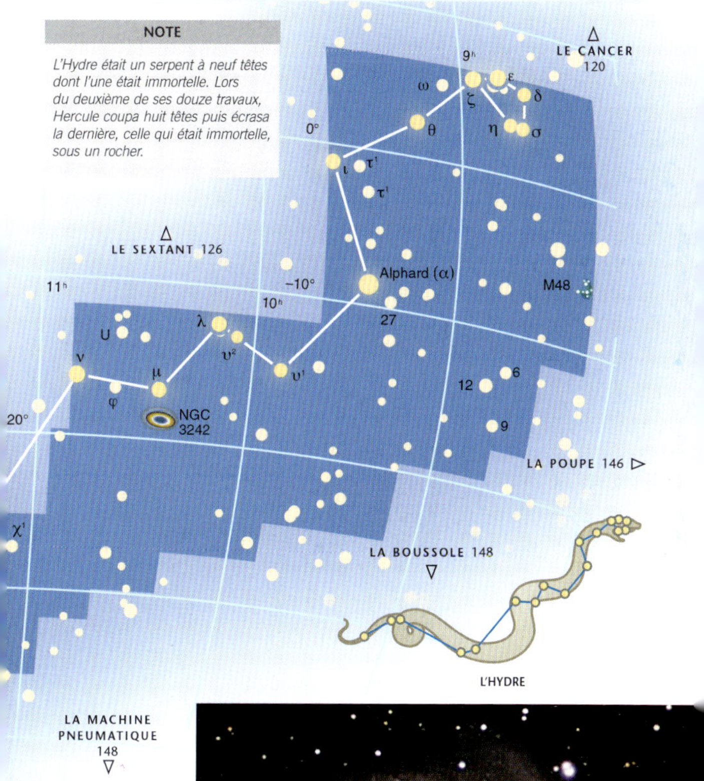

L'HYDRE

M83, une galaxie spirale, n'est visible qu'avec des jumelles ou un petit télescope. Son observation en détail exige un appareil de plus grande ouverture.

Le Sextant

Sextantis (Sex)

La galaxie du Fuseau (NGC 3115) doit son nom à sa forme : une galaxie elliptique aplatie. À observer avec un grand télescope.

La constellation a été répertoriée en 1687 par l'astronome Johannes Hevelius et représente un sextant, instrument utilisé pour mesurer la position des étoiles. Loin de la Voie lactée, le Sextant ne contient ni amas ni nébuleuses, et pas non plus d'étoiles brillantes. Ses rares galaxies accessibles aux amateurs nécessitent de grands télescopes pour être observées.

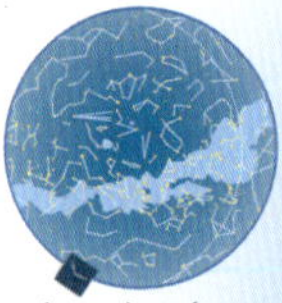

HÉMISPHÈRE CÉLESTE SUD

BIEN VISIBLE DE 78° N À 83° S

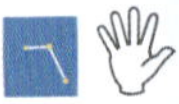

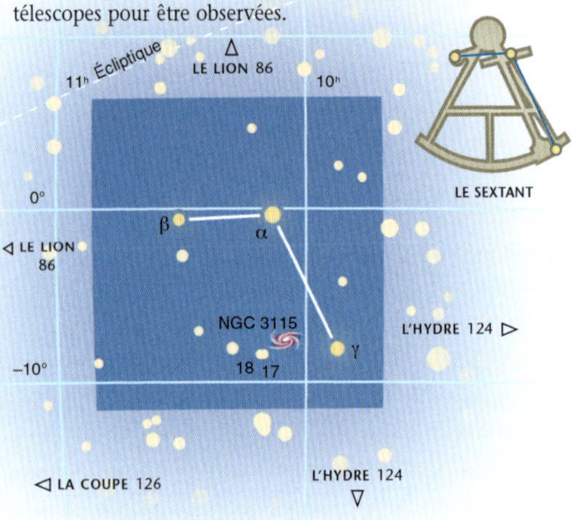

La Coupe

Crateris (Crt)

NGC 3981, une galaxie spirale vue par la tranche et faiblement lumineuse, est une cible difficile.

Cette coupe est associée à l'histoire de Corvus, le Corbeau, et a été placée dans le ciel à la suite de la discorde entre Apollon et ce dernier. La Coupe ne contient ni étoiles brillantes, ni nébuleuses, ni amas. Certaines de ses galaxies peuvent être observées avec un télescope d'amateur.

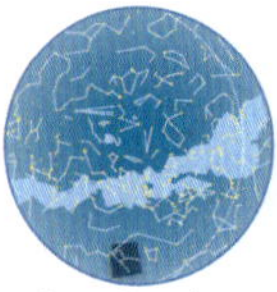

HÉMISPHÈRE CÉLESTE SUD

BIEN VISIBLE DE 65° N À 90° S

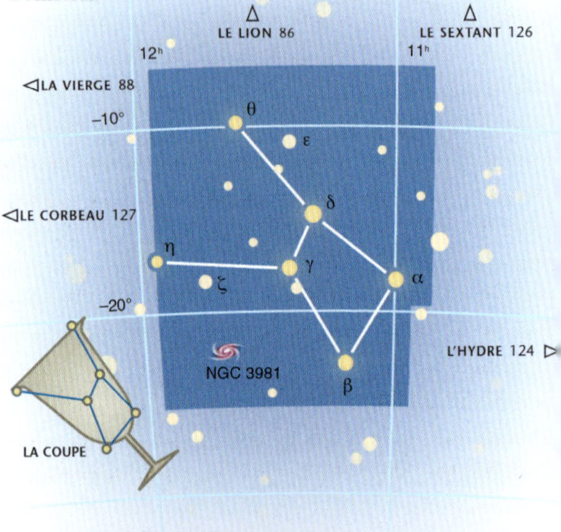

Le Corbeau

Corvi (Crv)

La mythologie grecque raconte que Corvus est un corbeau envoyé par Apollon avec une coupe remplie d'eaux vivifiantes pour le printemps. Mais le corbeau s'arrête en chemin pour manger des figues et arrive en retard, tenant un serpent de mer dans ses serres. Il accuse ce dernier de son retard et Apollon, furieux de ce mensonge, l'envoie, ainsi que la coupe et le serpent de mer (l'Hydre), dans le ciel. Le Corbeau n'offre rien d'intéressant à l'astronome amateur, hormis deux galaxies, NGC 4038 et NGC4039, en interaction, accessibles à un télescope de moyenne ouverture.

NGC 4038 et NGC 4039 sont deux galaxies en collision, les Antennes, dont l'interaction se matérialise par deux longs traits de gaz et d'étoiles.

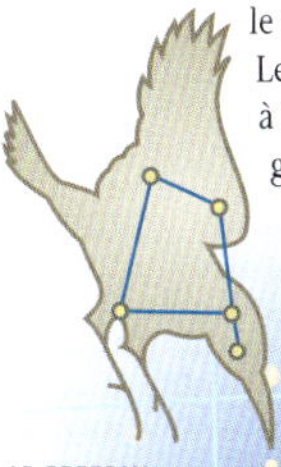

LE CORBEAU

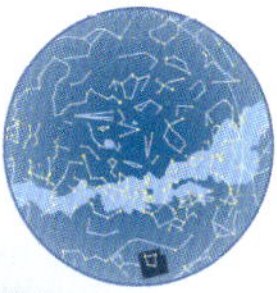

HÉMISPHÈRE CÉLESTE SUD

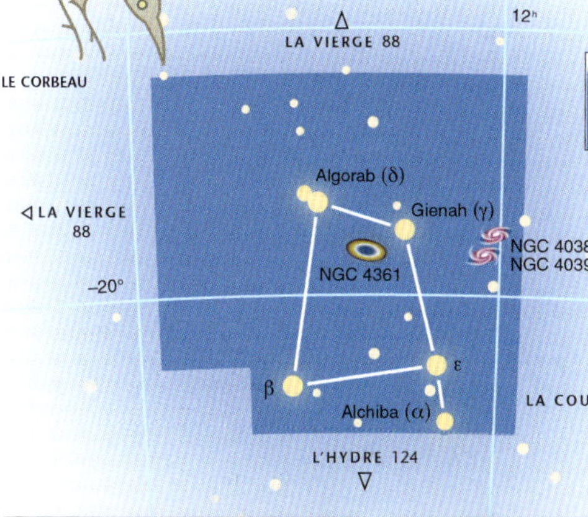

BIEN VISIBLE DE 65° N À 90° S

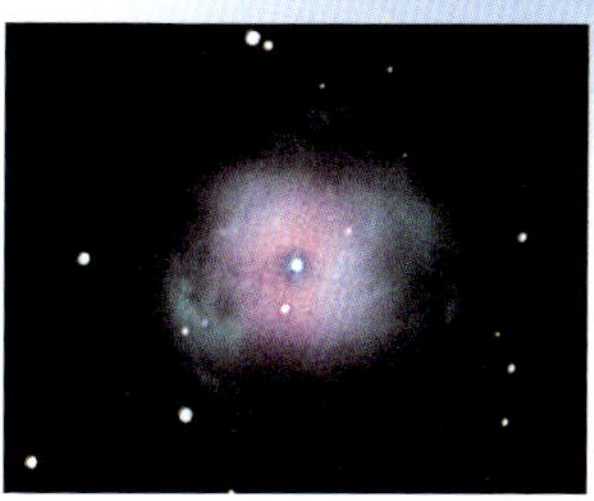

NGC 4361 est une nébuleuse planétaire peu lumineuse, dont on distingue la couleur pourpre avec les télescopes d'amateur les plus grands.

***Le télescope spatial Hubble** a pris cette photo en haute résolution des noyaux des galaxies en interaction, NGC 4038 et NGC 4039.*

NOM	DESCRIPTION	MAGN.
ALCHIBA (α)	*Étoile blanche de la séquence principale (F0), à 48 al.*	4,0
β	*Géante jaune (G5), à 140 al.*	2,7
GIENAH (γ)	*Géante bleue/blanche (B8), à 165 al.*	2,6
ALGORAB (δ)	*Bleue/blanche et faible compagne violacée (B9), à 88 al.*	3,0 + 9,2
LES ANTENNES (NGC 4038 + 4039)	*Galaxies spirales en interaction, à 45 millions d'al. Requiert un télescope de 150 mm d'ouverture pour l'observation.*	10,7
NGC 4361	*Nébuleuse planétaire, à 2 500 al. Télescope pour voir les détails.*	10,3

Omega (ω) Centauri (NGC 5139) apparaît comme une tache de plus de 0,5 degré. Ses étoiles sont séparables avec des jumelles.

Le Centaure

Centauri (Cen)

Le Centaure représente Chiron, cet être mythique pourvu d'un buste d'homme et d'un corps de cheval, tué accidentellement par Hercule. Traversée par la Voie lactée, la constellation du Centaure propose de nombreuses cibles intéressantes. Notons Omega Centauri (NGC 5139), Alpha Centauri, Proxima Centauri et Centaurus A (NGC 5128). Bien qu'elle soit dotée d'une lettre grecque (ω), Oméga Centauri n'est pas une étoile mais le plus grand amas globulaire du ciel. L'étoile Alpha (α) est un système binaire (jaune et orange) d'une période de 80 ans ; Proxima Centauri est l'étoile la plus proche du Soleil. Centaurus A est une galaxie traversée par un trait de poussières visible dans de bons télescopes.

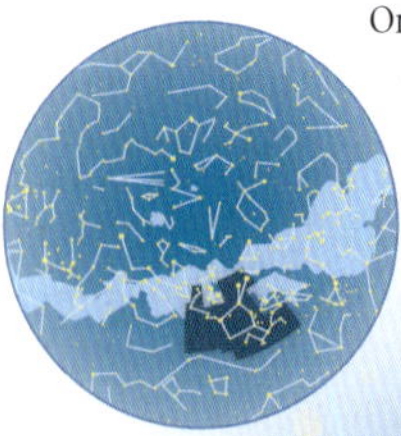

HÉMISPHÈRE CÉLESTE SUD

◁ LE LOUP 132

LE COMPAS 152 ▽

NOTE

Une ligne tracée de Alpha (α) à Bêta (β) Centauri mène à la Croix du Sud. Cela évite de la confondre avec la Fausse Croix formée par Iota (ι) et Êta (η) Carinae, et par Kappa (κ) et Delta (δ) Velorum.

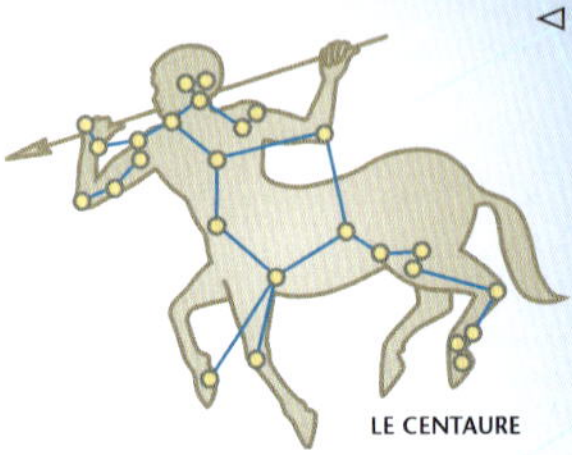

LE CENTAURE

NOM DES OBJETS	DESCRIPTION	MAGN.
OMEGA (ω) CENTAURI (NGC 5139)	*Le plus grand et le plus brillant amas globulaire, à 17 000 al. Visible à l'œil nu.*	3,7
NGC 3766	*Amas ouvert dispersé de 100 étoiles, à 5 500 al.*	5,3
LA PLANÉTAIRE BLEUE (NGC 3918)	*Nébuleuse planétaire à 3 200 al. Sa ressemblance avec Jupiter est visible aux jumelles.*	8,4
NGC 4945	*Galaxie spirale barrée à 13 millions d'al.*	8,4
CENTAURUS A (NGC 5128)	*Galaxie lenticulaire à 11 millions d'al. Visible aux jumelles. Observer la bande sombre de poussières exige un télescope.*	7,0
NGC 5460	*Grand amas ouvert de 40 étoiles, à 2 500 al.*	5,6

N. DES ÉTOILES	DESCRIPTION	MAGN.
RIGIL KENTAURUS (α)	*Double avec Proxima Centauri et une 3e compagne. (G2+ K1 + M5), à 4,4 al. La 3e étoile la plus brillante du ciel.*	- 0,01 + 1,3 + 11,0
AGENA (β)	*Géante bleue (B1), à 525 al.*	0,6
MENKENT (γ)	*Étoile double (A0), à 130 al. Séparable avec un grand télescope.*	2,9 + 2,9
δ	*Subgéante bleue/blanche (B2), à 395 al.*	2,6
ε	*Géante bleue/blanche (B1), à 375 al.*	2,3

***NGC 5128** est une radiosource nommée Centaurus A. Il s'agit sans doute de la collision d'une galaxie elliptique avec une galaxie spirale.*

***NGC 4945**, une spirale barrée, n'est pas visible à l'œil nu mais brille assez pour être repérée aux jumelles.*

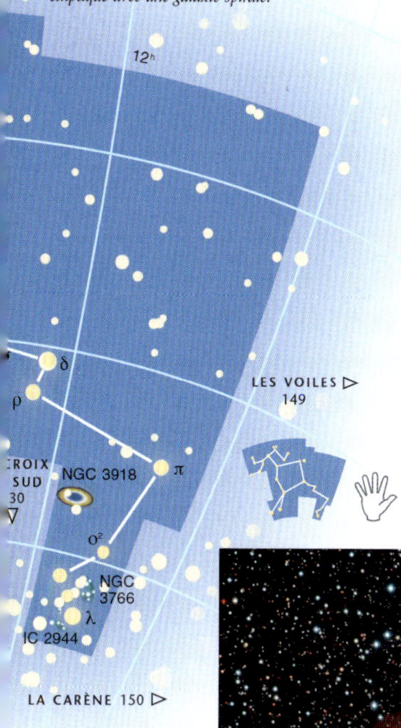

BIEN VISIBLE DE 25° N À 90° S

***NGC 3766** est un amas ouvert dispersé visible à l'œil nu. On l'observe bien avec des jumelles ou un petit télescope.*

La Croix du Sud

Crucis (Cru)

***La Boîte à bijoux**, NGC 4755, ou amas Kappa Crucis, est visible à l'œil nu. Des jumelles ou un petit télescope en dévoilent les joyaux.*

La plus fameuse constellation du ciel est facilement reconnaissable à sa forme en croix. Si les Grecs la situaient dans le Centaure, elle n'est devenue une constellation à part qu'à la fin du XVIe siècle. Sur le fond lumineux de la Voie lactée, une trouée sombre visible à l'œil nu au pied de la Croix a reçu le nom de Sac à charbon ; il s'agit d'une nébuleuse de gaz froids et de poussières interstellaires.

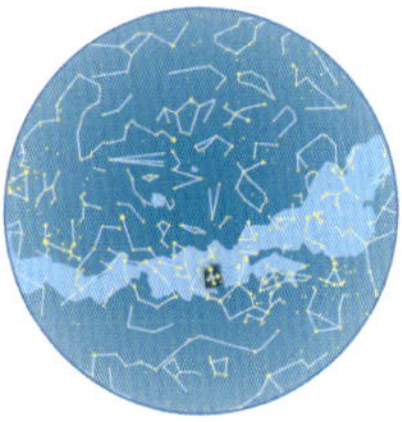

HÉMISPHÈRE CÉLESTE SUD

LA CROIX DU SUD

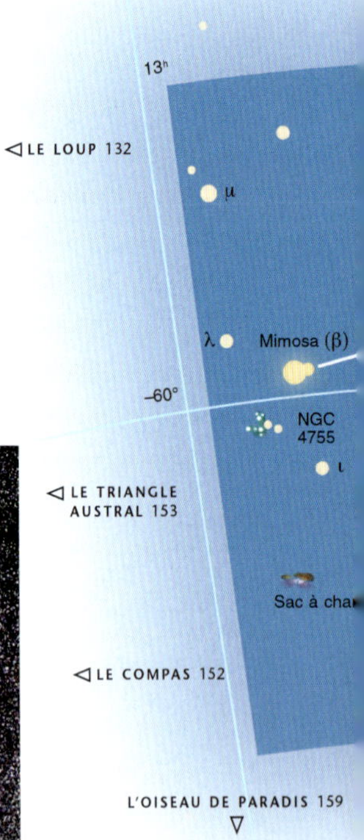

***Les quatre étoiles les plus brillantes** dessinent une croix caractéristique. Auprès des trois étoiles bleues/blanches, Gamma Centauri apparaît comme une géante rouge.*

NOM	DESCRIPTION	MAGN.
ACRUX (α)	*Système multiple (B0 + B0 + B4), à 321 al.*	*1,4 + 1,8*
MIMOSA (β)	*Géante bleue variable (B0), étoile double, à 352 al.*	*1,3 + 11,4*
GACRUX (γ)	*Géante rouge avec deux compagnes (M3), à 88 al.*	*1,6 + 6,7 + 9,5*
δ	*Bleue/blanche subgéante (B2), à 364 al.*	*2,8*
SAC À CHARBON	*Nébuleuse sombre à 550 al.*	
NGC 4103	*Amas ouvert de 50 étoiles, à 3 900 al.*	*7,4*
NGC 4349	*Amas ouvert de 30 étoiles, à 5 500 al. Au télescope.*	*7,4*
BOÎTE À BIJOUX (NGC 4755)	*Amas ouvert à 7 800 al. Observable aux jumelles ou avec un télescope à large champ.*	*4,2*

La constellation de la Croix *sert à repérer le pôle Sud céleste et la constellation de l'Octant. La Croix semble tourner autour de celle-ci durant la nuit.*

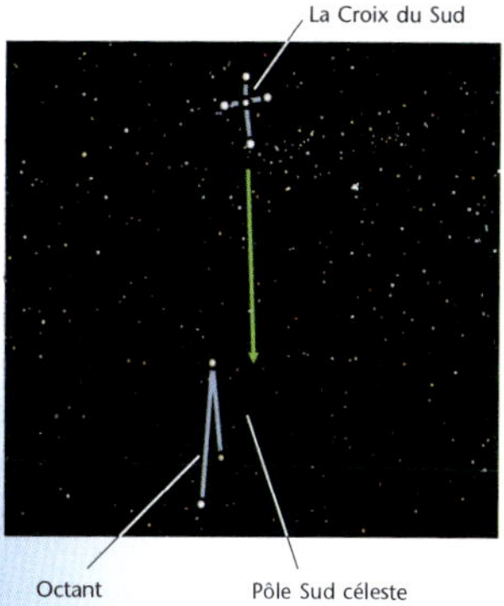

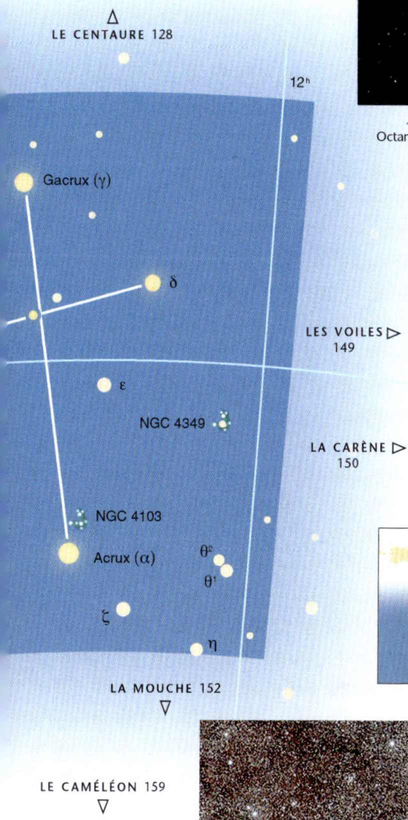

NOTE

La Croix était connue des anciens Grecs. Mais la précession, ce lent mouvement que fait la Terre sur son axe en 25 800 ans, l'a de nos jours amenée sous l'horizon par rapport à l'Europe.

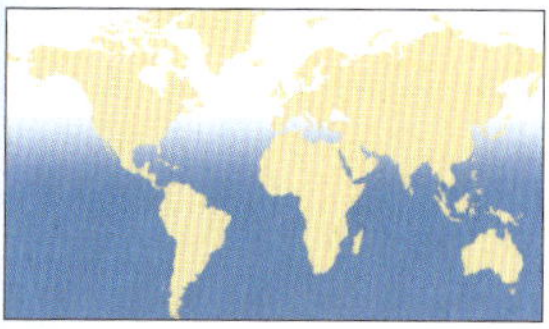

BIEN VISIBLE DE 25° N À 90° S

Le Sac à charbon, *une nébuleuse sombre, se détache sur le fond lumineux de la Voie lactée. Ce « vide » d'environ 6 degrés est sans doute la nébuleuse sombre la plus proche de la Terre.*

Le Loup

Lupi (Lup)

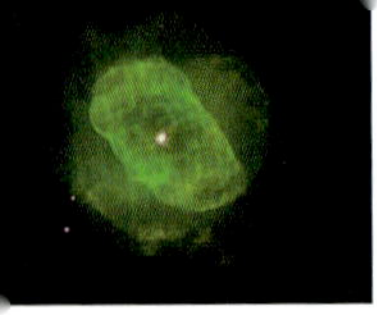

NGC 5882, une nébuleuse planétaire, est montrée ici dans un halo d'oxygène ionisé. Sans filtre, la nébuleuse apparaît plutôt bleutée.

Cette ancienne constellation dépourvue d'étoiles brillantes représentait pour les Anciens, grecs puis romains, un loup transpercé par la lance du Centaure. Proche de la Voie lactée, le Loup abrite de nombreux objets du ciel profond accessibles aux instruments d'amateur. On y trouve également plusieurs étoiles doubles, séparables avec un petit télescope.

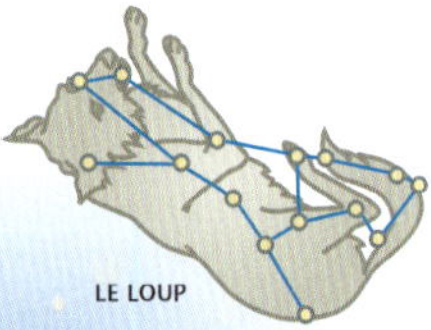

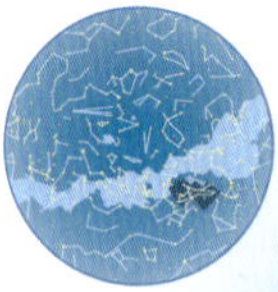

HÉMISPHÈRE CÉLESTE SUD

BIEN VISIBLE DE 34° N À 90° S

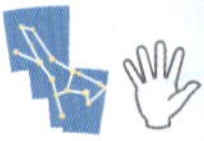

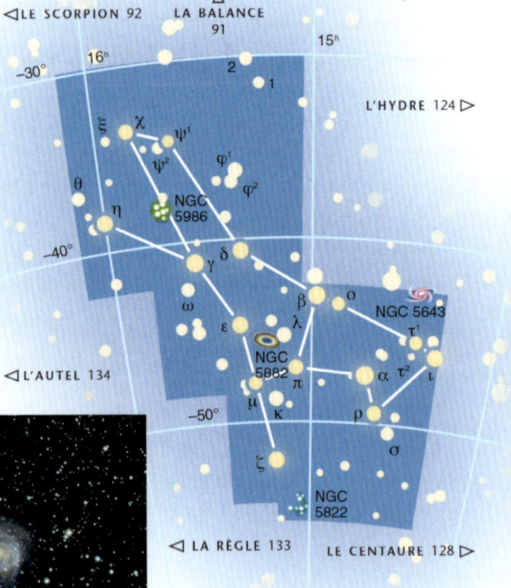

NGC 5643 est une galaxie peu brillante et il faut un télescope pour l'observer en détail. Son noyau est une source de rayons X.

NOM	DESCRIPTION	MAGN.
α	*Géante bleue (B1), à 548 al.*	2,3
β	*Géante bleue (B2), à 524 al.*	2,7
γ	*Bleue/blanche avec une très faible compagne (B2), à 570 al.*	2,8
δ	*Géante bleue (B1), à 510 al.*	3,2
ε	*Géante bleue (B2), à 504 al.*	3,4
ζ	*Jaune de la séquence principale (G8), à 116 al.*	3,4
η	*Étoile double (B2), à 492 al. Difficiles à séparer.*	3,4 + 7,9
κ	*Étoile double (B9 + A0), à 188 al. Aisément séparables.*	3,9 + 5,7
μ	*Étoile multiple (B8), à 290 al. Aisément séparables.*	4,3 + 6,9
NGC 5643	*Spirale barrée de face, peu lumineuse, à 47 millions d'al.*	10,7
NGC 5882	*Nébuleuse planétaire, à 5 500 al. Visible au petit télescope.*	10,5
NGC 5986	*Amas globulaire, à 34 000 al.*	7,1

La Règle

Normae (Nor)

Initialement nommée Norma et Regula, l'Équerre et la Règle, cette constellation a été répertoriée au XVIIIe siècle par Nicolas Louis de La Caille. Elle n'a pas d'étoile Alpha ni Bêta, car celles-ci ont été absorbées par le Scorpion lorsque ses limites ont été modifiées. Avec la Voie lactée en toile de fond, la Règle est assez riche en objets du ciel profond que l'on peut « balayer » avec une paire de jumelles, même si ses étoiles peu brillantes se perdent sur un fond très étoilé.

NGC 6067, un petit amas ouvert dispersé auprès de l'étoile Kappa, est observable avec des jumelles.

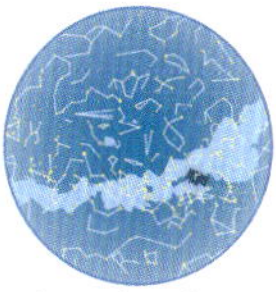

HÉMISPHÈRE CÉLESTE SUD

BIEN VISIBLE DE 29° N À 90° S

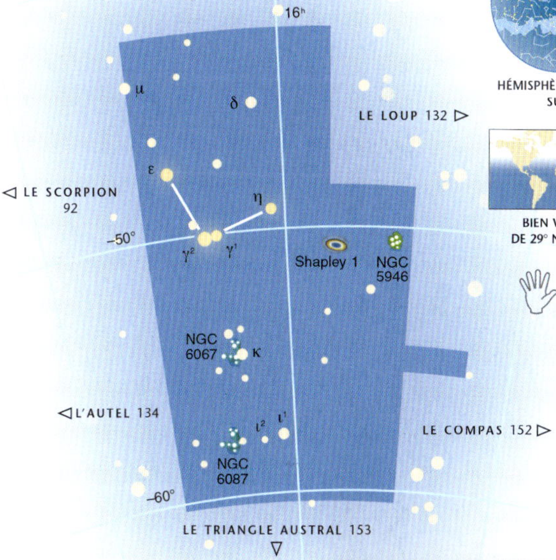

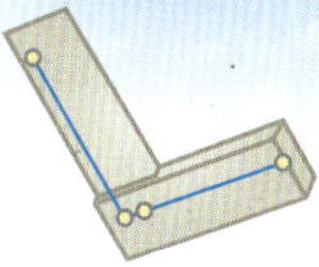

L'ÉQUERRE

NOTE

La Règle ou Équerre est formée par un trio d'étoiles peu lumineuses disposées en angle droit, mais difficiles à repérer dans le champ étoilé environnant.

Shapley 1 est une nébuleuse planétaire difficile à voir, même avec un grand télescope.

NOM	DESCRIPTION	MAGN.
γ	*Double visuelle (F9 + G8), à 1 400 + 92 al.*	4,9 + 4,0
δ	*Étoile bleue/blanche (A0), à 125 al.*	4,7
ε	*Étoile binaire (B3 + A0), période de 13 ans, à 400 al.*	4,8 + 7,5
NGC 5946	*Amas globulaire, à 36 000 al. Avec un télescope de 100 mm.*	9,6
NGC 6067	*Amas ouvert dispersé, à 6 800 al. Bien visible aux jumelles.*	5,6
NGC 6087	*Amas ouvert dispersé d'environ 40 étoiles,à 3 000 al. Bien visible aux jumelles. Contient S Normae, une supergéante jaune.*	5,4

NGC 6397, pris ici par le HST, est l'un des amas globulaires les plus proches du Soleil.

L'Autel

Arae (Ara)

Il s'agirait ici de l'autel sur lequel les Grecs ont fait serment d'allégeance avant leur combat contre les Titans. Dans cette région où la Voie lactée est si dense (et si belle), l'Autel contient de nombreux amas ouverts accessibles aux astronomes amateurs. Perdues dans la nébulosité qui nimbe la constellation, ses nébuleuses sont en revanche plus difficiles à voir.

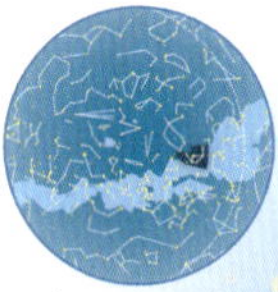

HÉMISPHÈRE CÉLESTE SUD

BIEN VISIBLE DE 22° N À 90° S

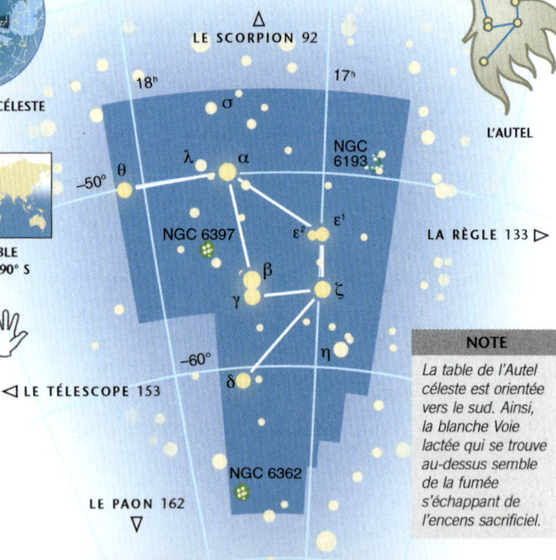

NOTE

La table de l'Autel céleste est orientée vers le sud. Ainsi, la blanche Voie lactée qui se trouve au-dessus semble de la fumée s'échappant de l'encens sacrificiel.

NGC 6362, un amas globulaire compact et lumineux, est repéré avec un télescope et exige une grande ouverture pour son observation détaillée.

NGC 6193, un amas ouvert, est visible ici, associé à une nébulosité qui se révèle mieux à l'astrophotographie à longue pose.

NOM	DESCRIPTION	MAGN.
α	Étoile bleue/blanche (B2), à 241 al.	2,8
β	Supergéante orange (K3), à 600 al.	2,8
γ	Supergéante bleue, deux faibles compagnes (B1), à 1 140 al.	3,3 + 10,3 + 12,0
δ	Étoile bleue/blanche (B8), à 186 al.	3,6
ζ	Géante orange (K5), à 574 al.	3,1
η	Géante orange (K5), à 313 al.	3,8
NGC 6193	Petit amas ouvert de 30 étoiles, à 4 560 al.	5,2
NGC 6362	Amas globulaire à 23 000 al.	8,3
NGC 6397	Amas globulaire à 6 500 al. Aux jumelles.	5,8

La Couronne australe

Coronae Australis (CrA)

C'est l'astronome grec Ptolémée qui, au IIe siècle apr. J.-C., a catalogué cette constellation comme étant un diadème, une Couronne australe. Elle représente la couronne que Bacchus plaça dans le ciel après avoir délivré sa mère des profondeurs infernales. La constellation étant située sur le bord de la Voie lactée, ses objets du ciel profond sont obscurcis par les gaz et les poussières de notre galaxie.

NGC 6541 est un amas globulaire dont on ne peut séparer les étoiles qu'avec un télescope de 150 mm.

Régions de nébuleuses à réflexion, *NGC 6726, NGC 6727 et NGC 6729 sont proches de l'amas globulaire NGC 6723, qui apparaît sur cette photo près de la constellation du Sagittaire.*

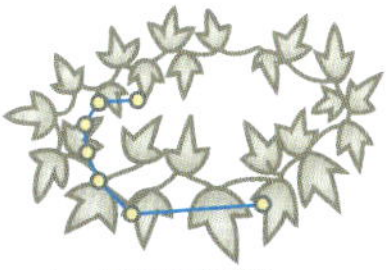

LA COURONNE AUSTRALE

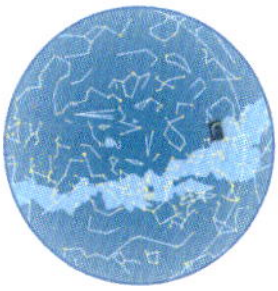

HÉMISPHÈRE CÉLESTE SUD

BIEN VISIBLE DE 44° N À 90° S

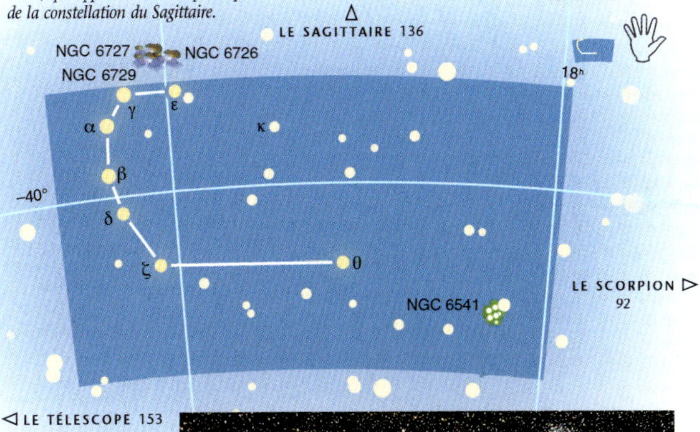

Photo à large champ *de la région nord-ouest de la Couronne australe. Les parties sombres sont des nuages de poussières stellaires bloquant la lumière des étoiles.*

NOM	DESCRIPTION	MAGN.
α	Étoile bleue/blanche de la séquence principale (A2), à 130 al.	4,1
β	Géante orange (K0), à 510 al.	4,1
γ	Binaire jaune/blanche (F7), période de 122 ans, à 85 al.	4,8 + 5,1
δ	Géante orange (K1), à 175 al.	4,6
ε	Binaire à éclipse, période de 14 heures (K5), à 98 al.	4,7 – 5,0
κ	Double visuelle (B8 + B9), à 1 700 + 490 al.	5,9 + 6,5
NGC 6541	Amas globulaire, à 22 000 al. Visible au petit télescope.	6,7
NGC 6726 + NGC 6727 + NGC 6729	Nébuleuses avec une faible luminosité, à 420 al. Visible dans des instruments de grande ouverture.	7,2

La nébuleuse de la ***Lagune*** *(M8) s'étale sur 1,5 degré. Un télescope dévoile le rai de poussière interstellaire qui la coupe en deux.*

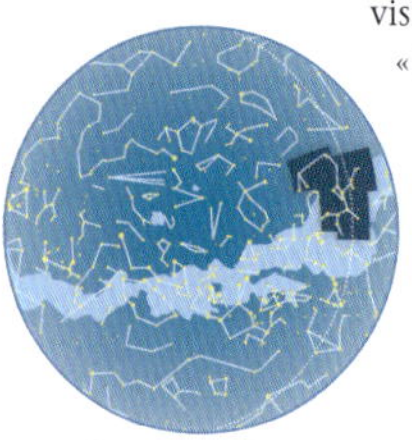

HÉMISPHÈRE CÉLESTE SUD

Le Sagittaire

Sagittarii (Sgr)

Le Sagittaire figure le mythique Centaure tenant devant lui son arc armé d'une flèche. Cela n'empêche pas les Anglo-Saxons d'y voir plutôt une sorte de théière avec son bec verseur. En regardant en direction du Sagittaire, nous dirigeons notre regard vers le centre de la galaxie situé à environ 26 000 al. De ce fait, bien qu'il soit souvent visible à l'œil nu, c'est une expérience inoubliable de « balayer » le Sagittaire avec une paire de jumelles. En outre, cette constellation contient plusieurs régions de nébulosités, cibles des astrophotographes.

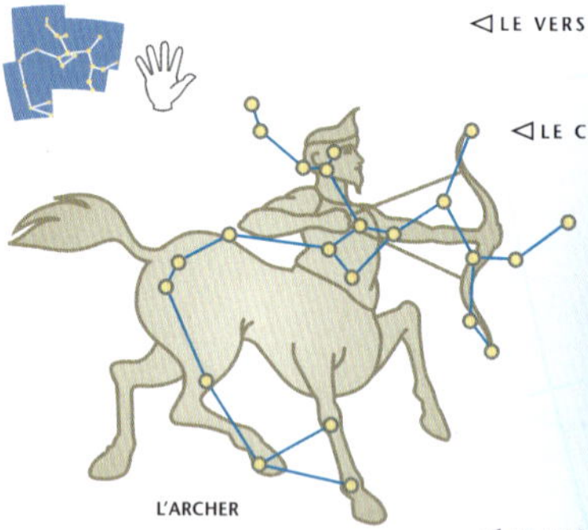

L'ARCHER

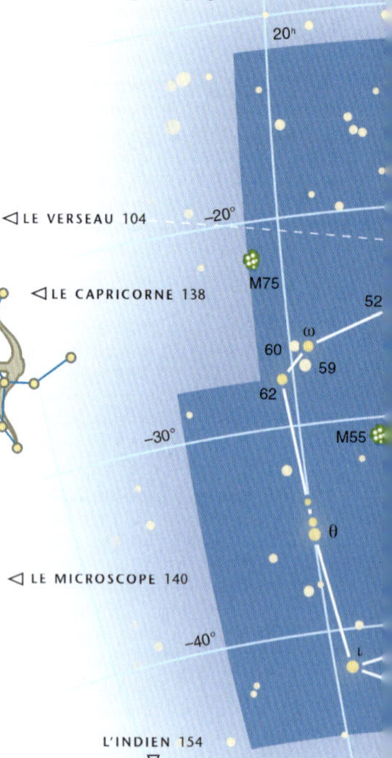

Le Nuage du Sagittaire *(M24) est un poudroiement d'étoiles admirable aux jumelles. C'est l'un des endroits visibles à l'œil nu les plus brillants de la Voie lactée.*

NOM DES OBJETS	DESCRIPTION	MAGN.
LA LAGUNE (M8)	*Nébulosité à 5 000 al. Vis. à l'œil nu ; à voir aux jumelles.*	6,0
NÉB. OMÉGA (M17)	*Nébuleuse à 4 000 al. Aux jumelles ou au petit télescope.*	7,0
LA TRIFIDE (M20)	*Nébuleuse à 5 000 al. Avec un petit télescope.*	7,6
M21	*Amas ouvert de 70 étoiles, à 4 000 al.*	5,9
M22	*Amas globulaire à 10 000 al. Télescope nécessaire.*	5,0
M23	*Amas ouvert dispersé à 2 100 al. Visible aux jumelles.*	5,5
NUAGE DU SAGITTAIRE (M24)	*Grand champ d'étoiles visibles aux jumelles.*	4,6

NOM DES ÉTOILES	DESCRIPTION	MAGN.
RUKBAT (α)	*Étoile bleue/blanche de la séquence principale (B8), à 170 al.*	*4,0*
ARKAB (β)	*Double visuelle à l'œil nu (B8), à 378 + 139 al.*	*4,0 + 4,3*
ALNASL (γ)	*Géante orange (K0), à 96 al.*	*3,0*
KAUS MEDIA (δ)	*Géante orange (K2), à 306 al.*	*2,7*
KAUS AUSTRALIS (ε)	*Géante bleue/blanche (B9), à 145 al. La plus brillante du Sgr.*	*1,8*
ASCELLA (ζ)	*Binaire à courte période (A3 + A3), 21,1 ans, à 120 al.*	*3,2 + 3,4*
η	*Variable rouge/orange et compagne blanche (M3), à 390 al.*	*3,2 + 7,8*

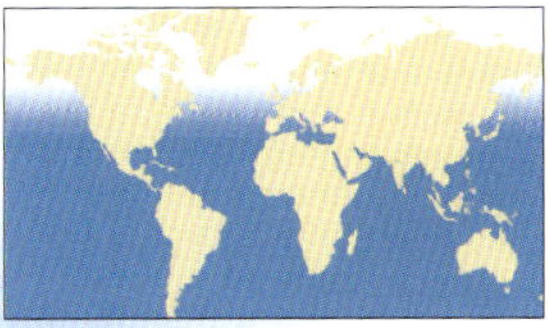

BIEN VISIBLE DE 44° N À 90° S

M22 est un amas globulaire visible à l'œil nu par nuit sombre. C'est le 3e plus brillant du ciel. Il faut un télescope pour résoudre ses étoiles.

***La nébuleuse Oméga** (M17) est aussi connue sous le nom du Fer à cheval ou du Cygne. On distingue sa forme aux jumelles, mais un télescope révèle ses détails.*

Le Capricorne

Capricorni (Cap)

Les étoiles du Capricorne *apparaissent sur cette photo. L'étoile blanche à gauche est Delta, dite Deneb Algedi. L'orange vers le bas est Oméga.*

On retrouve mention d'une chèvre-poisson dans des tablettes babyloniennes datant de 3000 av. J.-C., ce qui fait du Capricorne la plus ancienne constellation connue. Selon une légende grecque, il s'agirait du dieu Pan qui, attaqué par le monstre Typhon, se serait jeté à l'eau pour lui échapper, transformant le bas de son corps en poisson. Le Capricorne ne contient pas d'objets intéressants pour l'astronome amateur, exception faite de l'amas globulaire M30, dont de nombreuses étoiles se répandent loin de son centre très dense.

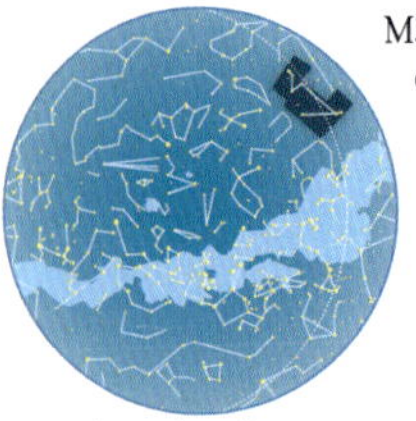

HÉMISPHÈRE CÉLESTE SUD

BIEN VISIBLE DE 62° N À 90° S

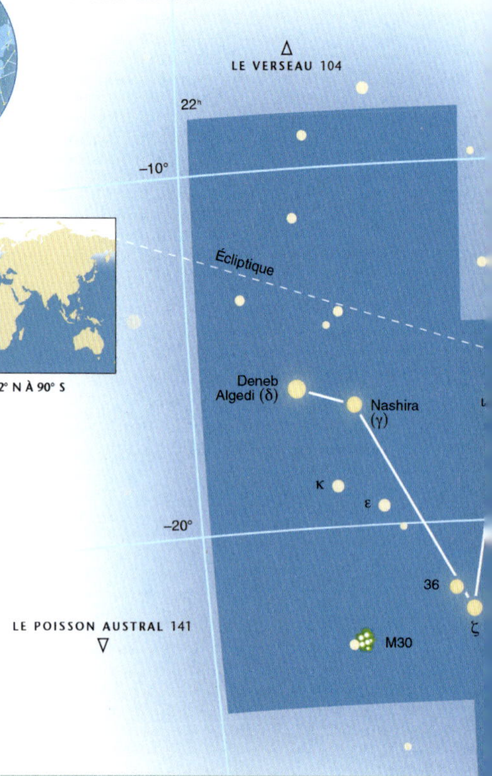

NOTE

La pluie de météorites des Alpha Capricornides survient entre le 15 juillet et le 1er septembre, avec un maximum vers le 1er août d'environ 14 météores (de magnitude 2) par heure.

NOM	DESCRIPTION	MAGN.
ALGEDI (α^1)	*Double visuelle avec Alpha (α^2), supergéante jaune (G3), à 690 al. Compagne visible au petit télescope.*	4,3 + 9,2
ALGEDI (α^2)	*Double visuelle (G6) avec Alpha, compagne également double.*	3,6 + 11,0
DABIH (β)	*Géante jaune et compagne bleue/blanche de la séquence principale (K0), à 340 al. Séparables aux jumelles.*	3,1 + 6,1
NASHIRA (γ)	*Géante blanche (A7), à 140 al.*	3,7
DENEB ALGEDI (δ)	*Binaire à éclipses (A7), période de 24,5 heures, à 39 al.*	2,9 – 3,1
ε	*Bleue/blanche de la séquence principale (B3), à 660 al.*	4,5
M30	*Amas globulaire, à 30 000 al.*	7,5

M30 est un amas globulaire repérable aux jumelles ou avec un petit télescope. Un grand télescope révèle des chaînes d'étoiles au nord de l'amas.

LA CHÈVRE MARINE

Le Microscope

Microscopii (Mic)

NGC 6925, une spirale lointaine, est vue presque par la tranche. Son observation détaillée requiert un grand télescope.

Répertorié au XVIIIe siècle par l'astronome français Nicolas Louis de La Caille, le Microscope est une constellation insignifiante. Ses galaxies sont trop peu lumineuses pour les instruments d'amateurs, à l'exception de la galaxie NGC 6925, de magnitude 11,3, dont la forme apparaît dans un télescope de 150 mm d'ouverture.

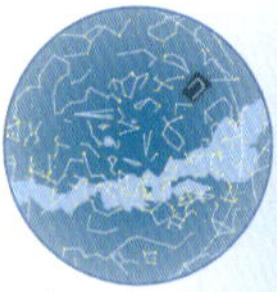

HÉMISPHÈRE CÉLESTE SUD

BIEN VISIBLE DE 45° N À 90° S

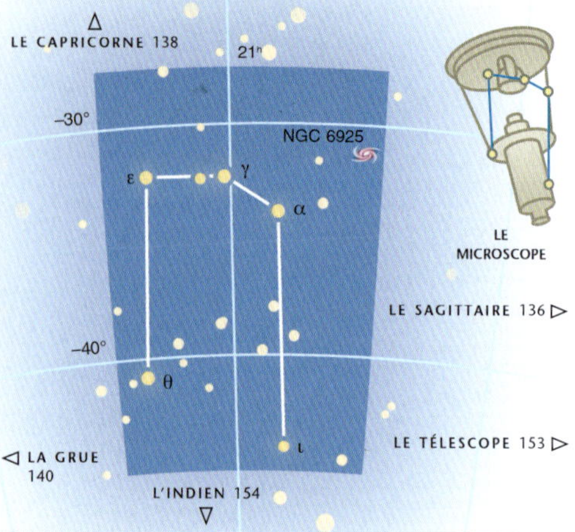

La Grue

Gruis (Gru)

NGC 7582, une spirale barrée sur la droite de l'image, exige un télescope de grande ouverture pour livrer ses détails.

Gruis a été identifiée au XVIe siècle par deux navigateurs hollandais, P. Dirkszoon Keyzer et Frederick de Houtman, et représente une grue. Située hors du plan galactique, la constellation ne comprend pas d'amas ouverts ni de nébulosités. Ses trois galaxies sont inaccessibles aux télescopes d'amateurs. Son étoile la plus brillante est Alpha Alnair, de magnitude 1,7.

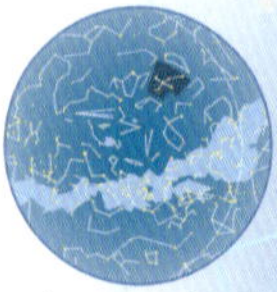

HÉMISPHÈRE CÉLESTE SUD

BIEN VISIBLE DE 33° N À 90° S

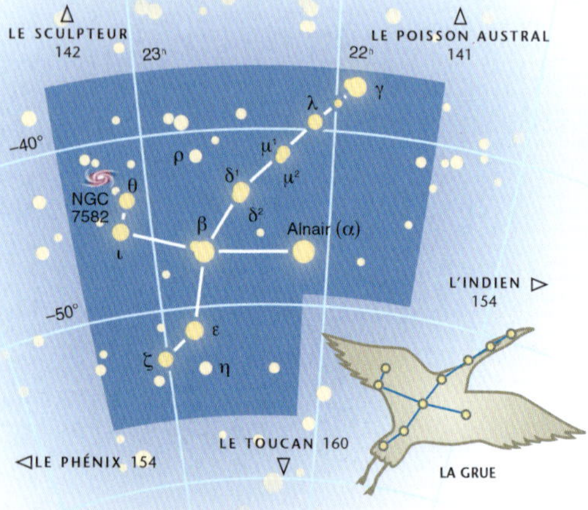

Le Poisson austral

Piscis Austrini (PsA)

Figurant un poisson s'abreuvant à la jarre du Verseau, le Poisson austral était déjà catalogué du temps de Ptolémée, au IIe siècle. On considère ce poisson comme le parent des deux poissons de la constellation des Poissons. La constellation du Poisson austral est dénuée d'amas stellaires ou de nébuleuses. Les galaxies qu'elle contient sont inaccessibles aux instruments d'amateur, hormis NGC 7314, une galaxie spirale qui doit être observée avec un télescope de 200 mm d'ouverture. Son étoile la plus brillante est Fomalhaut (Alpha) qui, avec sa magnitude de 1,2, se range parmi les vingt étoiles les plus brillantes du ciel. Bêta et Gamma sont deux étoiles doubles.

NGC 7314 est une galaxie spirale au noyau actif. Elle apparaît comme une tache blanchâtre au télescope de 150 mm.

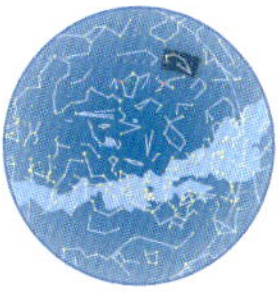

HÉMISPHÈRE CÉLESTE SUD

BIEN VISIBLE DE 53° N À 90° S

NOTE

Au nord du Poisson austral se trouve le Verseau, qui verse l'eau de sa jarre dans la bouche du poisson. Cette bouche est marquée par l'étoile Fomalhaut, qui signifie « bouche de poisson » en arabe.

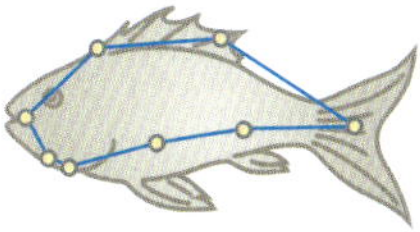

LE POISSON AUSTRAL

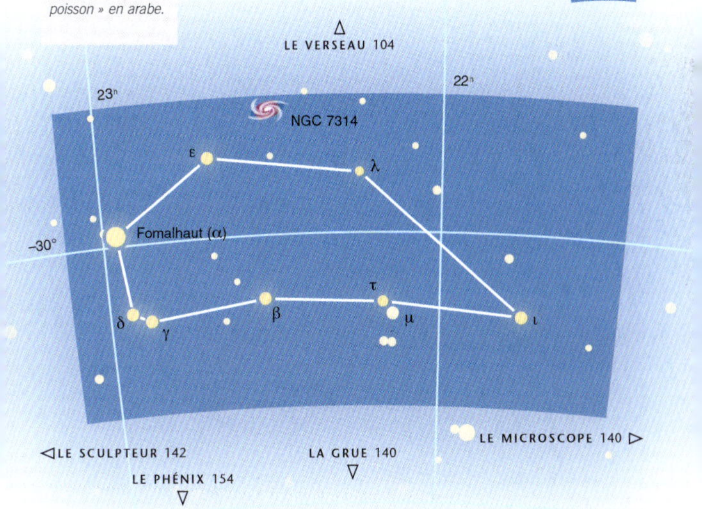

NOM	DESCRIPTION	MAGN.
FOMALHAUT (α)	*Étoile bleue/blanche de la séq. principale (A3), à 25 al. Posséderait un système planétaire en formation.*	1,2
β	*Peut-être un système binaire (A0), à 148 al.*	4,9 + 7,9
γ	*Subgéante et compagne naine (B9 + F5), à 222 al. Peu accessible aux petits télescopes.*	4,5 + 8,0
δ	*Étoile géante et compagne naine (G7 + G5), à 170 al.*	4,2 + 9,9
NGC 7314	*Galaxie spirale à 75 millions d'al. Au grand télescope.*	10,9

Le Sculpteur

Sculptoris (Scl)

*La galaxie du **Sculpteur** (NGC 253) est également connue sous le nom de la Pièce d'argent. Son observation nécessite un grand télescope.*

Cette constellation répertoriée par Nicolas Louis de La Caille vers 1750 est insignifiante, aucune de ses étoiles ne dépassant la magnitude 4,3. En outre, la direction dans laquelle pointe le Sculpteur sort du plan galactique pour aller vers le pôle Sud galactique dénué de gaz ou de poussières interstellaires et d'étoiles. Les galaxies qu'elle contient sont inaccessibles à l'astronomie amateur.

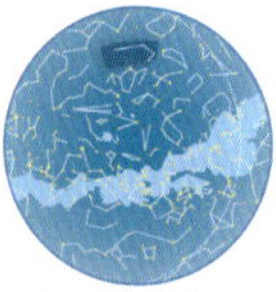

HÉMISPHÈRE CÉLESTE SUD

BIEN VISIBLE DE 50° N À 90° S

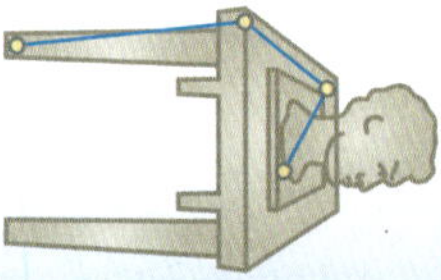

LE SCULPTEUR

***NGC 288** est un amas globulaire peu dense qui apparaît telle une tache floue au télescope de 100 mm. Une plus grande ouverture permet d'individualiser ses étoiles.*

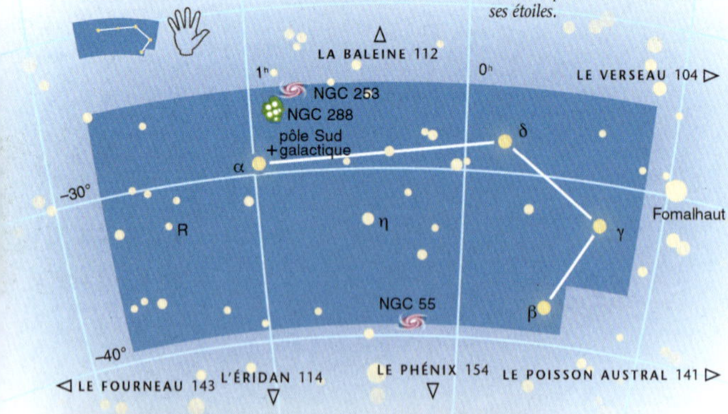

***NGC 55** est une galaxie plus faible que NGC 253, mais son allongement est tel qu'elle est visible avec des télescopes de petite ouverture.*

NOM	DESCRIPTION	MAGN.
α	*Étoile bleue/blanche géante (B7), à 672 al.*	4,3
β	*Bleue/blanche de la séq. principale (B9), à 178 al.*	4,4
γ	*Géante orange (G8), à 179 al.*	4,4
δ	*Bleue/blanche de la séq. principale (A0), à 143 al.*	4,6
NGC 55	*Spirale barrée vue par la tranche, à 5 millions d'al.*	8,2
GAL. DU SCULPTEUR (NGC 253)	*Proche galaxie spirale, à 9 millions d'al. Un petit télescope montre son élongation.*	7,1
NGC 288	*Amas globulaire à 27 000 al. Visible au petit télescope.*	8,1

Le Fourneau

Fornacis (For)

Répertoriée au XVIIIe siècle par Nicolas Louis de La Caille, qui lui avait donné le nom de Fourneau chimique, la constellation du Fourneau n'est pas riche en amas d'étoiles ou en nébuleuses. Elle contient cependant l'amas de galaxies du Fourneau, situé à 75 millions d'années-lumière. Ses galaxies les plus brillantes, NGC 1316 et NGC 1365, sont observables avec des instruments d'amateur.

La galaxie NGC 1097 est une radiosource, avec un noyau brillant et actif. Les grands télescopes révèlent ses bras spiraux.

LE FOURNEAU

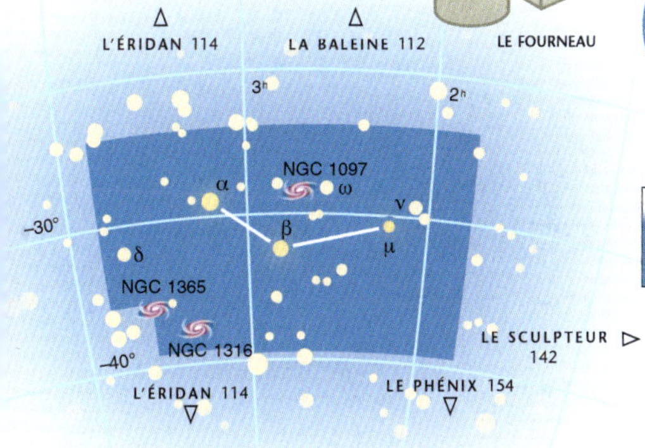

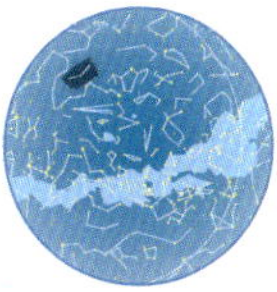

HÉMISPHÈRE CÉLESTE SUD

BIEN VISIBLE DE 50° N À 90° S

Le Burin

Caeli (Cae)

En découvrant l'hémisphère Sud, les navigateurs ont donné aux constellations les noms de leurs instruments : Boussole, Compas, etc. Le Burin n'a pas d'objets du ciel profond et son étoile principale Alpha est de magnitude 4,4.

La région du Burin, avec l'étoile blanche Alpha, au centre. La géante orange, à droite, est Alpha Horologii.

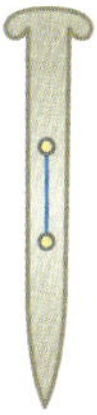

LE BURIN

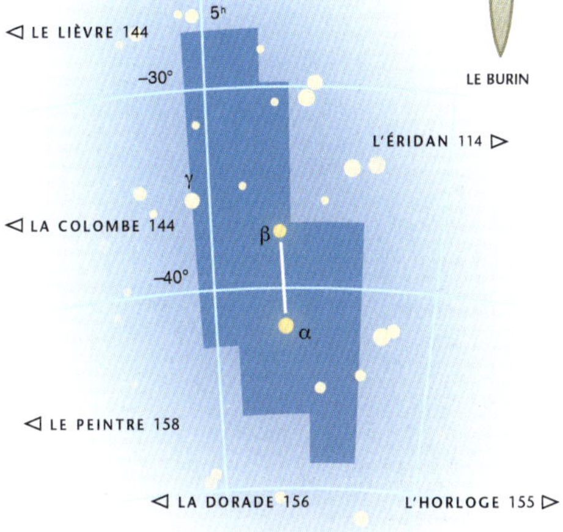

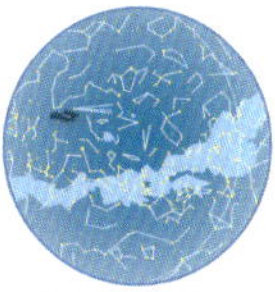

HÉMISPHÈRE CÉLESTE SUD

BIEN VISIBLE DE 41° N À 90° S

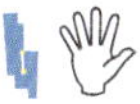

M79 est un amas globulaire d'environ 120 al de diamètre ; on peut le repérer aux jumelles.

Le Lièvre

Leporis (Lep)

Cette ancienne constellation australe représente un lièvre couché aux pieds d'Orion et pourchassé chaque nuit par Canis Major, le chien de chasse. Constellation peu brillante, le Lièvre contient quelques objets intéressants pour l'amateur, dont le brillant amas globulaire M79.

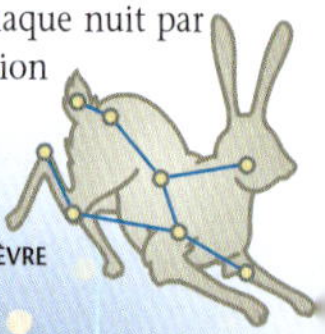

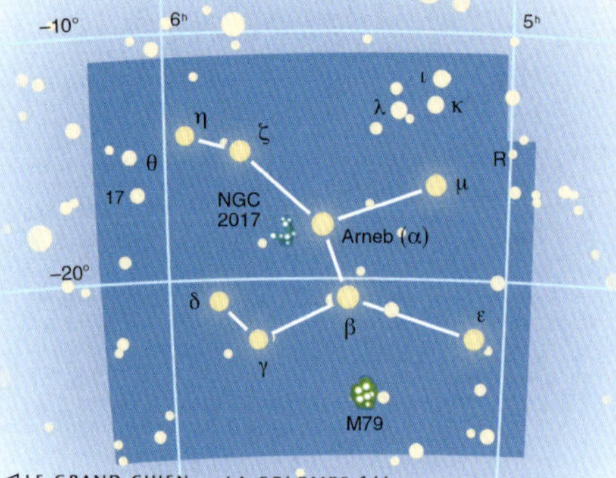

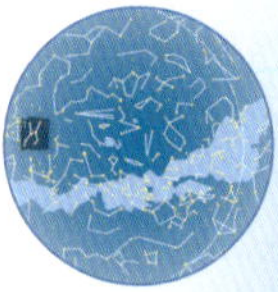

HÉMISPHÈRE CÉLESTE SUD

BIEN VISIBLE DE 62° N À 90° S

NGC 1792 est une galaxie spirale allongée dont un modeste télescope révèle les principaux détails.

La Colombe

Columbae (Col)

Repérée par le Hollandais Petrus Plancius en 1592, cette constellation figure la colombe lâchée depuis l'Arche par Noé. La Colombe, composée d'étoiles peu brillantes, ne contient guère d'objets du ciel profond accessibles à l'astronome amateur.

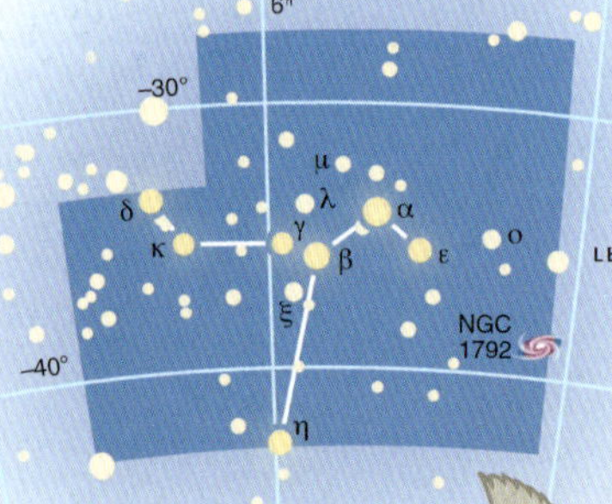

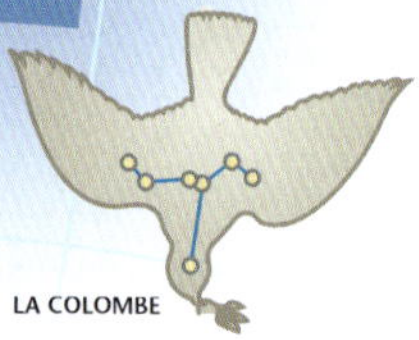

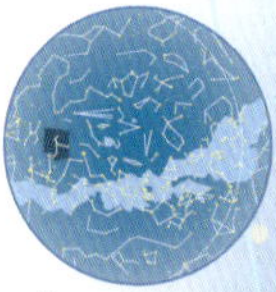

HÉMISPHÈRE CÉLESTE SUD

BIEN VISIBLE DE 46° N À 90° S

Le Grand Chien

Canis Majoris (CMa)

Cette constellation représente l'un des chiens d'Orion. Le Grand Chien contient Sirius, l'étoile la plus brillante du ciel et l'objet le plus lumineux depuis la Terre après le Soleil, la Lune, Jupiter, Vénus et Mars. L'hiver, Sirius trône chaque nuit dans le ciel de l'hémisphère Nord, puis se couche de plus en plus tôt ; en juillet, elle revient et se lève juste à l'aube. Pour les Égyptiens, ce moment marquait les crues du Nil et le commencement de leur année. Pour nous, c'est l'époque de la canicule, de *Canicula*, petite chienne.

***M41** était connue par les anciens Grecs. L'amas aurait 200 millions d'années.*

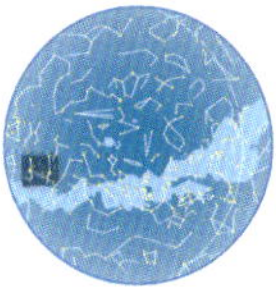

HÉMISPHÈRE CÉLESTE SUD

***NGC 2207** est une galaxie spirale. Un télescope de 150 mm révèle son noyau allongé. Elle a une galaxie compagne, IC 2163, déformée par sa présence.*

LE GRAND CHIEN

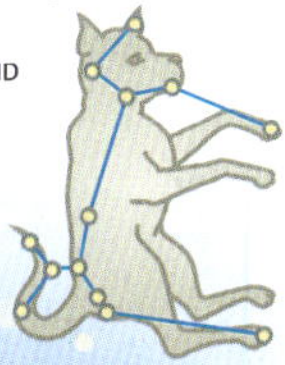

BIEN VISIBLE DE 56° N À 90° S

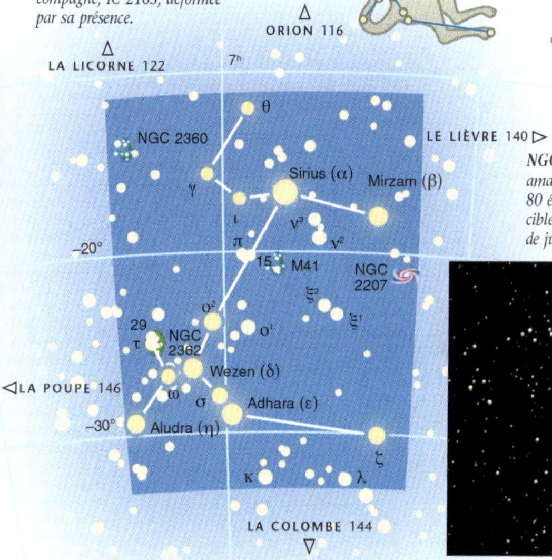

***NGC 2360** est un amas ouvert d'environ 80 étoiles. Une bonne cible pour une paire de jumelles.*

NOM	DESCRIPTION	MAGN.
SIRIUS (α)	*Binaire de la séquence principale et faible compagne naine blanche (A1), à 8,6 al.*	*– 1,47 + 8,4*
MIRZAM (β)	*Géante bleue (B1), à 500 al.*	*2,0*
γ	*Géante bleue/blanche (B8), à 402 al.*	*4,1*
WEZEN (δ)	*Supergéante blanche (F8), à 1 800 al.*	*1,8*
ADHARA (ε)	*Double (B2), à 430 al. Compagne visible avec un grand télescope.*	*1,5 + 7,4*
ζ	*Binaire spectroscopique et variable (B2), à 336 al.*	*3,0*
ALUDRA (η)	*Supergéante bleue très lumineuse (B5), à 3 200 al.*	*2,4*
M41	*Amas ouvert de 50 étoiles, à 2 300 al. À l'œil nu.*	*4,5*
NGC 2207	*Galaxie spirale à 114 millions d'al.*	*10,7*
NGC 2360	*Amas ouvert de 80 étoiles, à 3 700 al. Aux jumelles.*	*7,2*

La Poupe

Puppis (Pup)

Image à large champ *montrant les deux amas ouverts M46 et M47, visibles à l'œil nu, faibles taches sur le fond étoilé de notre galaxie.*

Initialement, il y avait une seule grande constellation, nommée le Navire des Argonautes (Argo Navis), que Nicolas Louis de La Caille avait divisée en trois parties au XVIIIe siècle : la Carène, les Voiles et la Poupe. De la sorte, les étoiles brillantes de la Poupe ne sont pas appelées Alpha, Bêta, etc., car elles appartiennent aujourd'hui à la Carène. Située sur la Voie lactée, la Poupe contient de nombreux champs d'étoiles et propose plus de 70 amas ouverts visibles avec des jumelles !

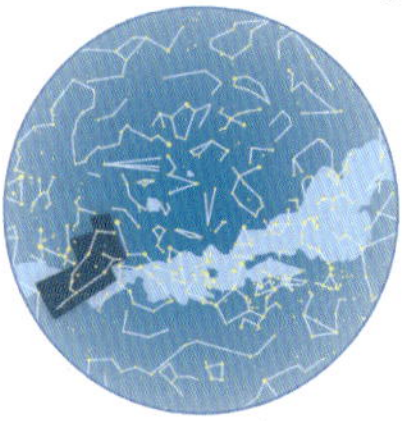

HÉMISPHÈRE CÉLESTE SUD

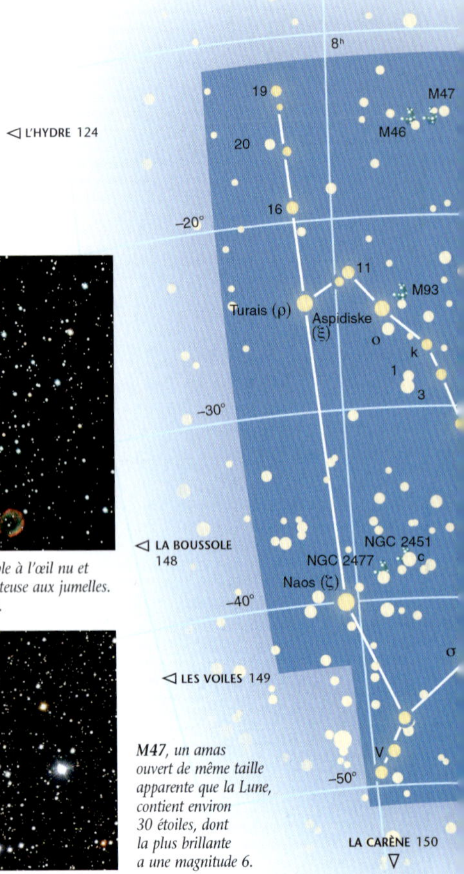

L'amas ouvert M46 *est visible à l'œil nu et apparaît comme une tache laiteuse aux jumelles. Un télescope sépare ses étoiles.*

M47*, un amas ouvert de même taille apparente que la Lune, contient environ 30 étoiles, dont la plus brillante a une magnitude 6.*

N. DES OBJETS	DESCRIPTION	MAGN.
M46	Amas ouvert de 100 étoiles faibles, à 5 500 al.	6,1
M47	Amas ouvert de 30 étoiles, à 1 500 al.	4,4
M93	Amas ouvert de 80 étoiles, à 3 600 al. Aux jumelles.	6,2
NGC 2451	Amas ouvert à 720 al. Aux jumelles.	3,7
NGC 2477	Amas ouvert à 4 200 al. Aux jumelles.	5,8

M93, un amas ouvert brillant de 80 étoiles, s'offre à une paire de jumelles. Les deux étoiles orange appartiennent à l'amas. Les étoiles les plus brillantes de M93, âgées d'environ 100 millions d'années, sont les géantes bleues.

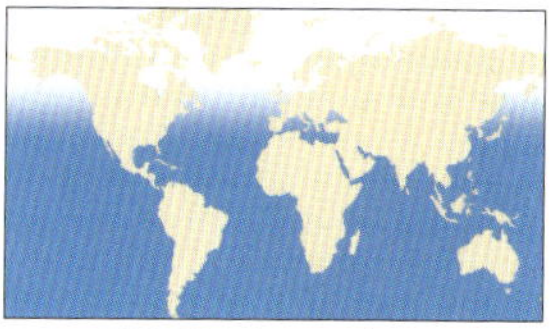

BIEN VISIBLE DE 39° N À 90° S

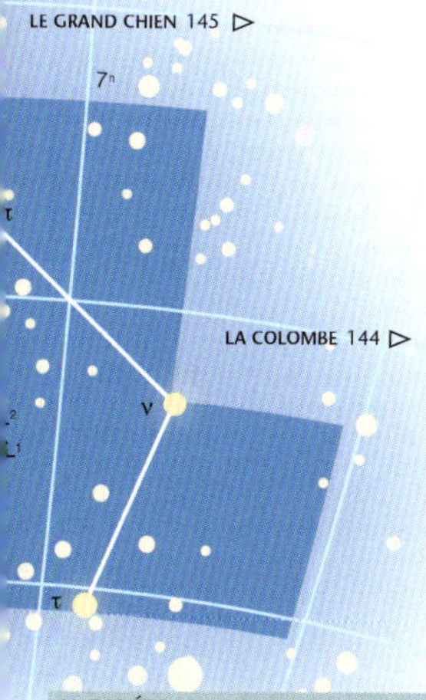

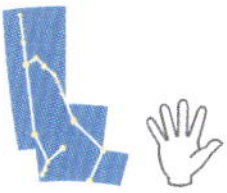

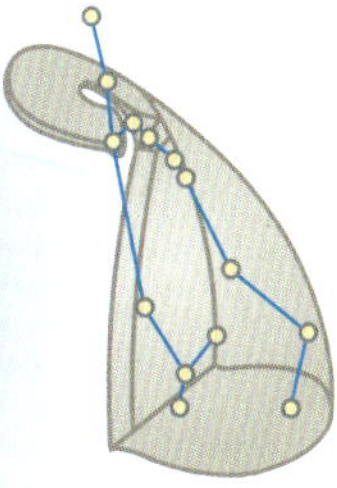

LA POUPE

NOTE

Les étoiles des trois parties de l'ancienne Argo Navis ont gardé leur lettre grecque propre. C'est pourquoi, dans la Poupe, la plus brillante se nomme Zêta (ou Naos) et non Alpha.

N. DES ÉTOILES	DESCRIPTION	MAGN.
NAOS / SUHAIL HADAR (ζ)	*Supergéante bleue/blanche (05), à 1 400 al. Une des plus lumineuses de notre galaxie. Immanquable à l'œil nu.*	2,2
ν	*Étoile bleue/blanche géante (B7), à 600 al.*	3,1
ASPIDISKE (ξ)	*Supergéante jaune (G3), à 1 300 al. Double visuelle de magnitude 5,3 visible aux jumelles.*	3,3
π	*Géante orange (K5), à 1 100 al.*	2,7
TURAIS (ρ)	*Jaune/blanche variable (K6), période de 3 h 23', à 63 al.*	2,8 – 3,0

NGC 2613 est une galaxie spirale barrée difficile à capter avec un instrument moyen, mais c'est un bon sujet d'astrophotographie à longue pose.

La Boussole

Pyxidis (Pyx)

C'est Nicolas Louis de La Caille qui, au XVIIIe siècle, introduisit cette Boussole parmi les constellations. Initialement, la Boussole appartenait au grand Navire Argo, découpé maintenant en trois parties (Poupe, Voiles, Carène). Pyxis ne présente pas d'objets du ciel profond accessibles aux amateurs.

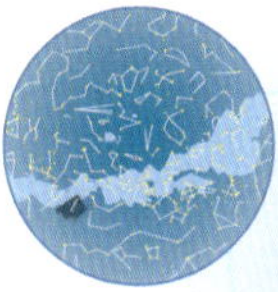

HÉMISPHÈRE CÉLESTE SUD

BIEN VISIBLE DE 52° N À 90° S

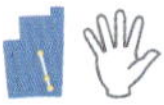

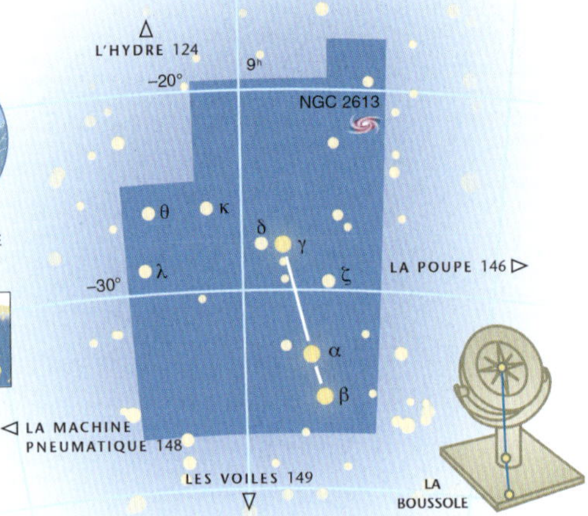

NGC 2997 est la plus brillante galaxie d'Antlia. Sa situation de face la rend observable avec un télescope moyen.

La Machine pneumatique

Antliae (Ant)

C'est encore Nicolas Louis de La Caille qui, après l'invention de la machine pneumatique par Robert Boyle, a eu l'idée de baptiser ainsi cette constellation, au XVIIIe siècle. Dépourvue d'étoiles remarquables ou d'objets du ciel profond accessibles aux instruments d'amateur, cette constellation contient un amas de galaxies, l'amas d'Antlia, dont certaines sont observables avec un grand télescope. Son étoile Alpha Antliae est une géante rouge de magnitude 4,3.

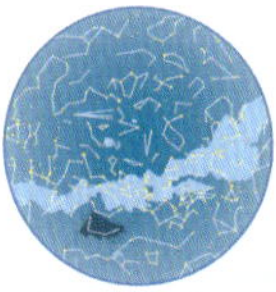

HÉMISPHÈRE CÉLESTE SUD

BIEN VISIBLE DE 49° N À 90° S

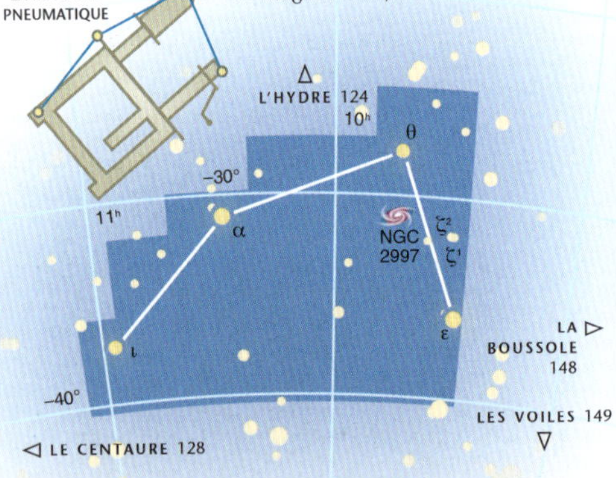

Les Voiles

Velorum (Vel)

Ces Voiles sont celles du Navire Argo (constellation originelle) utilisé par Jason et ses Argonautes pour conquérir la Toison d'or. Avec la Voie lactée en toile de fond, la constellation des Voiles propose plus de 40 amas stellaires et de nombreuses nébuleuses. Une grande part de ces objets est observable avec des instruments d'amateur et, surtout, se prête à l'astrophotographie à long temps de pose.

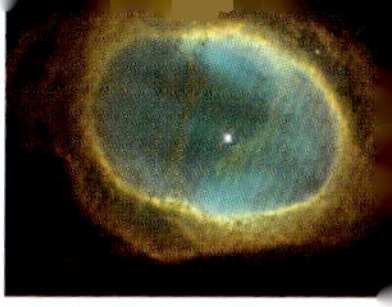

La nébuleuse Eight-Burst (NGC 3132), visible avec un télescope d'amateur, apparaît tel un disque semblable à celui de Jupiter dans une petite lunette.

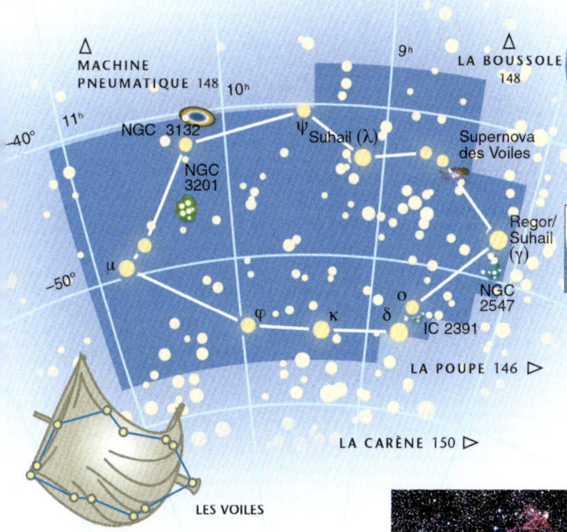

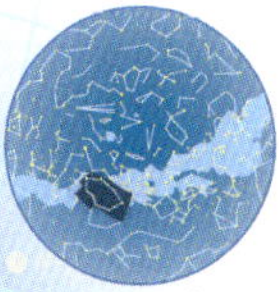

HÉMISPHÈRE CÉLESTE SUD

BIEN VISIBLE DE 32° N À 90° S

***NGC 3201**, un amas central, est repérable avec un petit télescope ; une plus grande ouverture résout ses étoiles.*

***La supernova des Voiles** est la plus grande nébuleuse, reste d'une supernova, visible à l'œil nu. L'explosion d'étoiles qui l'a produite remonte à 10 ou 12 000 ans.*

NOM	DESCRIPTION	MAGN.
REGOR / SUHAIL (γ)	*Deux géantes bleues/blanches (WC8 + 09), originellement une Wolf-Rayet, à 840 + 1 600 al. Séparables aux jumelles.*	1,8 + 4,3
δ	*Bleue/blanche de la séquence principale et faible compagne (A0) à 80 al. Détectable au télescope de 100 mm.*	1,9 + 5,1
κ	*Bleue/blanche de la séquence principale (B2), à 539 al.*	2,5
SUHAIL (λ)	*Supergéante orange (K5), à 573 al. Varie sur 0,2 de magn.*	2,2
SUPERNOVA DES VOILES	*Nébuleuse à 6 000 al.*	12
NÉB. EIGHT-BURST (NGC 3132)	*Nébuleuse planétaire à 2 600 al. Disque bien apparent avec un petit télescope.*	9,2
NGC 3201	*Amas globulaire à 17 000 al. Un télescope de 100 mm résout ses étoiles.*	6,8

La Carène

Carinae (Car)

Les Pléiades du Sud (IC 2602) est un amas étendu contenant 8 étoiles dont la plus brillante est Thêta (θ), une étoile naine.

La Carène est l'une des trois grandes parties de la constellation originelle du Navire Argo que l'astronome français Nicolas Louis de La Caille a découpée au XVIIIe siècle. Traversée par les méandres lumineux de la Voie lactée, cette constellation contient de nombreux amas et champs d'étoiles qui sont autant de cibles idéales aux jumelles. On y trouve, entre autres, l'étoile variable Êta, entourée par la nébuleuse Êta Carinae, une région brillante de gaz. Les variations de Êta (η) de la Carène sont telles qu'elle a atteint, en 1843, une magnitude de - 0,8, devenant ainsi la seconde étoile la plus brillante du ciel après Sirius. Aujourd'hui, sa magnitude est tombée à 5 et l'étoile apparaît davantage comme une tache orange que comme un point bien précis.

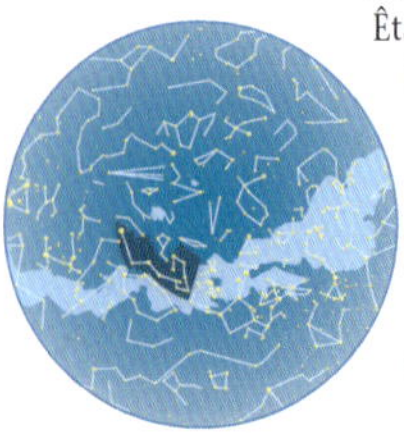

HÉMISPHÈRE CÉLESTE SUD

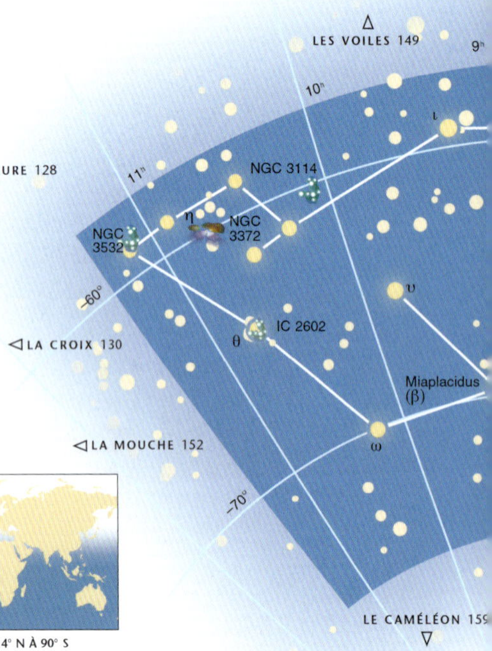

NOTE

La Carène représente la quille et la coque du navire construit pour Jason par le fameux armateur Argus qui, par orgueil, lui a donné son nom. Le bout de la rame de gouvernail est marqué par l'étoile Canopus.

BIEN VISIBLE DE 14° N À 90° S

NOM DES OBJETS	DESCRIPTION	MAGN.
NGC 2516	*Grand et brillant amas ouvert de 100 étoiles, à 13 000 al. Géante rouge au centre visible au petit télescope.*	3,8
NGC 3114	*Amas ouvert à 28 000 al. Avec des jumelles.*	4,2
NÉB. ÊTA CARINAE (NGC 3372)	*Brillante nébuleuse diffuse, à 10 200 al. Visible à l'œil nu, mais les détails ne sont vus qu'aux jumelles.*	1,0
NGC 3532	*Amas ouvert de 150 étoiles, avec des géantes orange, 13 000 al.*	3,0
PLÉIADES DU SUD (IC 2602)	*Amas ouvert large et brillant, à 479 al. Visible à l'œil nu.*	2,7

N. DES ÉTOILES	DESCRIPTION	MAGN.
CANOPUS (α)	*Supergéante blanche (F0), à 313 al. 2e plus brillante du ciel.*	*– 0,6*
MIAPLACIDUS (β)	*Étoile bleue/blanche (A0), à 111 al.*	*1,7*
AVIOR (ε)	*Géante orange (B7), à 630 al.*	*1,9*
η	*Bleue variable (F5), à 7 500 al. Quatre millions de fois plus brillante que le Soleil.*	*5,0*
θ	*Bleue/blanche (B0), à 479 al. La plus brillante de IC 2602.*	*2,7*

NGC 3532 est un amas ouvert visible à l'œil nu, situé près de la nébuleuse Êta Carinae. Une cible idéale aux jumelles ou au télescope.

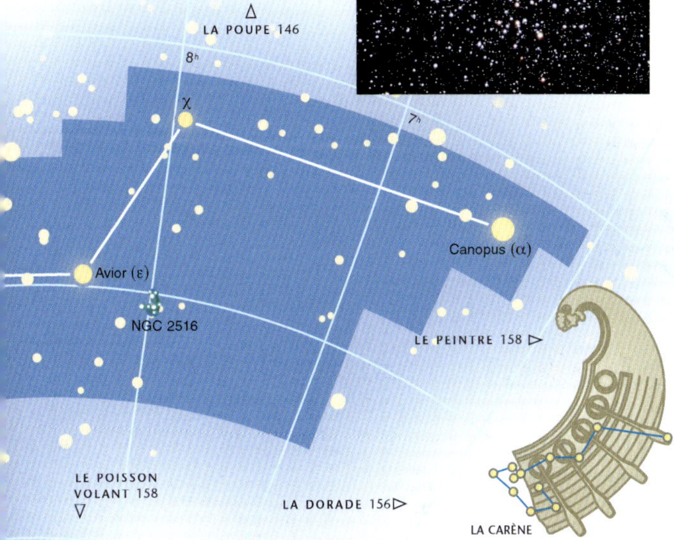

NGC 3372, la grande nébuleuse diffuse, Êta Carinae, entoure l'étoile variable Êta qui se trouve dans la partie la plus brillante de la nébuleuse. L'étoile apparaît comme une ellipse orange au télescope.

La Mouche

NGC 4833 est un amas globulaire compact repérable aux jumelles. Un télescope de 100 mm résout ses étoiles.

Muscae (Mus)

Cette constellation a été cataloguée au XVIe siècle par les navigateurs hollandais Pieter Dirkszoon Keyser et Frederick de Houtman qui la nommèrent l'Abeille avant qu'elle ne devienne Musca Australis, la Mouche. Son étoile la plus brillante est l'étoile double Alpha (α), de magnitude 2,7. Située contre la Voie lactée, la constellation est difficile à identifier.

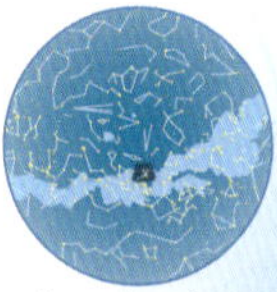

HÉMISPHÈRE CÉLESTE SUD

BIEN VISIBLE DE 14° N À 90° S

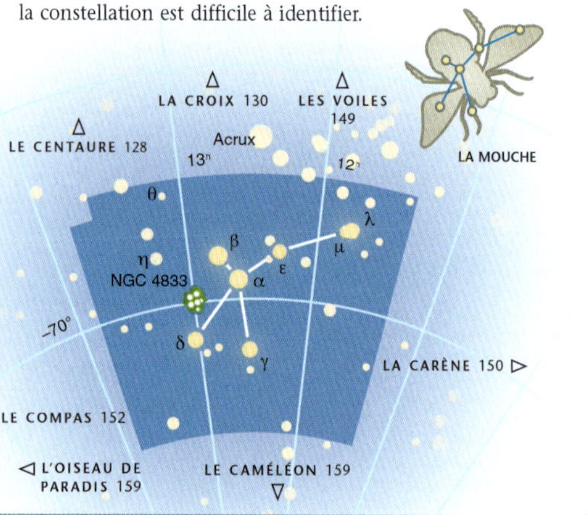

Le Compas

NGC 5315 est une nébuleuse planétaire à 4 000 ou 13 000 al et une puissante radiosource. Un grand télescope montre son disque bleuté.

Circini (Cir)

Répertoriée en 1756 par Nicolas Louis de La Caille, cette constellation insignifiante manque d'amas, de nébuleuses ou de galaxies, mais contient NGC 5315, une lointaine nébuleuse planétaire décelable avec un petit télescope.

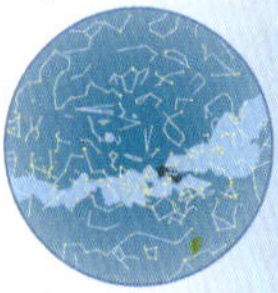

HÉMISPHÈRE CÉLESTE SUD

BIEN VISIBLE DE 14° N À 90° S

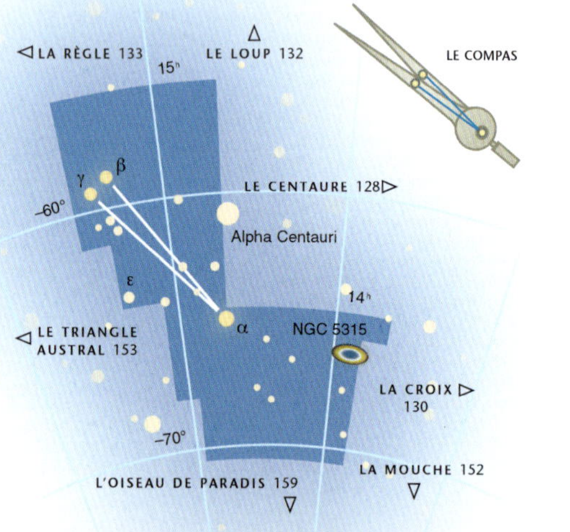

Le Triangle austral

Trianguli Australis (TrA)

La formation appartient à la douzaine de constellations australes répertoriées par les navigateurs hollandais Pieter Dirkszoon Keyser et Frederick de Houtman. Reconnaissable à sa forme, cette petite constellation ne contient guère d'objets intéressant l'astronome amateur, à l'exception de l'amas ouvert NGC 6025 situé sur la Voie lactée. D'une taille apparente correspondant au tiers de celle de la pleine Lune, cet amas se trouve à 27 000 années-lumière de la Terre.

NGC 6025, un amas ouvert contenant 50 étoiles, est visible aux jumelles ou avec un petit télescope.

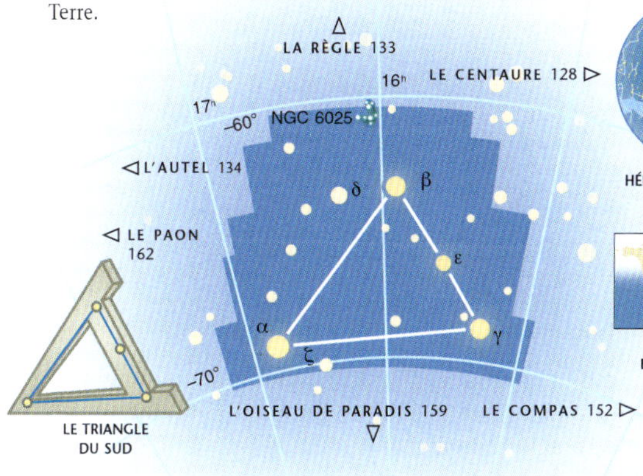

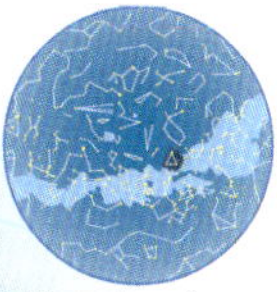

HÉMISPHÈRE CÉLESTE SUD

BIEN VISIBLE DE 19° N À 90° S

Le Télescope

Telescopii (Tel)

C'est l'astronome Nicolas Louis de La Caille qui a nommé cette constellation au XVIIIe siècle. Le Télescope ne contient qu'un seul objet du ciel profond accessible aux astronomes amateurs : NGC 6584, un amas globulaire repérable avec de puissantes jumelles, et qui apparaît telle une petite boule au télescope. NGC 6584 est situé à 43 700 années-lumière.

NGC 6584, un amas globulaire, est une petite boule dans un petit télescope. Un appareil de grande ouverture résout ses étoiles.

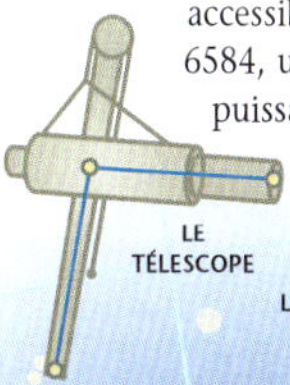

LE TÉLESCOPE

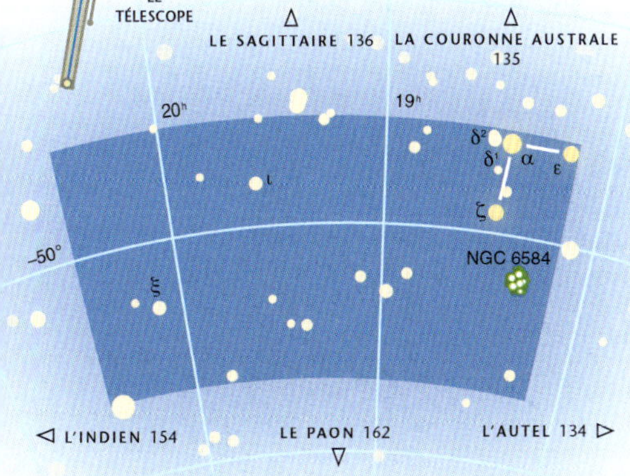

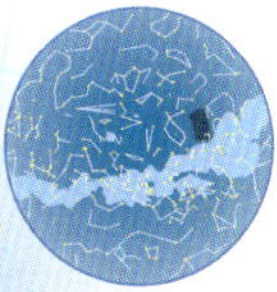

HÉMISPHÈRE CÉLESTE SUD

BIEN VISIBLE DE 33° N À 90° S

L'Indien

Indi (Ind)

NGC 7205. *Cette galaxie spirale ne peut être observée qu'avec un télescope d'une ouverture minimale de 150 mm.*

Représentant un Indien d'Amérique, cette constellation a été introduite au XVIe siècle par Pieter Dirkszoon Keyser et Frederick de Houtman. Dénuée d'amas stellaires ou de nébuleuses, elle contient une faible galaxie hors de portée des instruments d'amateurs. Son étoile la plus brillante a une magnitude de 3,1.

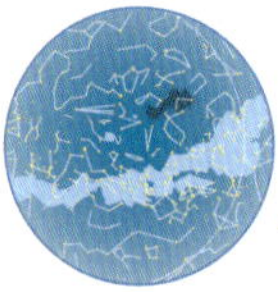

HÉMISPHÈRE CÉLESTE SUD

BIEN VISIBLE DE 15° N À 90° S

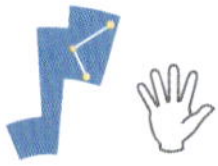

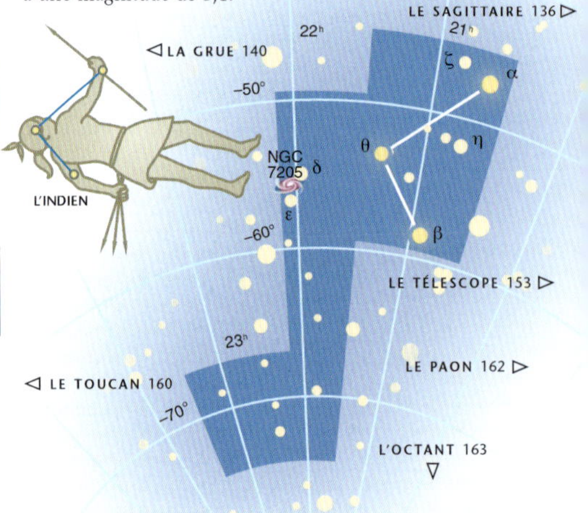

Le Phénix

Phoenicis (Phe)

La brillante étoile *en haut à droite, parmi les pâles étoiles du Phénix, est Achernar, l'étoile bleue/blanche Alpha de l'Éridan.*

Cette constellation, introduite au XVIe siècle, représente l'oiseau mythique qui renaît de ses propres cendres. Mais ce Phénix sans étoiles remarquables ne contient aucun objet du ciel profond intéressant pour l'astronome amateur.

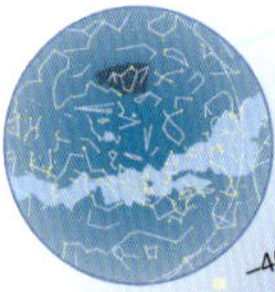

HÉMISPHÈRE CÉLESTE SUD

BIEN VISIBLE DE 32° N À 90° S

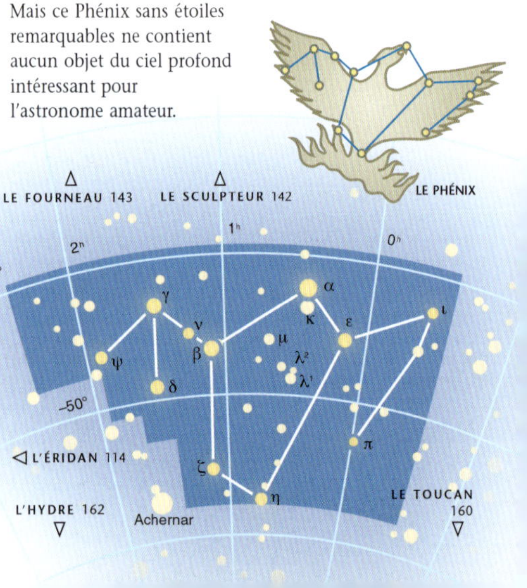

L'Horloge

Horologii (Hor)

Répertoriée en 1750 par l'astronome français Nicolas Louis de La Caille, cette pendule, ou Horloge, n'a que bien peu d'intérêt pour l'astronome amateur.

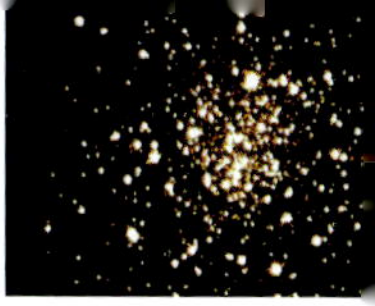

NGC 1261 *est, avec une magnitude de 8,4, l'objet du ciel profond le plus brillant de l'Horloge. Un grand télescope sépare ses étoiles.*

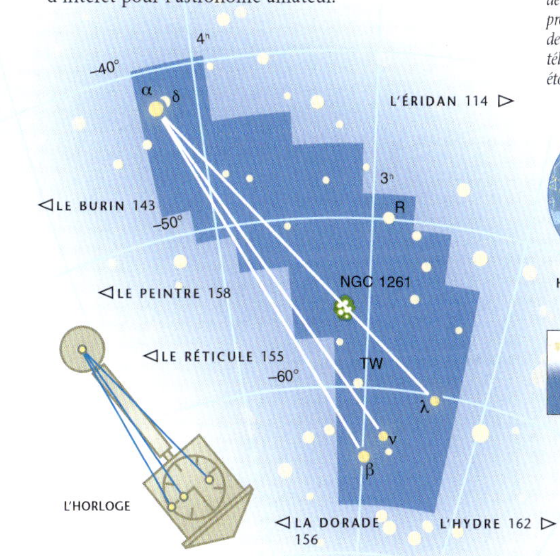

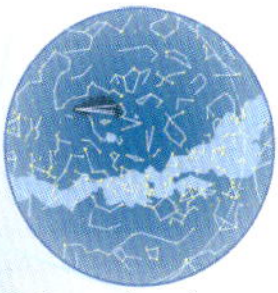

HÉMISPHÈRE CÉLESTE SUD

BIEN VISIBLE DE 23° N À 90° S

Le Réticule

Reticuli (Ret)

Durant son étude du ciel austral, l'astronome Nicolas Louis de La Caille a utilisé un réticule placé dans l'oculaire de son télescope pour estimer les positions des étoiles. C'est pourquoi, parmi les constellations, il a introduit ce Réticule rhomboïde, ou Réticule tout court. La constellation abrite quelques galaxies. Son étoile Alpha a une magnitude de 3,5.

La galaxie spirale barrée *NGC 1313 est parsemée de régions d'étoiles en formation, qui apparaissent comme des nuages d'étoiles bleues.*

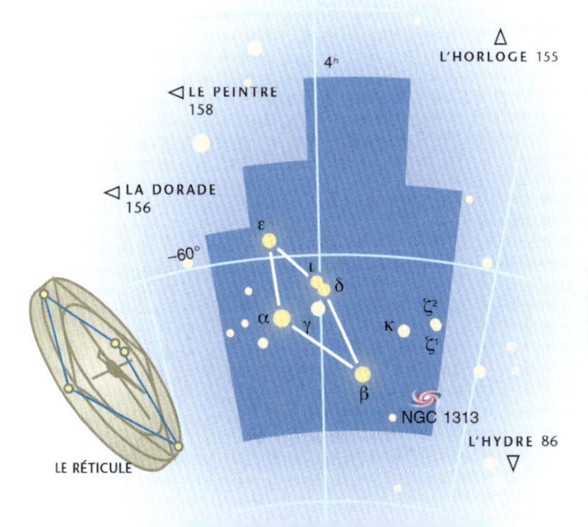

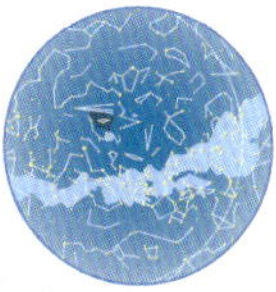

HÉMISPHÈRE CÉLESTE SUD

BIEN VISIBLE DE 23° N À 90° S

La Dorade

Doradus (Dor)

Le Grand Nuage de Magellan (LMC) est une galaxie irrégulière ressemblant à une spirale barrée. Elle contient près de 100 milliards d'étoiles et mesure 40 000 al de long.

C'est dans cette constellation que se trouve le Grand Nuage de Magellan, ou LMC (pour *Large Magellanic Cloud*), une galaxie satellite de notre Voie lactée. Visible à l'œil nu sous la forme d'une tache argentée, ce Grand Nuage est une cible merveilleuse pour les instruments d'amateur. LMC contient la nébuleuse de la Tarentule, visible également à l'œil nu. La Tarentule est l'une des nébuleuses les plus massives connues dans l'Univers, et c'est aussi la seule nébuleuse extragalactique que l'on puisse voir sans instrument d'astronomie.

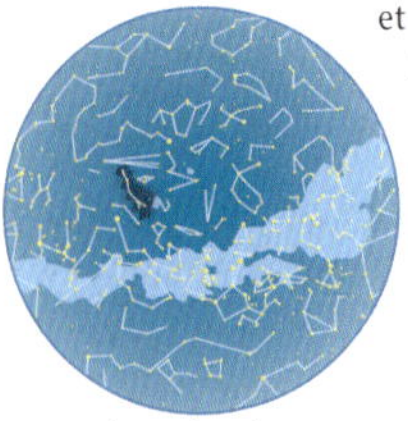

HÉMISPHÈRE CÉLESTE SUD

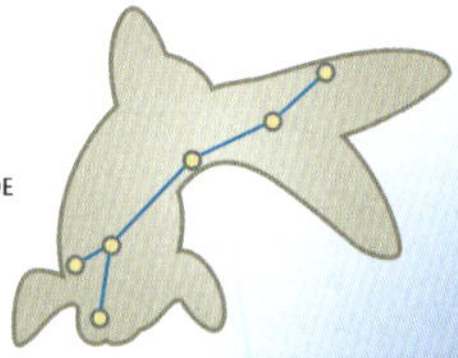

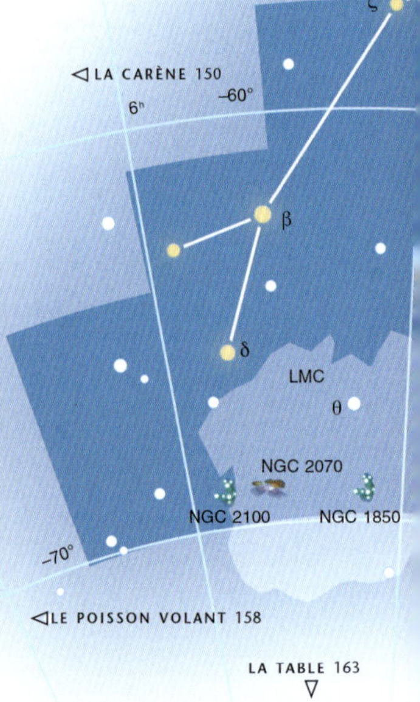

NGC 2100, l'un des amas du Grand Nuage, est si compact qu'il ressemble à un amas globulaire. Ce phénomène est fréquent parmi les amas ouverts du LMC.

NOM DES OBJETS	DESCRIPTION	MAGN.
GD NUAGE DE MAGELLAN (LMC)	*Galaxie irrégulière, satellite de la Voie lactée, à 163 000 al.*	0,9
NGC 1850	*Amas ouvert à 163 000 al. Visible au télescope de 100 mm.*	8,4
NÉB. DE LA TARENTULE (NGC 2070)	*Nébuleuse située dans LMC, à 163 000 al.*	8,0
NGC 2100	*Amas ouvert situé dans LMC, à 163 000 al.*	9,6

N. DES ÉTOILES	DESCRIPTION	MAGN.
α	*Étoile bleue/blanche (A0), à 176 al.*	3,3
β	*Supergéante jaune/blanche (F6), à 1 070 al. Variable avec une période de 236 heures.*	3,5 – 4,1
γ	*Géante jaune (F4), à 66 al.*	4,2
η	*Étoile blanche de la séquence principale (A7), à 145 al.*	4,3
R	*Géante rouge variable (M8), période de 338 jours, à 204 al.*	4,8 – 6,6

***NGC 1850** est l'amas le plus brillant du Grand Nuage de Magellan ; il est visible avec un télescope d'amateur.*

NOTE

Petite galaxie orbitant autour de notre Voie lactée en 1,5 milliard d'années, le Grand Nuage de Magellan pèse dix fois moins que notre galaxie. Il contient des amas et des nébuleuses en grand nombre.

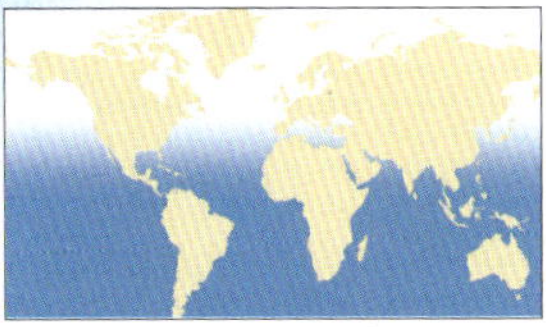

BIEN VISIBLE DE 20° N À 90° S

***La Nébuleuse de la Tarentule** (NGC 2070,) connue aussi sous le nom de 30 Doradus, est plus grande que n'importe quelle nébuleuse de la Voie lactée. Visible à l'œil nu, elle est spectaculaire au télescope.*

L'étoile Gamma (γ), au centre de cette photo, est typique des étoiles du Peintre. La plus brillante est Canopus de la Carène.

Le Peintre

Pictoris (Pic)

La constellation du Peintre, dont les étoiles sont peu brillantes, est située entre Canopus de la Carène et le Grand Nuage de Magellan. En 1995, une équipe d'astronomes français a localisé autour de son étoile Bêta (β) un disque de poussières et de gaz, probablement un système planétaire en formation.

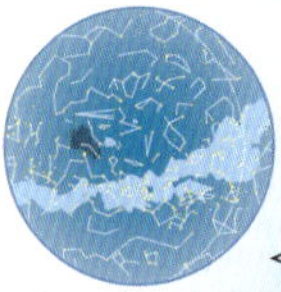

HÉMISPHÈRE CÉLESTE SUD

BIEN VISIBLE DE 26° N À 90° S

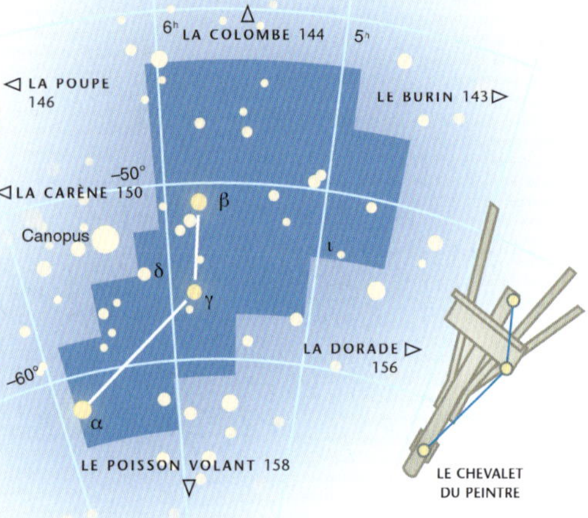

NGC 2442 est une galaxie spirale qui a sans doute été distordue par le passage d'une autre galaxie à proximité.

Le Poisson volant

Volantis (Vol)

La constellation a été répertoriée par les navigateurs Pieter Dirkszoon Keyser et Frederick de Houtman à la fin du XVIe siècle. Elle ne contient ni étoiles brillantes, ni amas, ni nébuleuses. Son étoile Gamma est une étoile double de magnitudes 3,8 et 5,7, qui présente ses couleurs orange et jaune à travers un petit télescope. La brillante galaxie qu'elle abrite doit être observée avec un grand télescope.

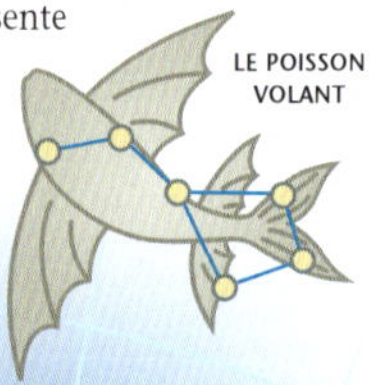

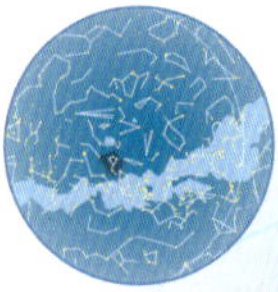

HÉMISPHÈRE CÉLESTE SUD

BIEN VISIBLE DE 14° N À 90° S

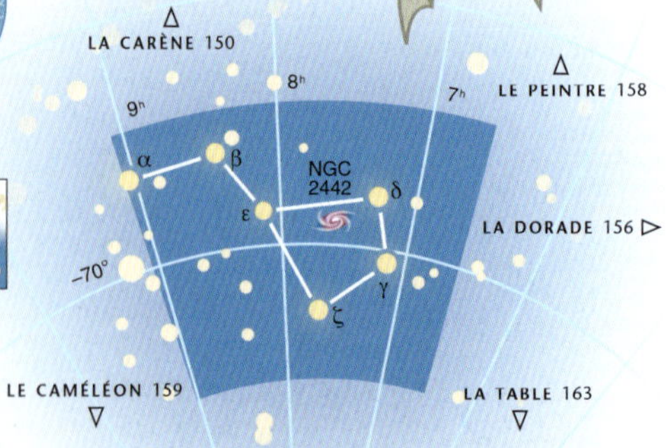

Le Caméléon

Chamaeleontis (Cha)

La constellation figure ce lézard qui a la particularité de changer de couleur en fonction de l'endroit où il se trouve. Malgré ce beau programme, la constellation ne présente pratiquement aucun intérêt pour l'astronome amateur. À noter toutefois son étoile Delta – une étoile double avec une orange et une bleue, de magnitudes 5,9 et 4,4 –, aisément visible avec des jumelles.

NGC 3195 est une nébuleuse inaccessible à un instrument d'amateur. Seuls les grands télescopes ou la photographie dévoilent sa structure et son disque.

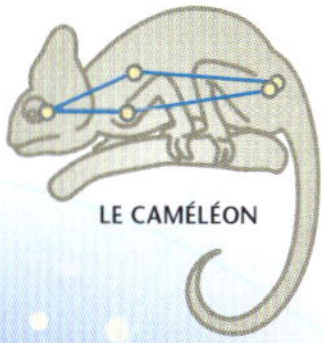

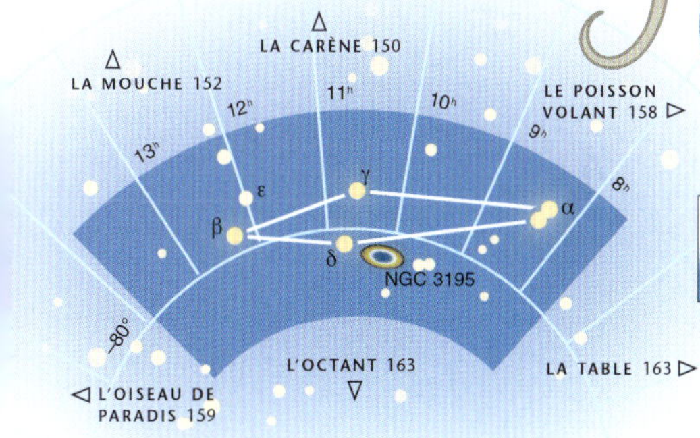

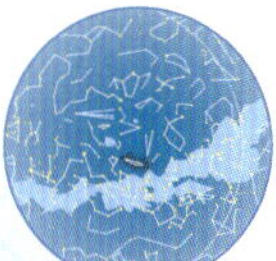

HÉMISPHÈRE CÉLESTE SUD

BIEN VISIBLE DE 7° N À 90° S

L'Oiseau de Paradis

Apodis (Aps)

Cet Oiseau de Paradis répertorié au XVIe siècle se situe dans la région semi-désertique en étoiles et constellations qui entoure le pôle Sud céleste. Constellation insignifiante pour l'astronome amateur en dépit de son nom si romantique, l'Oiseau de Paradis a pour étoile la plus brillante Alpha Apodis, de magnitude 3,8. L'étoile Delta est une double optique de deux géantes rouges à chercher aux jumelles.

L'Oiseau de Paradis s'étend entre le Triangle austral (nord) et l'Octant (sud). La géante orange en haut de l'image appartient au Triangle austral.

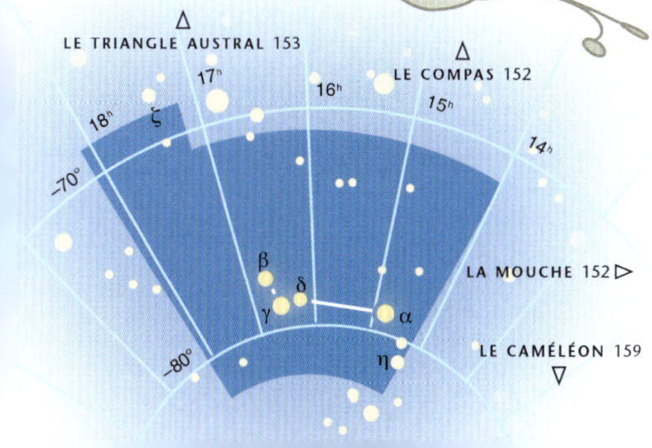

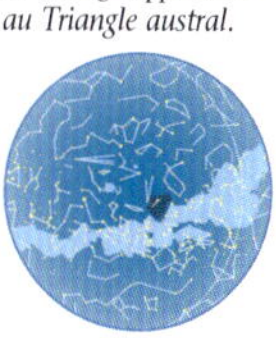

HÉMISPHÈRE CÉLESTE SUD

BIEN VISIBLE DE 7° N À 90° S

Le Toucan

Tucanae (Tuc)

47 du Toucan (NGC 104) est un amas globulaire de 210 années-lumière de diamètre ; sa masse dépasse 1 million de masses solaires.

Introduit comme nouvelle constellation par les navigateurs hollandais Pieter Dirkszoon Keyser et Frederick de Houtman à la fin du XVIe siècle, le Toucan apparaît pourtant déjà dans l'atlas céleste publié par Johan Bayer en 1603. Petite constellation pauvre en amas et en nébuleuses, le Toucan renferme deux des plus beaux objets du ciel profond visibles par les astronomes amateurs : le Petit Nuage de Magellan,ou SMC (pour *Small Magellanic Cloud*), et 47 Tucanae (NGC 104), l'un des amas globulaires les plus proches de nous. Comme le Grand Nuage, le Petit Nuage de Magellan est une petite galaxie satellite de la nôtre, visible à l'œil nu. 47 Tucanae, qui brille avec une magnitude 4, est également visible à l'œil nu.

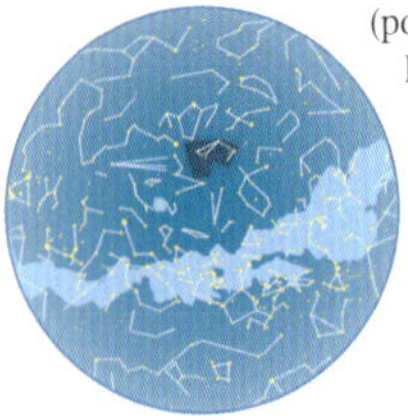

HÉMISPHÈRE CÉLESTE SUD

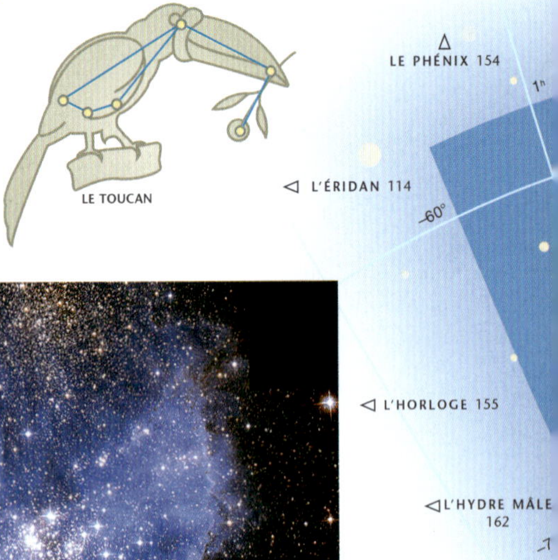

NGC 346 est une région d'étoiles en formation étendue sur 200 al à l'intérieur du SMC. Les astronomes ont découvert une population d'étoiles embryonnaires dans ses filaments de poussière sombre, visibles ci-contre.

NOM DES OBJETS	DESCRIPTION	MAGN.
47 DU TOUCAN (NGC 104)	*Amas globulaire à 14 700 al.*	4,0
PETIT NUAGE DE MAGELLAN (SMC)	*Galaxie irrégulière à 210 000 al. Visible à l'œil nu. Des jumelles révèlent ses amas stellaires et ses nébuleuses.*	2,3
NGC 346	*Nébuleuse + amas, à 210 000 al. Visible aux jumelles.*	7,0
NGC 362	*Amas globulaire à 29 000 al. Visible aux jumelles.*	6,6

NOTE

Les deux Nuages de Magellan, nos plus proches voisins extragalactiques, tiennent leur nom du navigateur portugais Ferdinand Magellan, qui fut le premier Européen à les signaler.

BIEN VISIBLE DE 14° N À 90° S

LE PETIT NUAGE DE MAGELLAN *(SMC) et l'amas globulaire 47 du Tucan présentés dans un même champ par une photographie amateur. À l'œil nu, 47 du Tucan apparaît comme une étoile floue, et SMC telle une tache lumineuse allongée sept fois plus étendue que la pleine lune.*

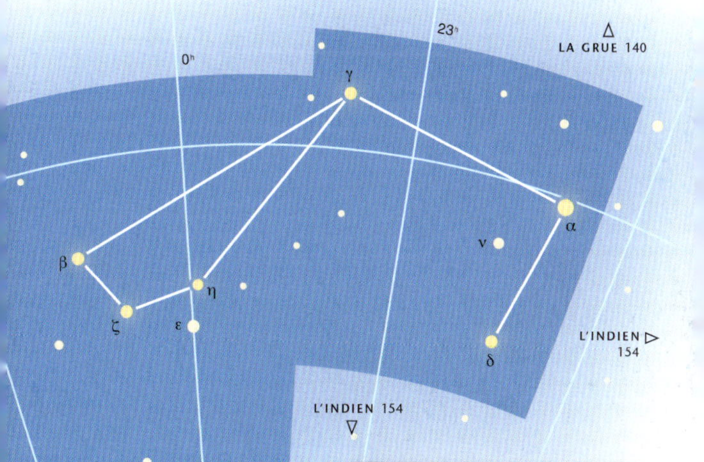

***Une vue rapprochée** du Petit Nuage de Magellan. Des jumelles ou un petit télescope montrent ses amas et ses nébuleuses.*

N. DES ÉTOILES	DESCRIPTION	MAGN.
α	*Géante orange (K3), à 200 al.*	2,9
β	*Système multiple dont deux bleues/blanches (B9 + A2) visibles aux jumelles, à 140 + 172 al.*	4,4 + 4,5
γ	*Géante blanche (F1), à 72 al.*	4,0
δ	*Étoile blanche et jaune de la séquence principale (B9 + G0), 267 al.*	4,5 + 8,9
κ	*Étoile binaire, jaune et orange (F5 + K1), à 67 al. Séparées par un petit télescope.*	5,1 + 7,3

Le Paon

Pavonis (Pav)

Répertoriée au XVIe siècle, cette constellation est censée représenter le paon qui, dans la mythologie grecque, était l'oiseau sacré appartenant à Héra, la femme de Zeus. Le Paon contient un bel amas globulaire, NGC 6752, de magnitude 5,4 et situé à 15 000 années-lumière, ce qui est proche pour un amas globulaire. L'étoile la plus brillante du Paon, Alpha, a une magnitude de 1,9.

NGC 6752 est un amas globulaire dont la taille apparente est une demi-fois celle de la Lune. Un petit télescope peut résoudre ses étoiles.

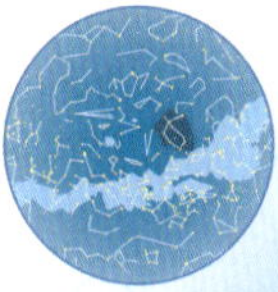

HÉMISPHÈRE CÉLESTE SUD

BIEN VISIBLE DE 15° N À 90° S

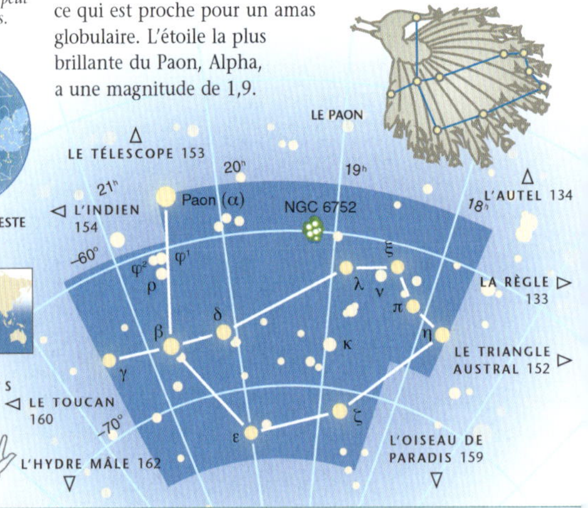

L'Hydre mâle

Hydri (Hyi)

Un autre serpent de mer, mais plus petit que l'Hydre, et réputé mâle cette fois. Son étoile la plus brillante n'est pas une Alpha, mais une Bêta, géante jaune de magnitude 2,9.

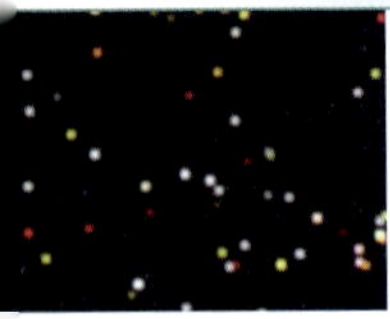

Les étoiles de l'Hydre mâle. Au centre, l'étoile rouge est Gamma Hydrii, une géante rouge de magnitude 3,2, à 214 al de la Terre.

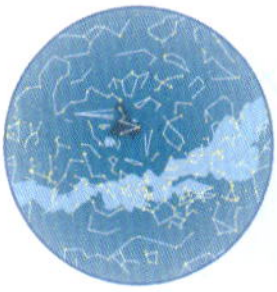

HÉMISPHÈRE CÉLESTE SUD

BIEN VISIBLE DE 8° N À 90° S

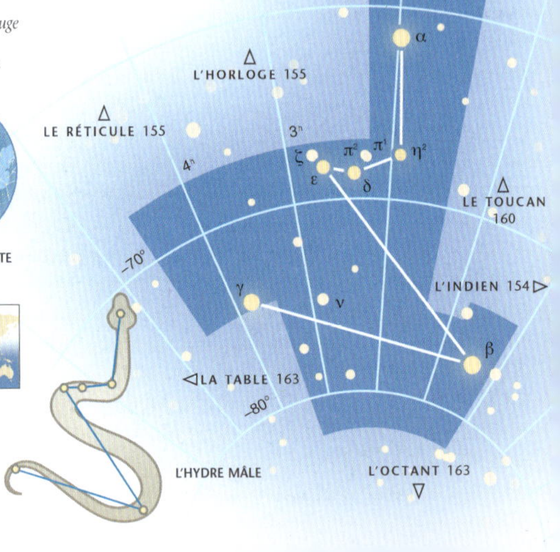

La Table

Mensae (Men)

C'est la plus petite des constellations introduites par Nicolas Louis de La Caille au XVIIIe siècle. Elle représente la montagne en forme de table du cap de Bonne-Espérance d'où l'astronome français observait le ciel austral. Son étoile la plus brillante est une étoile jaune de magnitude 5,1.

Les étoiles de la Table*. L'étoile brillante, une géante rouge sur la gauche de la photo, est l'étoile Gamma de l'Hydre mâle.*

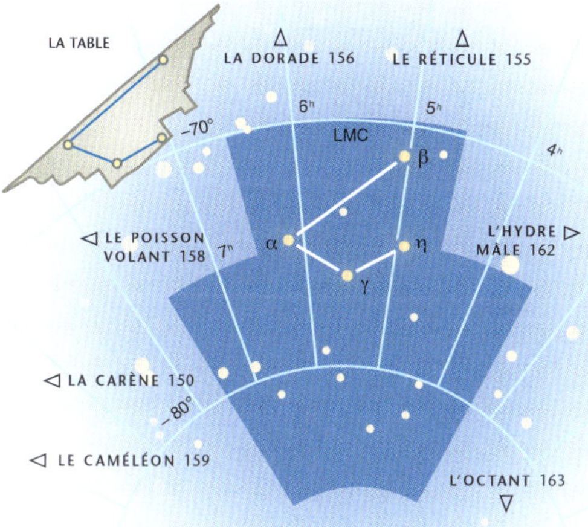

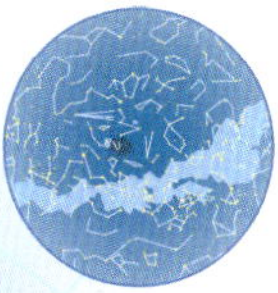

HÉMISPHÈRE CÉLESTE SUD

BIEN VISIBLE DE 5° N À 90° S

L'Octant

Octantis (Oct)

Introduite au XVIIIe siècle par Nicolas Louis de La Caille, cette constellation figure un octant, précurseur du sextant de marine. En dehors du fait qu'elle est placée au pôle Sud céleste (SCP), elle est dénuée d'intérêt pour l'astronome amateur. Son étoile jaune géante, Sigma, est l'étoile visible à l'œil nu la plus proche du pôle céleste.

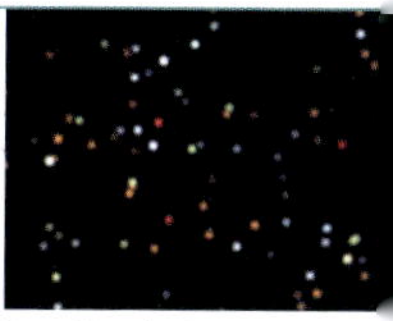

Parmi les étoiles de l'Octant*, l'étoile rouge près du centre est Epsilon Octantis ; la géante orange à droite est Alpha Trianguli Australis.*

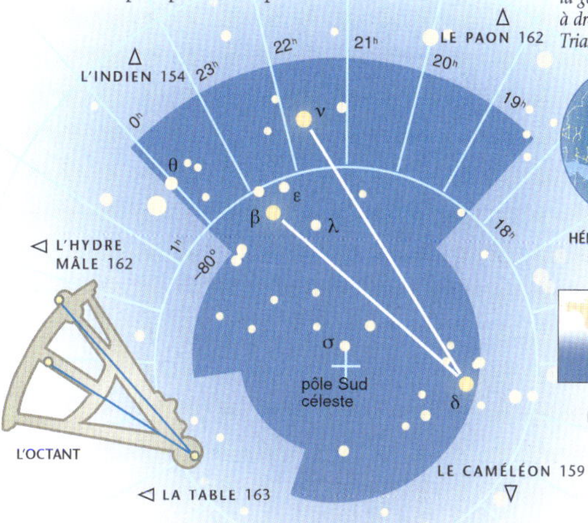

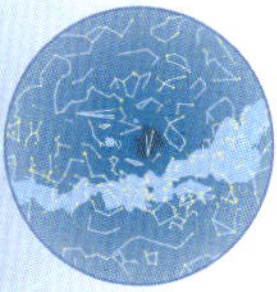

HÉMISPHÈRE CÉLESTE SUD

BIEN VISIBLE DE 0° N À 90° S

NÉBULEUSE

AMAS GLOBULAIRE

GALAXIE

ÉTOILES

Mois par mois

Essentiel pour l'observation, ce dernier chapitre présente des cartes du ciel indiquant la position des constellations et des principaux objets du ciel profond pour chaque mois. Chaque carte montre le ciel tel qu'il est à 22 heures TU (Temps Universel) au 15 du mois, et s'accompagne d'une brève description des principales figures visibles à ce moment-là. Les hémisphères Nord et Sud ont des cartes distinctes : si vous observez dans l'hémisphère Nord, utilisez les deux premières pages du mois, si vous êtes dans l'hémisphère Sud, les deux suivantes.

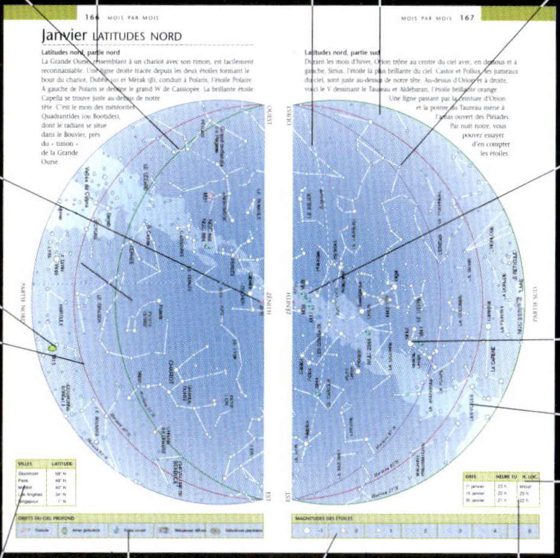

Le ciel est le même à 23 h au début du mois qu'à 22 h en milieu de mois ou à 21 h en fin de mois. Pour regarder le ciel à différentes heures, utilisez les cartes des autres mois : en reculant d'un mois toutes les deux heures avant 22 h (TU) ou en avançant d'un mois toutes les deux heures après 22 h.

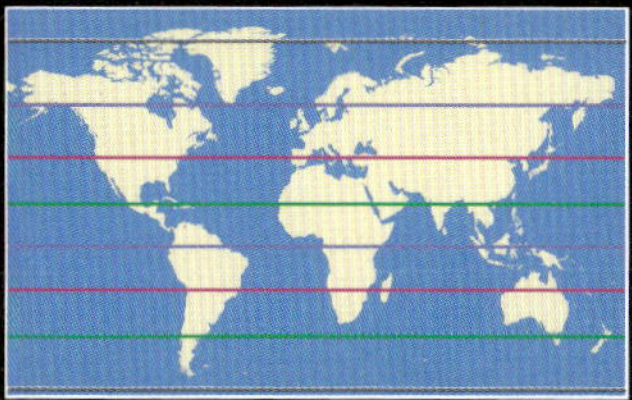

◄ UNE COULEUR POUR LES LATITUDES *Utilisez cette carte pour identifier la couleur de la latitude la plus proche de chez vous. Une différence de 10 degrés change un peu la carte du ciel effectivement visible.*

Janvier LATITUDES NORD

Latitudes nord, partie nord

La Grande Ourse, ressemblant à un chariot avec son timon, est facilement reconnaissable. Une ligne droite tracée depuis les deux étoiles formant le bout du chariot, Dubhe (α) et Mérak (β), conduit à Polaris, l'étoile Polaire. À gauche de Polaris se dessine le grand W de Cassiopée. La brillante étoile Capella se trouve juste au-dessus de notre tête. C'est le mois des météorites Quadrantides (ou Bootides), dont le radiant se situe dans le Bouvier, près du « timon » de la Grande Ourse.

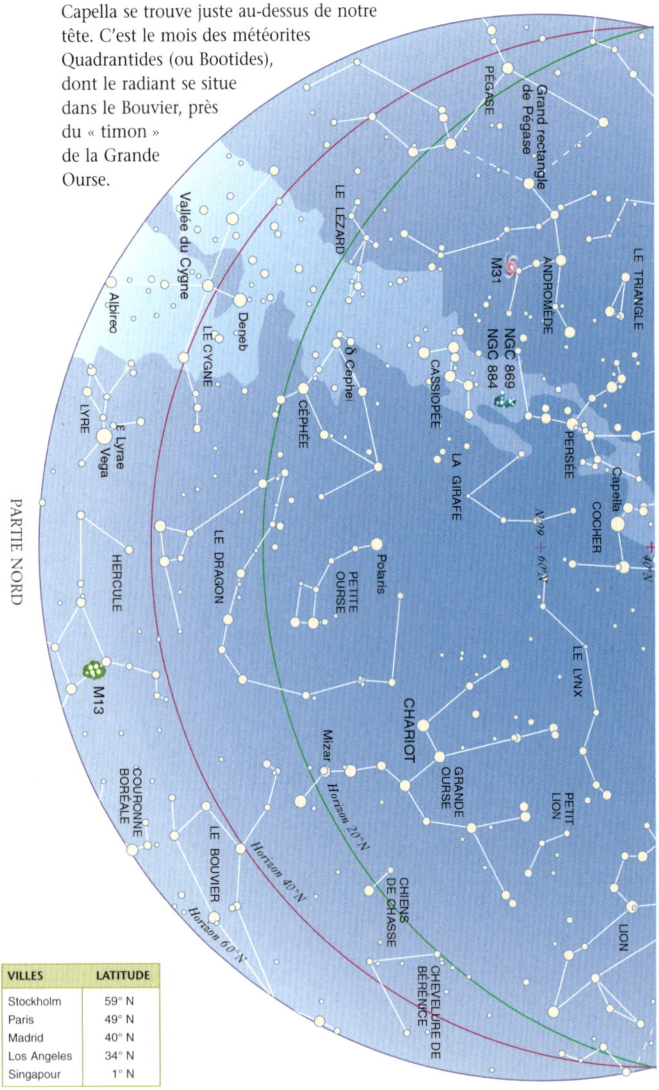

VILLES	LATITUDE
Stockholm	59° N
Paris	49° N
Madrid	40° N
Los Angeles	34° N
Singapour	1° N

OBJETS DU CIEL PROFOND

Galaxie · Amas globulaire · Amas ouvert · Nébuleuse diffuse · Nébuleuse planétaire

Latitudes nord, partie sud

Durant les mois d'hiver, Orion trône au centre du ciel avec, en dessous et à gauche, Sirius, l'étoile la plus brillante du ciel. Castor et Pollux, les jumeaux du ciel, sont juste au-dessus de notre tête. Au-dessus d'Orion et à droite, voici le V dessinant le Taureau et Aldébaran, l'étoile brillante orange. Une ligne passant par la ceinture d'Orion et la pointe du Taureau mène à l'amas ouvert des Pléiades. Par nuit noire, vous pouvez essayer d'en compter les étoiles.

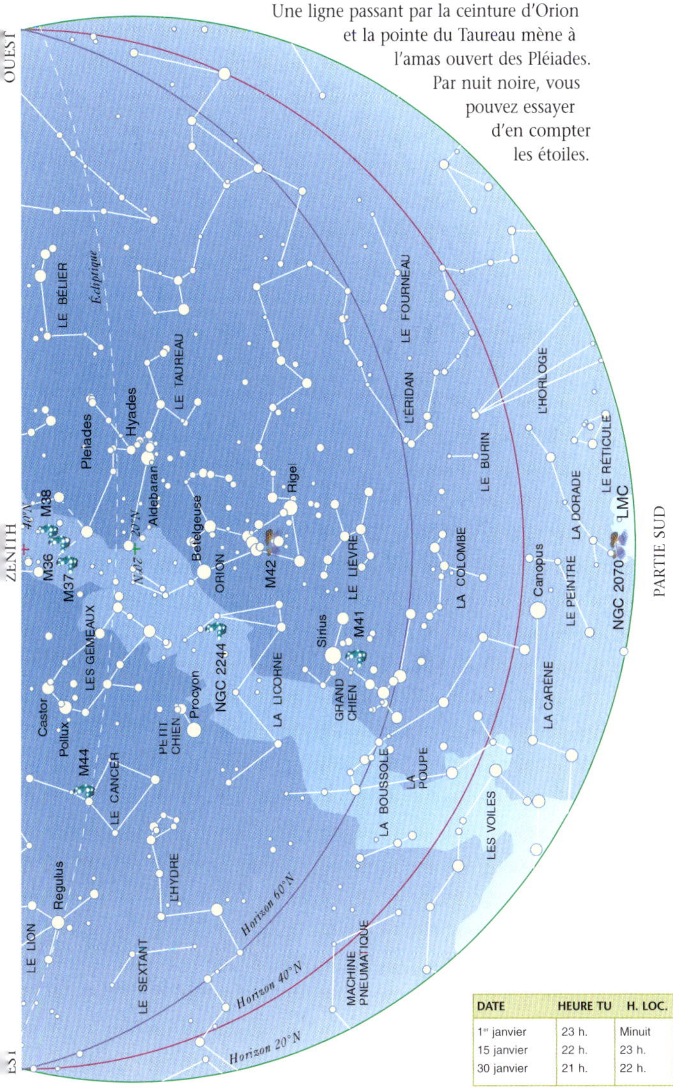

DATE	HEURE TU	H. LOC.
1er janvier	23 h.	Minuit
15 janvier	22 h.	23 h.
30 janvier	21 h.	22 h.

MAGNITUDES DES ÉTOILES

-1	0	1	2	3	4	5

Janvier LATITUDES SUD

Latitudes sud, partie nord

Chevauchant l'équateur céleste, la constellation d'Orion trône en janvier aussi bien dans l'hémisphère Sud que dans l'hémisphère Nord. Presque au-dessus de notre tête et à droite d'Orion, Sirius du Grand Chien est l'étoile la plus brillante du ciel. En bas, vers le nord et à gauche d'Orion, se dessine le V du Taureau avec son étoile Aldébaran au ton orangé. Par-delà le V du Taureau, et toujours vers la gauche, on aperçoit l'amas d'étoiles des Pléiades.

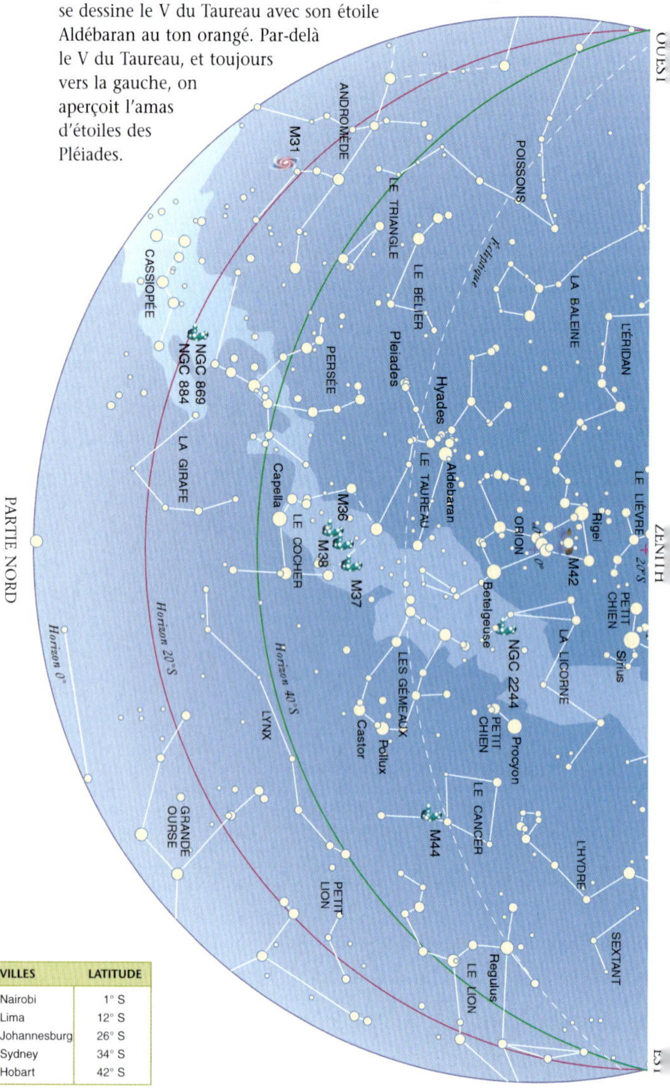

VILLES	LATITUDE
Nairobi	1° S
Lima	12° S
Johannesburg	26° S
Sydney	34° S
Hobart	42° S

OBJETS DU CIEL PROFOND				
Galaxie	Amas globulaire	Amas ouvert	Nébuleuse diffuse	Nébuleuse planétaire

Latitudes sud, partie sud

Au-dessus de notre tête étincellent la brillante étoile bleue Rigel d'Orion et Sirius du Grand Chien. Formant un triangle distinctif avec elles, Canopus, un peu en dessous, est la seconde étoile la plus brillante du ciel après Sirius. Sous Canopus, en direction du sud, l'observateur distingue à l'œil nu le Grand et le Petit Nuage de Magellan (LMC et SMC), deux galaxies satellites de notre Voie lactée.

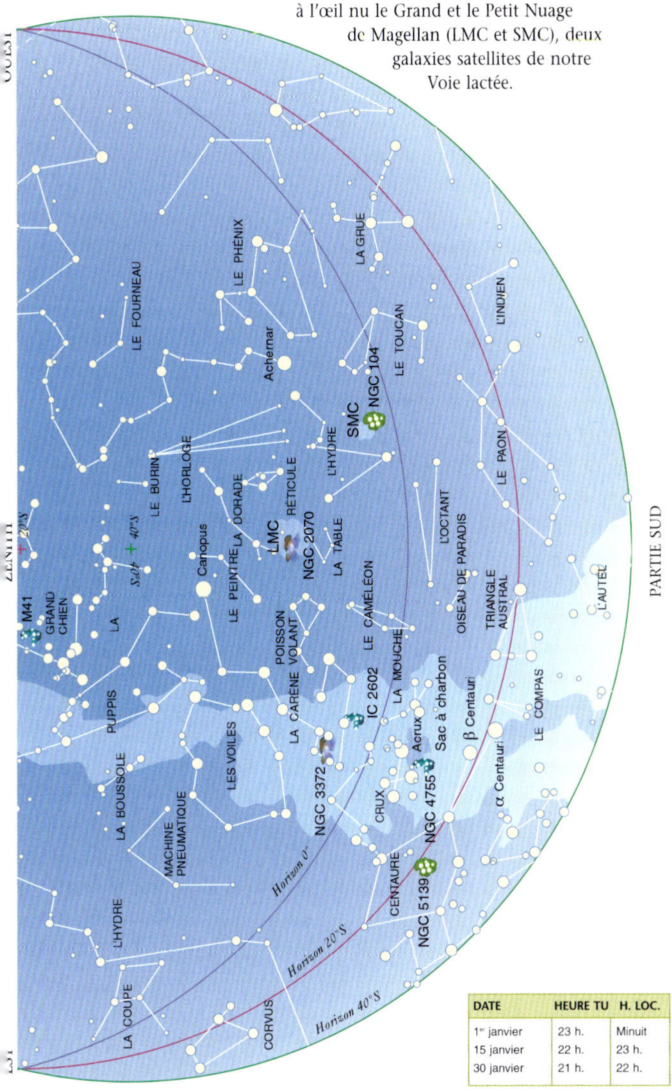

DATE	HEURE TU	H. LOC.
1er janvier	23 h.	Minuit
15 janvier	22 h.	23 h.
30 janvier	21 h.	22 h.

MAGNITUDE DES ÉTOILES						
-1	0	1	2	3	4	5

Février LATITUDES NORD

Latitudes nord, partie nord

L'amas des Pléiades est au-dessus de notre tête, vers l'ouest, proche du V caractéristique du Taureau. C'est alors l'étoile Capella du Cocher qui brille au zénith, avec Cassiopée en dessous d'elle. Vers le nord, on aperçoit la Grande Ourse et la Petite Ourse, à droite de Cassiopée. En suivant selon une légère courbe le tracé du timon de la Grande Ourse, on parvient à l'étoile brillante Arcturus. À l'horizon nord, on aperçoit le Cygne et son étoile Deneb.

PARTIE NORD

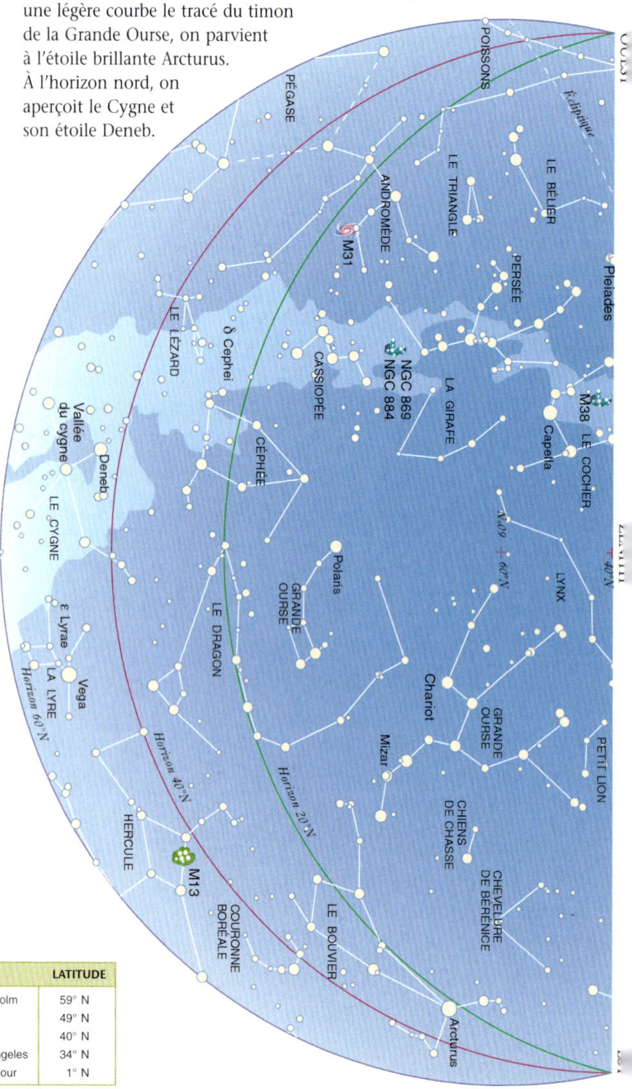

VILLES	LATITUDE
Stockholm	59° N
Paris	49° N
Madrid	40° N
Los Angeles	34° N
Singapour	1° N

OBJETS DU CIEL PROFOND

Galaxie | Amas globulaire | Amas ouvert | Nébuleuse diffuse | Nébuleuse planétaire

Latitudes nord, partie sud

En hiver, la partie sud du ciel nous donne une excellente vue sur le Taureau et Orion (au sud-ouest). Le Taureau contient deux amas ouverts, les Hyades et les Pléiades, visibles à l'œil nu ou, encore mieux, avec des jumelles. La nébuleuse d'Orion apparaît comme une tache blanchâtre. Plus au sud, voici Sirius du Grand Chien, très brillante, et, près d'elle, observable aux jumelles ou avec un petit télescope, l'amas M41.

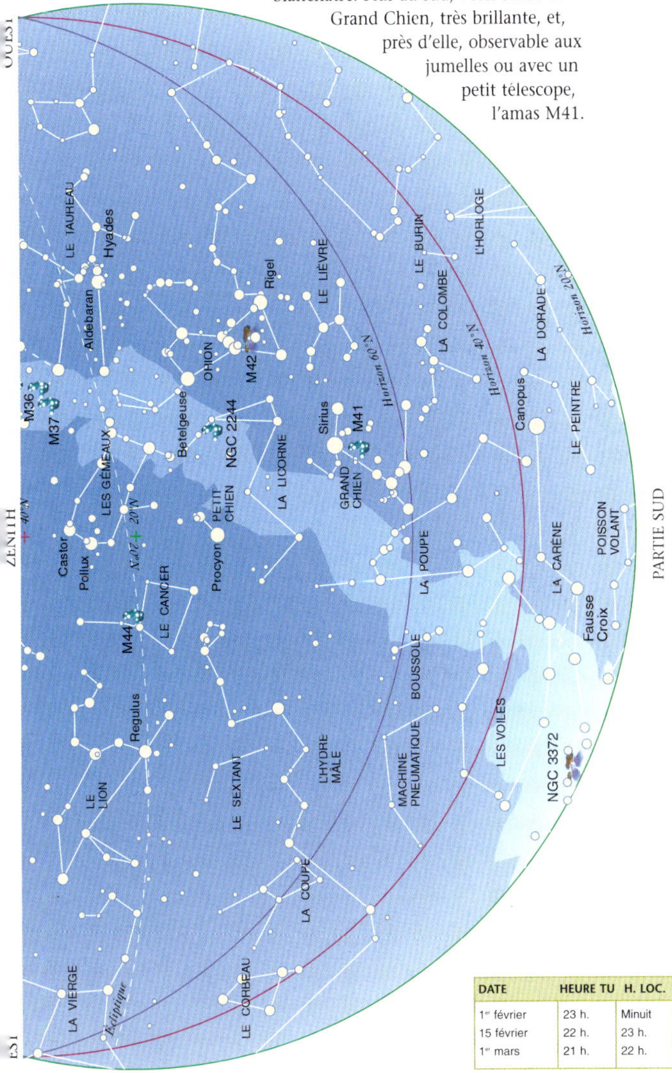

DATE	HEURE TU	H. LOC.
1er février	23 h.	Minuit
15 février	22 h.	23 h.
1er mars	21 h.	22 h.

MAGNITUDE DES ÉTOILES						
-1	0	1	2	3	4	5

Février LATITUDES SUD

Latitudes sud, partie nord

Durant l'été austral, la partie nord du ciel nocturne s'éclaire de nombreuses étoiles très brillantes. Les plus connues sont Bételgeuse et Rigel d'Orion, Aldébaran du Taureau et Sirius du Grand Chien. À droite d'Orion, voici Procyon et, en dessous, les deux étoiles jumelles des Gémeaux, Castor et Pollux. Capella est très basse sur l'horizon nord. À regarder aux jumelles ou avec un télescope, les constellations d'Orion et du Taureau.

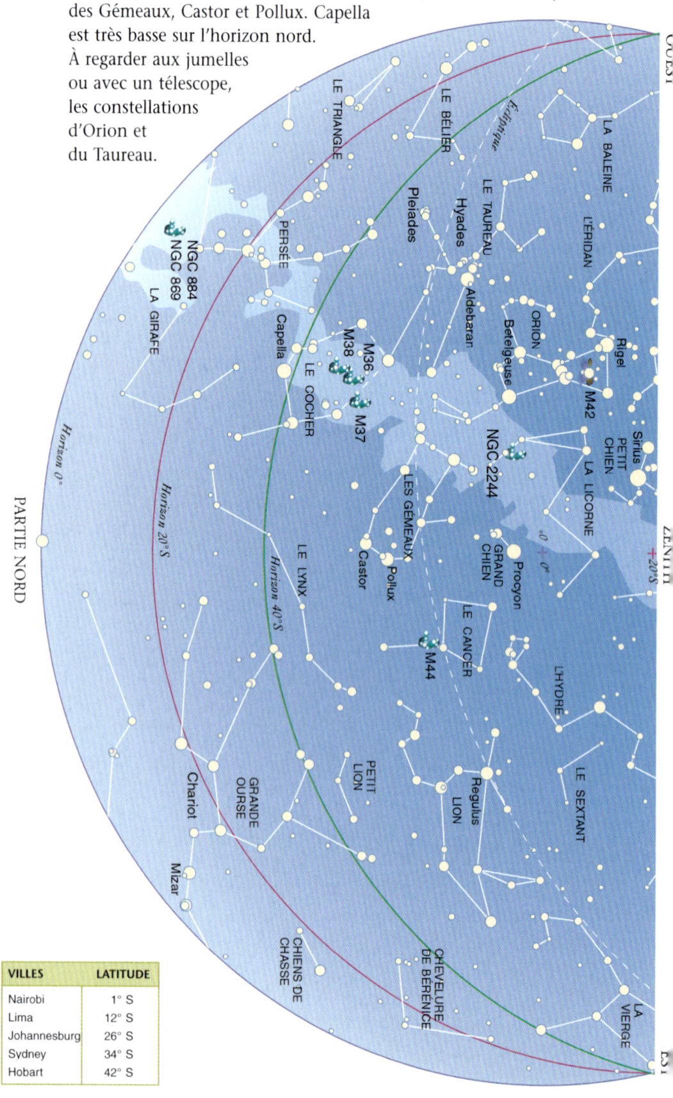

VILLES	LATITUDE
Nairobi	1° S
Lima	12° S
Johannesburg	26° S
Sydney	34° S
Hobart	42° S

OBJETS DU CIEL PROFOND				
Galaxie	Amas globulaire	Amas ouvert	Nébuleuse diffuse	Nébuleuse planétaire

Latitudes sud, partie sud

La Voie lactée court depuis l'horizon sud jusqu'au zénith. Canopus de la Carène brille bien au-dessus de l'horizon sud avec, au-dessus, Sirius du Grand Chien. Proche de l'horizon sud-est, on aperçoit la Croix du Sud et, si le ciel est clair, son Sac à charbon, un nuage de poussières interstellaires qui bloque la lumière des étoiles situées derrière lui. Entre Canopus et la Croix, on voit le Grand et le Petit Nuage de Magellan.

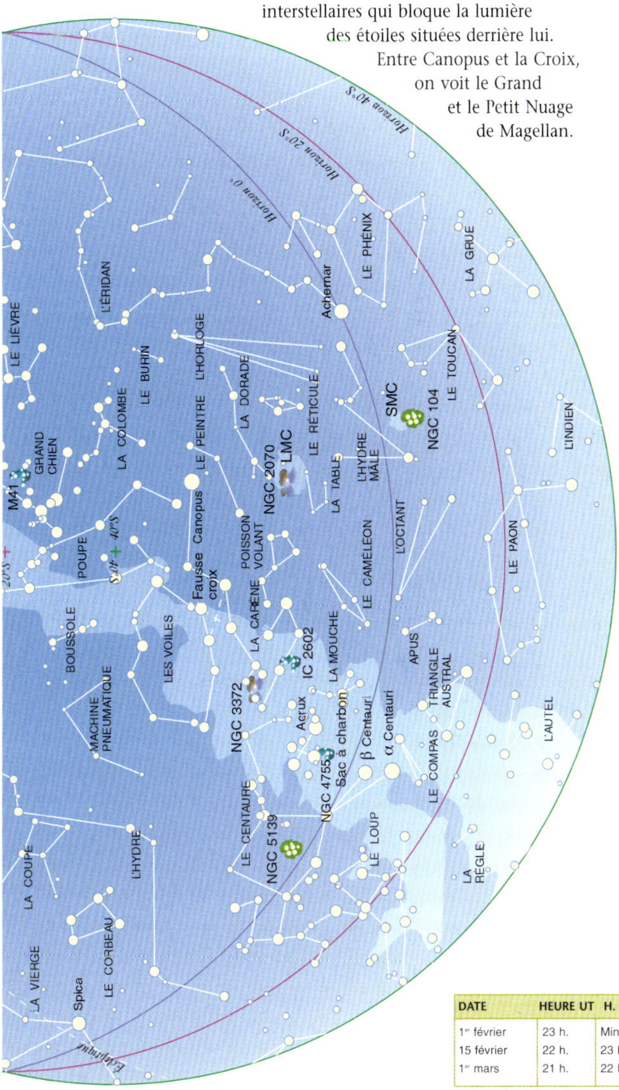

PARTIE SUD

DATE	HEURE UT	H. LOC.
1er février	23 h.	Minuit
15 février	22 h.	23 h.
1er mars	21 h.	22 h.

MAGNITUDE DES ÉTOILES						
-1	0	1	2	3	4	5

Mars LATITUDES NORD

Latitudes nord, partie nord

Haut dans le ciel, la Grande Ourse, ou Grand Chariot, paraît à l'envers. Une ligne tracée depuis les étoiles formant le bout du Chariot mène vers l'étoile Polaire dans la Petite Ourse. Durant la nuit, toutes les étoiles semblent tourner autour de la Polaire. À l'ouest brillent Capella et, au-dessus d'elle, le Taureau. À l'approche du printemps, les constellations hivernales se couchent de plus en plus tôt à l'ouest. Une ligne incurvée partant du timon de la Grande Ourse conduit à Arcturus, à l'est.

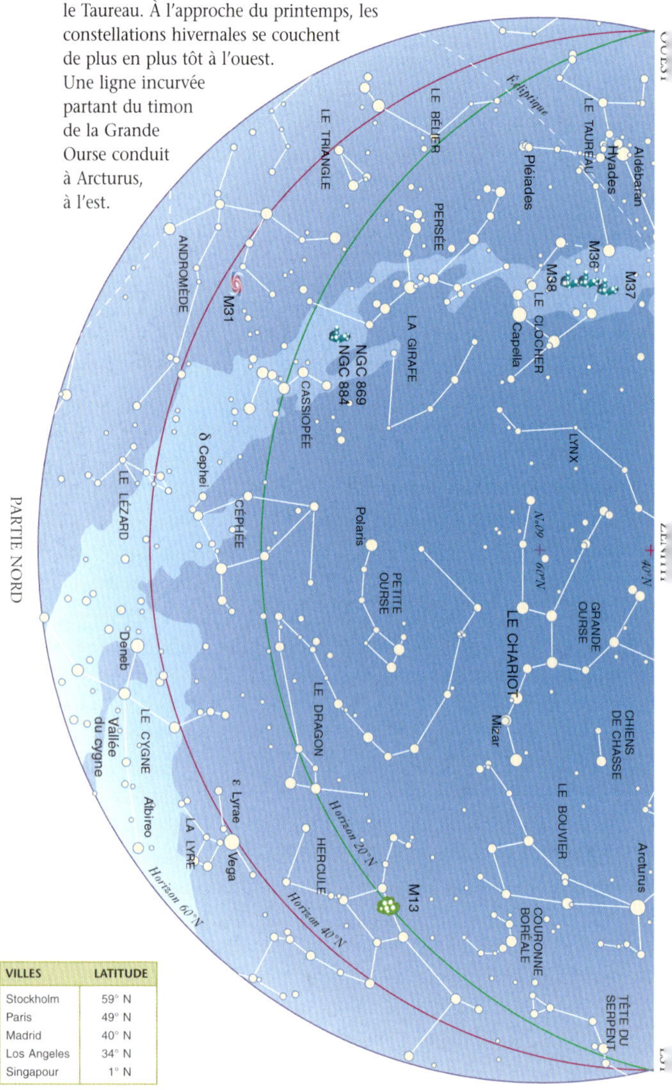

VILLES	LATITUDE
Stockholm	59° N
Paris	49° N
Madrid	40° N
Los Angeles	34° N
Singapour	1° N

OBJETS DU CIEL PROFOND

Galaxie · Amas globulaire · Amas ouvert · Nébuleuse diffuse · Nébuleuse planétaire

Latitudes nord, partie sud

C'est au tour du Lion et des Gémeaux de trôner haut dans le ciel du sud. Les étoiles des Gémeaux, Castor et Pollux, vont bientôt se coucher à l'ouest, précédées par Orion et Sirius, tandis que de l'autre côté, à l'est, se lève Spica de la Vierge, surmontée par Arcturus. Entre le Lion et les Gémeaux, le Cancer propose son amas ouvert M44, ou Praesepe, ou encore la Ruche. Décelable à l'œil nu, il demande à être regardé aux jumelles.

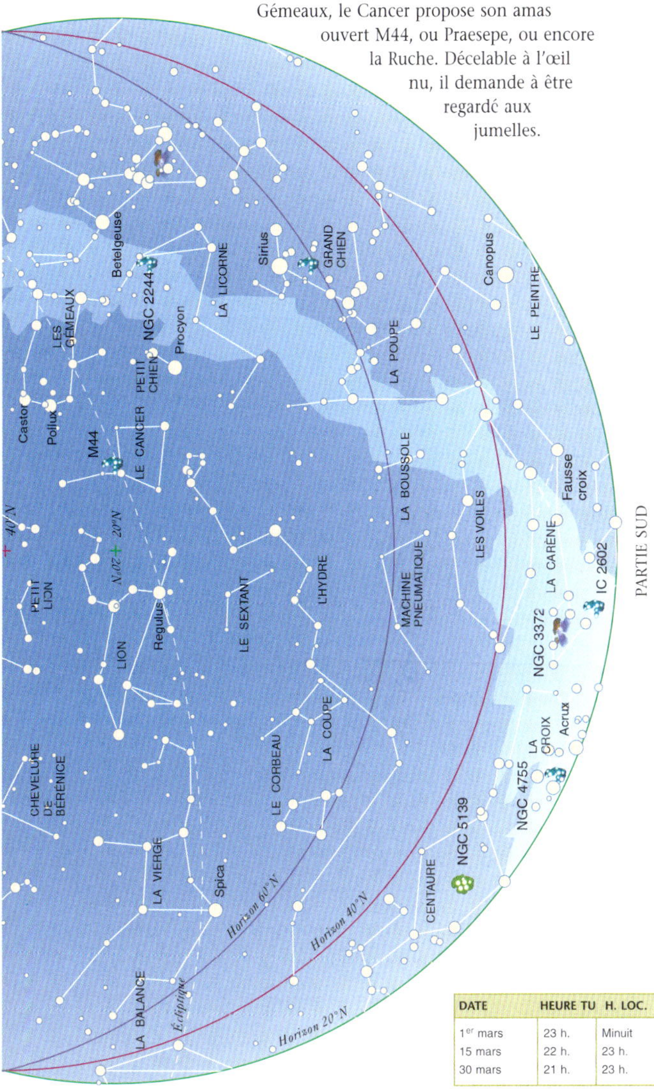

DATE	HEURE TU	H. LOC.
1er mars	23 h.	Minuit
15 mars	22 h.	23 h.
30 mars	21 h.	23 h.

MAGNITUDE DES ÉTOILES						
-1	0	1	2	3	4	5

Mars LATITUDES SUD

Latitudes sud, partie nord

Orion, le Taureau et le Cocher se couchent à l'ouest, emmenant avec elles les brillantes étoiles Bételgeuse (rouge), Rigel (bleue), Aldébaran et Capella. Sirius est l'étoile la plus brillante du ciel, au nord-ouest sur la ligne zénithale. Sous Sirius et à droite, Procyon et, sous Procyon, Castor et Pollux des Gémeaux. Entre les Gémeaux et le Lion, on peut observer l'amas d'étoiles M44, ou Praesepe du Cancer.

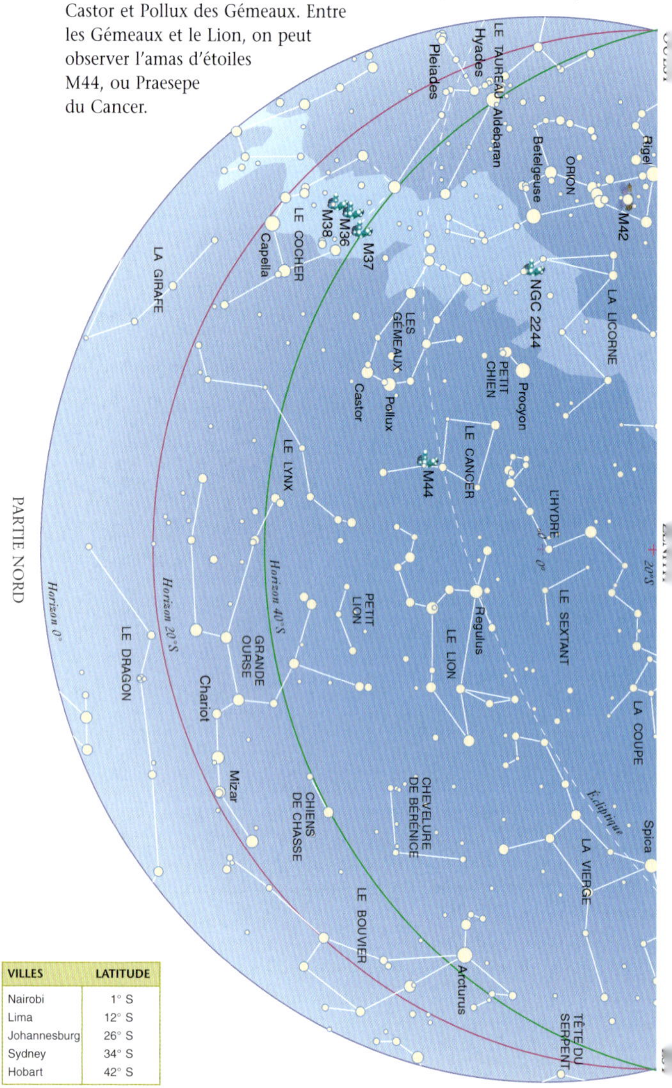

VILLES	LATITUDE
Nairobi	1° S
Lima	12° S
Johannesburg	26° S
Sydney	34° S
Hobart	42° S

OBJETS DU CIEL PROFOND				
Galaxie	Amas globulaire	Amas ouvert	Nébuleuse diffuse	Nébuleuse planétaire

Latitudes sud, partie sud

C'est l'automne dans l'hémisphère Sud, et la Voie lactée court depuis l'horizon sud-ouest vers le zénith (au-dessus de nos têtes). Canopus brille intensément au sud, et la Croix du Sud est visible vers l'est. Sous la Croix, voici les deux étoiles brillantes Alpha (α) et Bêta (β) de la constellation du Centaure. Entre Canopus et l'horizon sud, on peut observer aux jumelles ou au télescope le Grand et le Petit Nuage de Magellan (LMC et SMC).

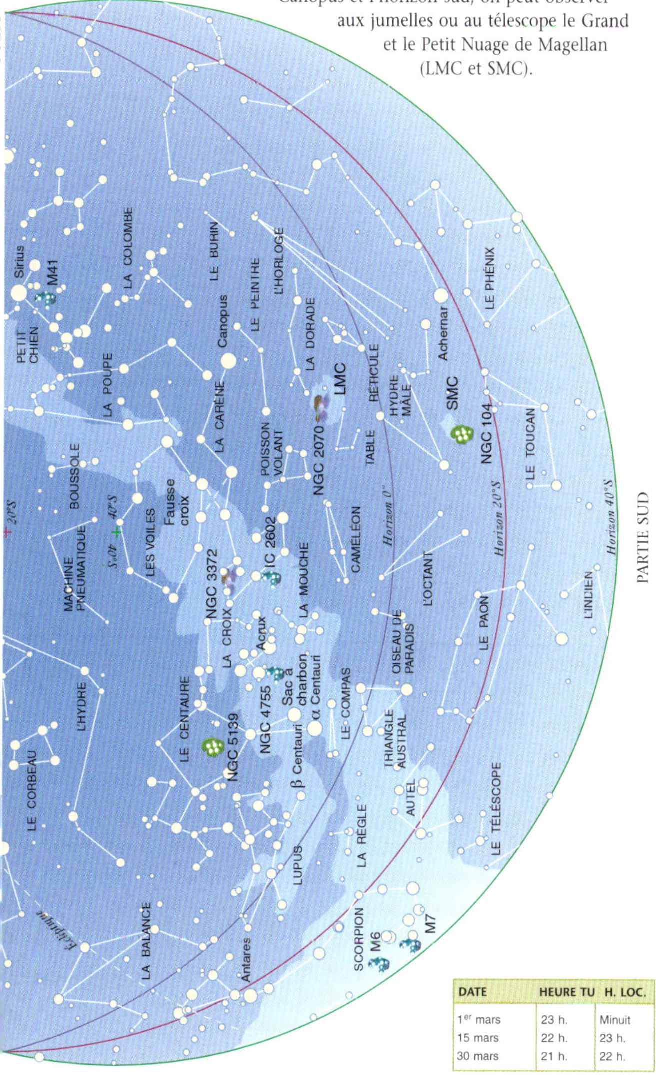

DATE	HEURE TU	H. LOC.
1er mars	23 h.	Minuit
15 mars	22 h.	23 h.
30 mars	21 h.	22 h.

MAGNITUDE DES ÉTOILES						
-1	0	1	2	3	4	5

Avril LATITUDES NORD

Latitudes nord, partie nord

Presque au-dessus de nos têtes, la Grande Ourse, ou Grand Chariot, semble à l'envers. En suivant une ligne tracée depuis les étoiles formant le bout du Chariot, on arrive à l'étoile Polaire. Une ligne incurvée partant de son timon mène de son côté à Arcturus, l'étoile la plus brillante du ciel au nord-est. La pluie de météorites des Lyrides connaît son maximum (environ 10 météores par heure) le 21 avril, avec son radiant situé près de Véga de la Lyre.

PARTIE NORD

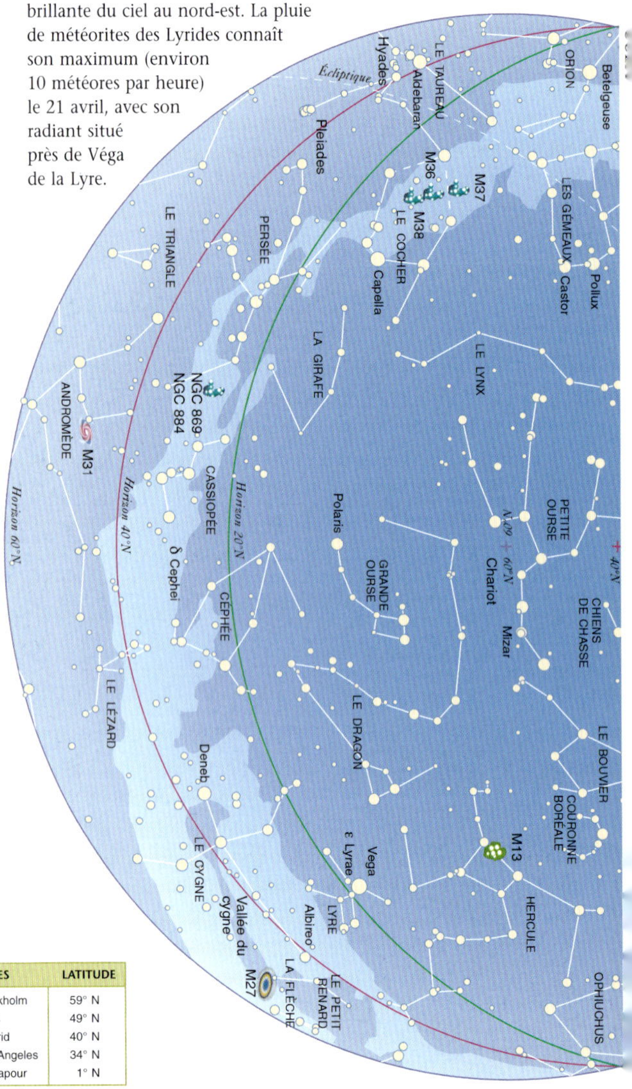

VILLES	LATITUDE
Stockholm	59° N
Paris	49° N
Madrid	40° N
Los Angeles	34° N
Singapour	1° N

OBJETS DU CIEL PROFOND				
Galaxie	Amas globulaire	Amas ouvert	Nébuleuse diffuse	Nébuleuse planétaire

Latitudes nord, partie sud

Haute dans le ciel du sud, la constellation du Lion contient la brillante Régulus que l'on peut également localiser en tirant un trait depuis les deux premières étoiles du Chariot de la Grande Ourse. À l'est du Lion se situent Arcturus et, en dessous, Spica de la Vierge. Loin vers l'ouest, les étoiles Castor et Pollux des Gémeaux sont encore visibles, mais les constellations d'hiver, Orion et sa voisine Sirius, sombrent à l'horizon ouest.

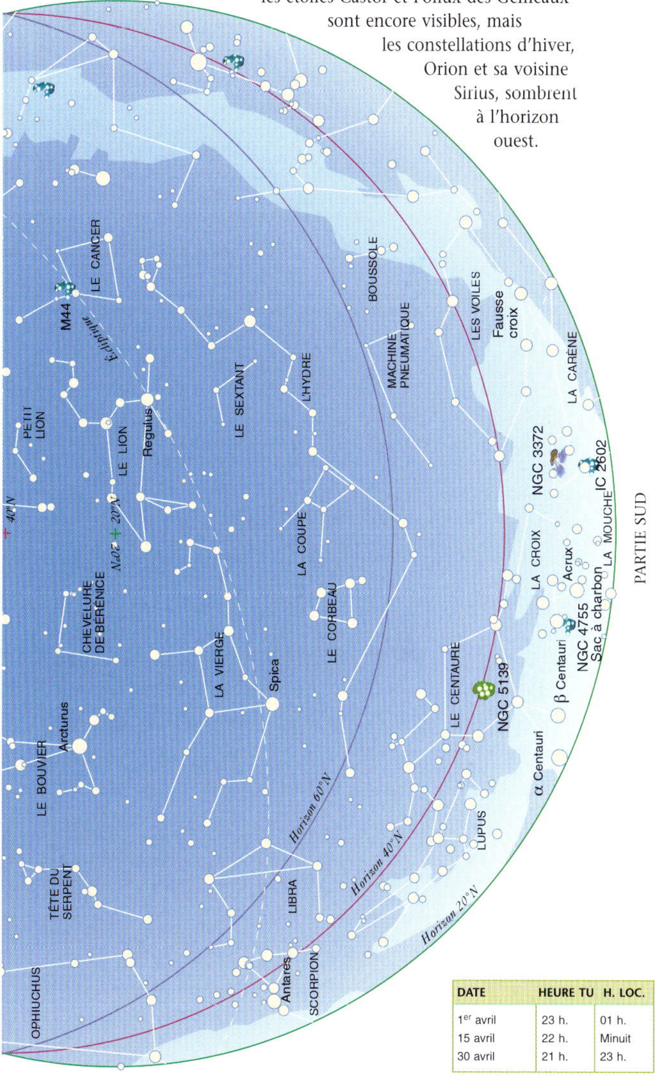

DATE	HEURE TU	H. LOC.
1er avril	23 h.	01 h.
15 avril	22 h.	Minuit
30 avril	21 h.	23 h.

MAGNITUDE DES ÉTOILES						
-1	0	1	2	3	4	5

Avril LATITUDES SUD

Latitudes sud, partie nord

En ce mois, la principale constellation que l'on puisse observer dans l'hémisphère Sud est celle du Lion, mais, comme elle a jadis été répertoriée par des observateurs de l'hémisphère Nord, elle semble être à l'envers. Ainsi Régulus, la plus brillante étoile de la constellation, brille haut dans le ciel du nord. À l'est domine l'éclatante Arcturus avec, au-dessus d'elle, Spica de la Vierge. À l'ouest se couchent les constellations hivernales.

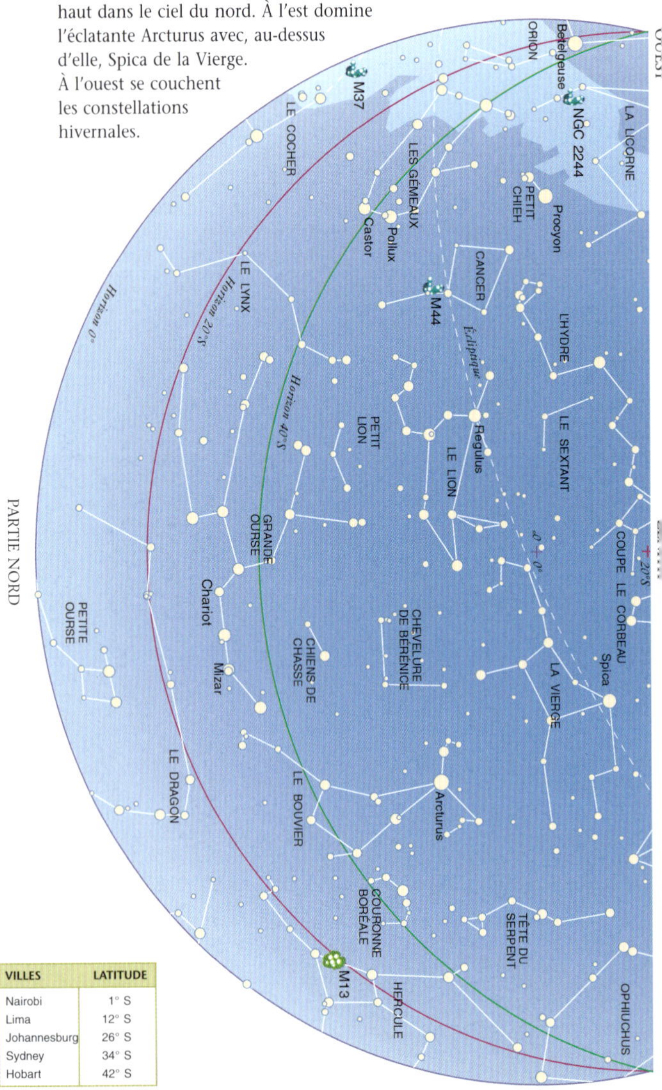

VILLES	LATITUDE
Nairobi	1° S
Lima	12° S
Johannesburg	26° S
Sydney	34° S
Hobart	42° S

OBJETS DU CIEL PROFOND				
Galaxie	Amas globulaire	Amas ouvert	Nébuleuse diffuse	Nébuleuse planétaire

Latitudes sud, partie sud

Canopus de la Carène domine dans le ciel au sud-ouest. En dessous et un peu à gauche se trouvent les Grand et Petit Nuages de Magellan (LMC et SMC), deux galaxies satellites de la Voie lactée. Sirius, l'étoile la plus brillante du ciel, est à l'ouest de Canopus. Vers l'est, voici le Scorpion avec sa géante orange Antarès. La Croix du Sud est haut dans le ciel, avec les étoiles Alpha (α) et Bêta (β) du Centaure juste sous elle. À droite de la Croix, les Voiles et la Carène.

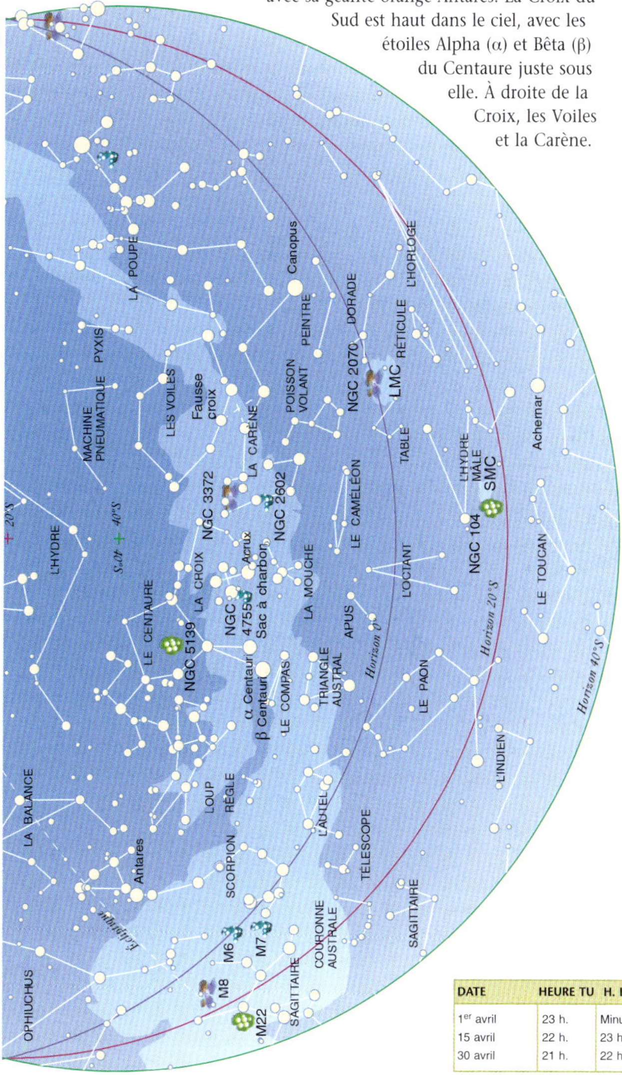

DATE	HEURE TU	H. LOC.
1er avril	23 h.	Minuit
15 avril	22 h.	23 h.
30 avril	21 h.	22 h.

MAGNITUDE DES ÉTOILES						
-1	0	1	2	3	4	5

Mai LATITUDES NORD

Latitudes nord, partie nord

L'été approche dans l'hémisphère Nord et déjà, tout au nord-est, pointe la Lyre et sa brillante étoile Véga. Face à nous, plein nord, Cassiopée étale son W caractéristique, tandis qu'au-dessus de notre tête se trouve la Grande Ourse dont les deux étoiles terminant le Chariot conduisent vers Polaris, l'étoile Polaire. Entre Polaris et Cassiopée se situe Céphée. La brillante étoile Capella se niche maintenant à l'horizon nord-ouest, à gauche de Cassiopée.

PARTIE NORD

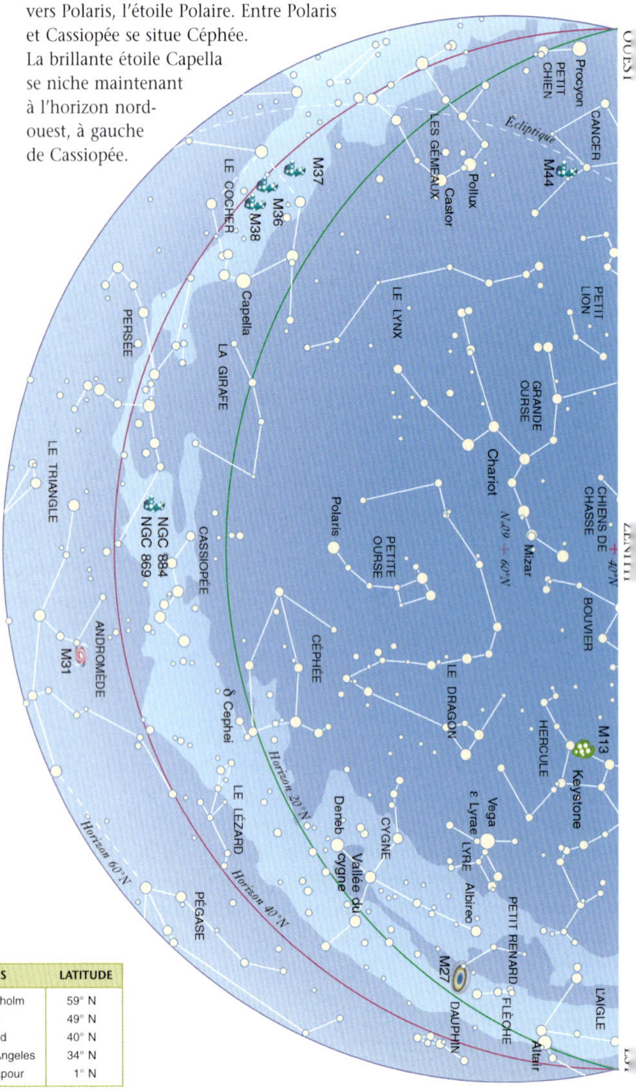

VILLES	LATITUDE
Stockholm	59° N
Paris	49° N
Madrid	40° N
Los Angeles	34° N
Singapour	1° N

OBJETS DU CIEL PROFOND				
Galaxie	Amas globulaire	Amas ouvert	Nébuleuse diffuse	Nébuleuse planétaire

Latitudes nord, partie sud

Au mois de mai, la « star » incontestée du ciel est Arcturus, que l'on peut trouver en suivant une ligne incurvée depuis le timon du Chariot de la Grande Ourse. En poursuivant cette même ligne au-delà d'Arcturus, on parvient à Spica de la Vierge. Au nord-est d'Arcturus, voici qu'apparaît Hercule dont le grand amas globulaire M13 est visible à l'œil nu, mais qui constitue surtout une très belle cible à rechercher aux jumelles.

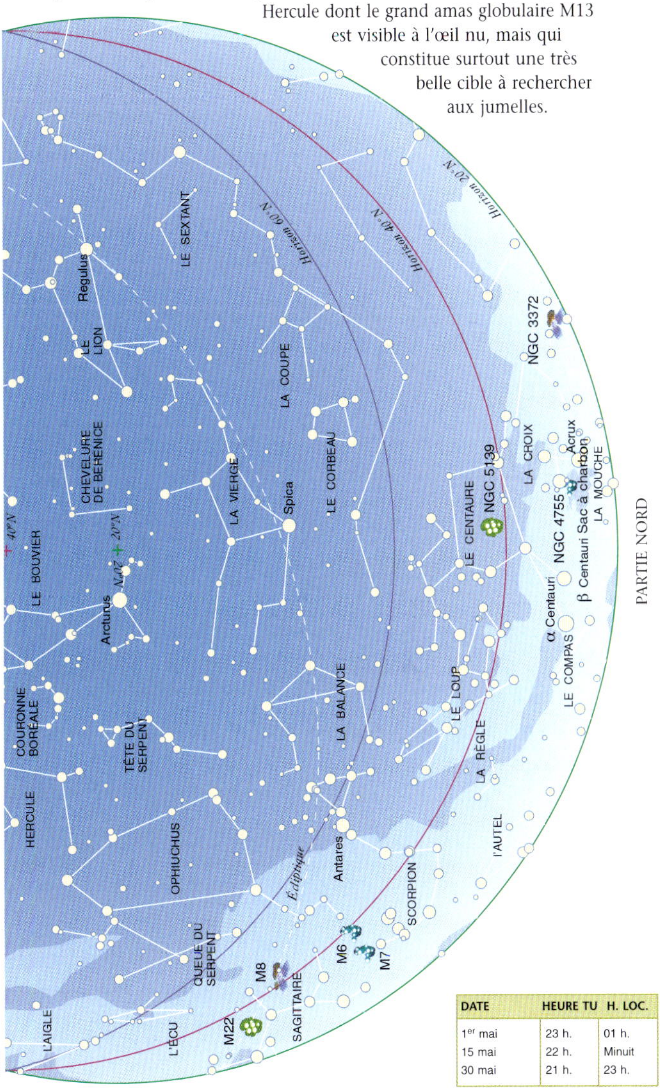

DATE	HEURE TU	H. LOC.
1er mai	23 h.	01 h.
15 mai	22 h.	Minuit
30 mai	21 h.	23 h.

MAGNITUDE DES ÉTOILES						
-1	0	1	2	3	4	5

Mai LATITUDES SUD

Latitudes sud, partie nord

En direction du nord, l'une des étoiles les plus brillantes du ciel est Arcturus. Au-dessus d'elle se tient Spica de la Vierge. En dessous et à gauche d'Arcturus et de Spica s'étale la constellation du Lion avec son étoile Régulus. Véga de la Lyre, que l'on localisera au bout dans la même direction qu'Arcturus par rapport à Spica, est basse sur l'horizon nord-est. À droite (à l'est) d'Arcturus se trouvent les constellations du Serpent et d'Ophiucus.

PARTIE NORD

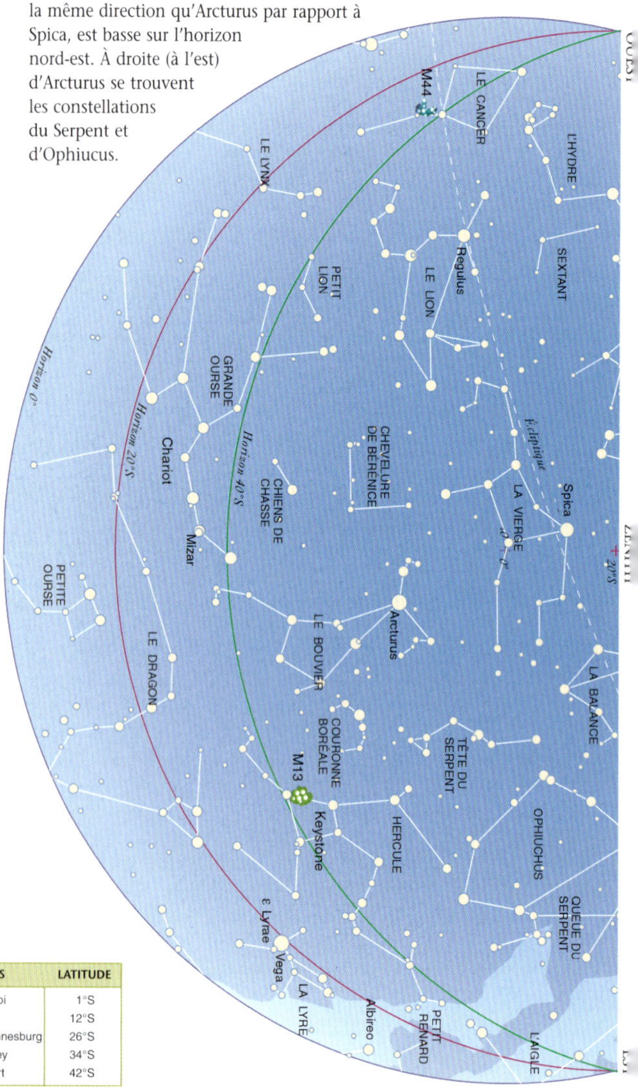

VILLES	LATITUDE
Nairobi	1°S
Lima	12°S
Johannesburg	26°S
Sydney	34°S
Hobart	42°S

OBJETS DU CIEL PROFOND				
Galaxie	Amas globulaire	Amas ouvert	Nébuleuse diffuse	Nébuleuse planétaire

Latitudes sud, partie sud

Au centre du ciel, la Croix du Sud pointe au sud en direction de l'Octant. Vers le zénith et dans le Centaure, Omega Centauri (NGC 5139) est un brillant amas globulaire visible à l'œil nu telle une étoile floue. Le Scorpion et le Sagittaire se lèvent à l'est : deux constellations à balayer avec une paire de jumelles. La pluie de météorites des Êta Aquarides débute fin avril et connaît son maximum début mai, avec une moyenne de 35 météores par heure.

DATE	HEURE TU	H. LOC.
1er mai	23 h.	Minuit
15 mai	22 h.	23 h.
30 mai	21 h.	22 h.

MAGNITUDE DES ÉTOILES						
-1	0	1	2	3	4	5

Juin LATITUDES NORD

Latitudes nord, partie nord

Les constellations de l'été se lèvent chaque nuit un peu plus tôt. Véga de la Lyre est déjà haute dans le ciel du nord-est, suivie par le Cygne puis la Voie lactée. Dans la partie nord-ouest, la Grande Ourse se tient « à l'endroit » avec, à sa gauche, le Lion. Cassiopée, quant à elle, est maintenant près de l'horizon nord. Tard dans la nuit, on peut observer la Voie lactée aux jumelles et y rechercher les nombreux amas et champs d'étoiles qu'elle contient.

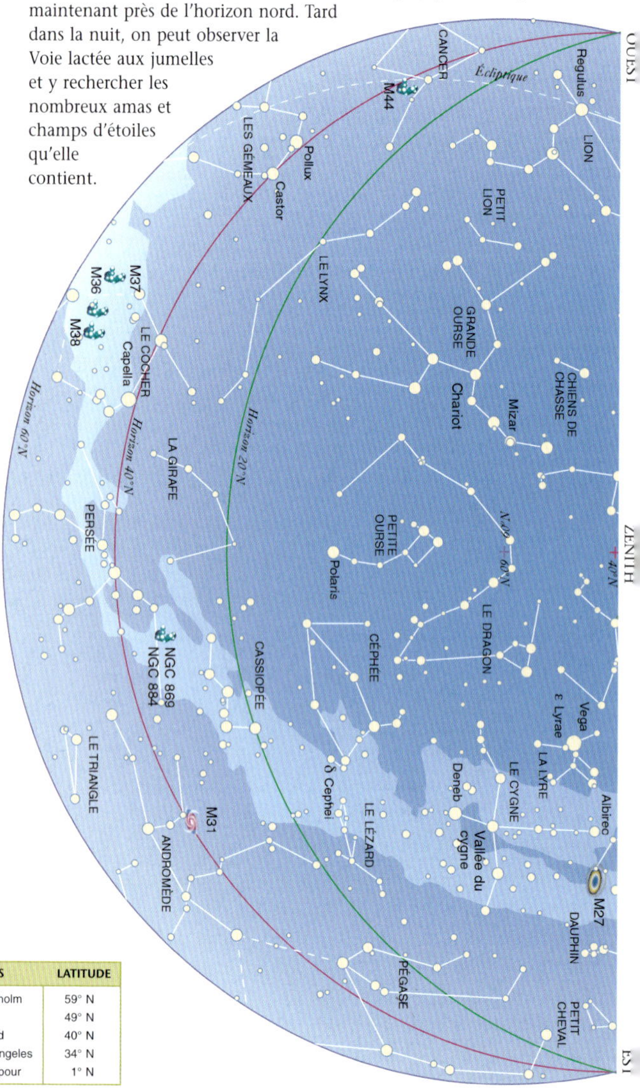

PARTIE NORD

VILLES	LATITUDE
Stockholm	59° N
Paris	49° N
Madrid	40° N
Los Angeles	34° N
Singapour	1° N

OBJETS DU CIEL PROFOND

Galaxie	Amas globulaire	Amas ouvert	Nébuleuse diffuse	Nébuleuse planétaire

Latitudes nord, partie sud

Étoile orangée, Arcturus se tient haut dans le ciel avec, sous elle, la blanche Spica de la Vierge. Plus bas, près de l'horizon sud, apparaît le Scorpion. Selon la latitude à laquelle on se trouve, on en aperçoit une plus ou moins grande partie, le Scorpion ne se dévoilant entièrement qu'aux latitudes sud. Son étoile la plus brillante est Antarès, au ton rougeâtre. Le Lion se couche à l'ouest, entraînant avec lui la brillante Denebola.

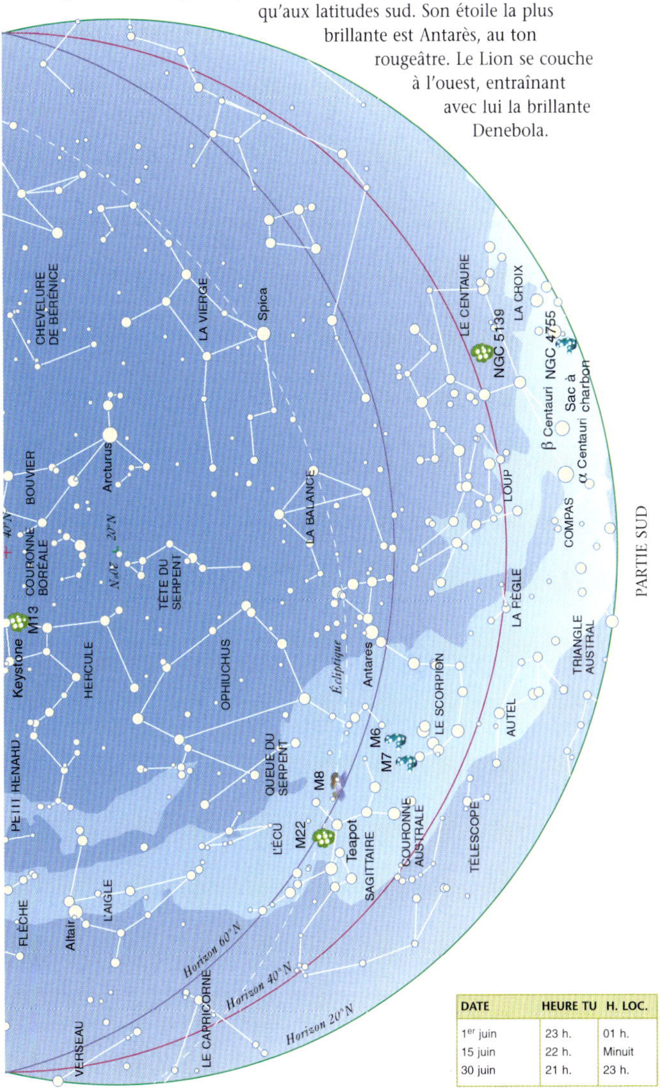

DATE	HEURE TU	H. LOC.
1er juin	23 h.	01 h.
15 juin	22 h.	Minuit
30 juin	21 h.	23 h.

MAGNITUDE DES ÉTOILES						
-1	0	1	2	3	4	5

Juin LATITUDES SUD

Latitudes sud, partie nord

Haute dans le ciel, l'étoile brillante est Arcturus. Un peu en bas à sa droite se trouve la constellation d'Hercule qui renferme l'amas globulaire M13, visible à l'œil nu. Avec son étoile rougeâtre, Antarès, le Scorpion est au zénith, au-dessus de notre tête, riche en champs stellaires et en amas. À l'est, près de l'horizon, voici Véga de la Lyre et, plus à l'est encore, Altaïr de l'Aigle. L'étoile la plus brillante à l'ouest est Spica de la Vierge.

PARTIE NORD

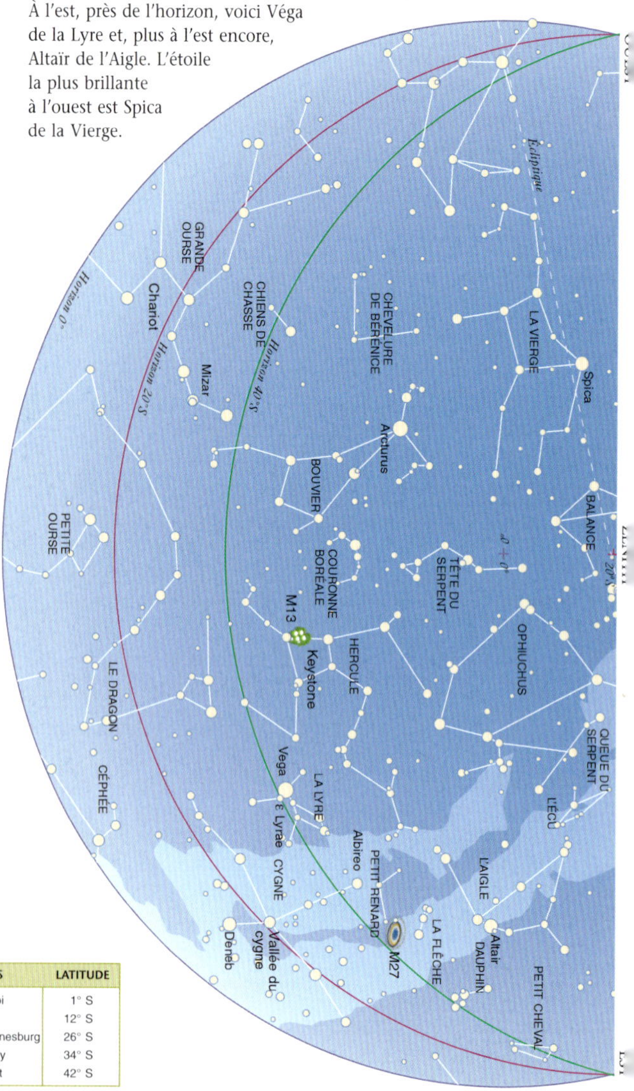

VILLES	LATITUDE
Nairobi	1° S
Lima	12° S
Johannesburg	26° S
Sydney	34° S
Hobart	42° S

OBJETS DU CIEL PROFOND				
Galaxie	Amas globulaire	Amas ouvert	Nébuleuse diffuse	Nébuleuse planétaire

Latitudes sud, partie sud

La supergéante rouge Antarès est au zénith avec à sa droite, vers l'ouest, l'étoile la plus brillante du ciel, Spica de la Vierge. La Voie lactée court d'est en ouest, passant presque au-dessus de notre tête. La Croix du Sud s'étend au sud-ouest du Scorpion. Entre les deux constellations, on trouve Alpha (α) et Bêta (β) du Centaure. Sous la Croix du Sud, voici les deux Nuages de Magellan (LMC et SMC). Par nuit noire, on peut observer la Nébuleuse de la Tarentule (NGC 2070).

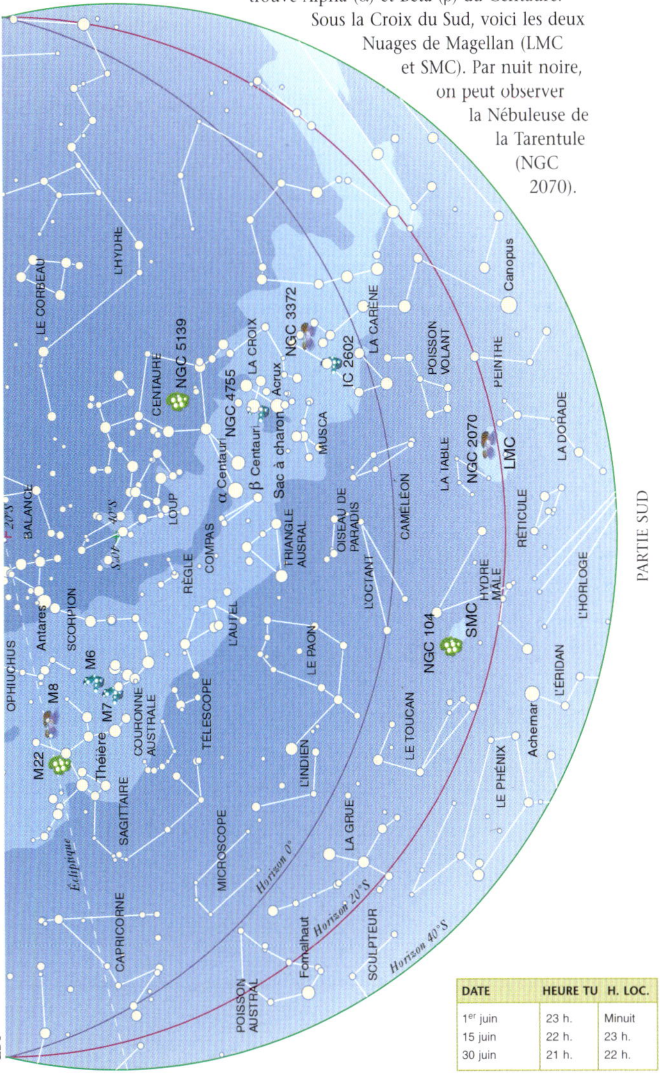

DATE	HEURE TU	H. LOC.
1er juin	23 h.	Minuit
15 juin	22 h.	23 h.
30 juin	21 h.	22 h.

MAGNITUDE DES ÉTOILES						
-1	0	1	2	3	4	5

Juillet LATITUDES NORD

Latitudes nord, partie nord

Durant ce mois, la Grande et la Petite Ourse sont au centre du ciel, et Arcturus à l'ouest. Au-dessus de notre tête, Véga domine le ciel de son éclat blanc. Au nord-est, Cassiopée se reconnaît à sa forme en W au-dessous du Cygne : une région riche en champs stellaires à explorer aux jumelles. Par nuit noire, il est possible de deviner les faibles étoiles du Dragon qui se glissent entre la Petite et la Grande Ourse. Le « Triangle d'été » est formé par Deneb, Véga et Altaïr.

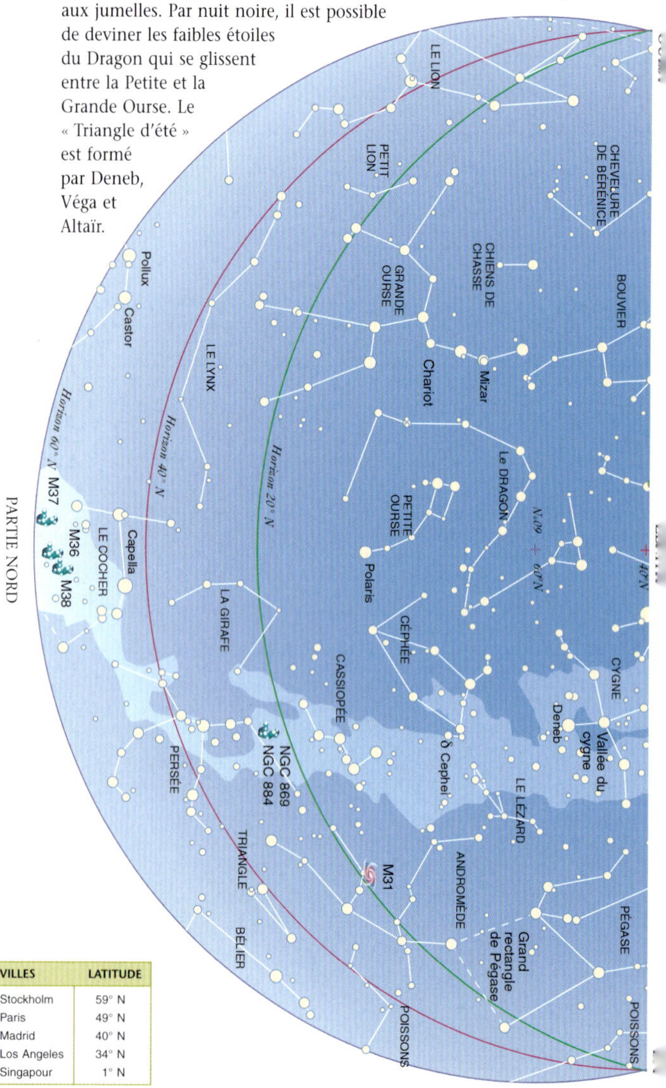

VILLES	LATITUDE
Stockholm	59° N
Paris	49° N
Madrid	40° N
Los Angeles	34° N
Singapour	1° N

OBJETS DU CIEL PROFOND				
Galaxie	Amas globulaire	Amas ouvert	Nébuleuse diffuse	Nébuleuse planétaire

Latitudes nord, partie sud

Proche de l'horizon sud se trouve le Scorpion, que l'on voit défiler le long de l'horizon avec son étoile brillante Antarès au cours de la nuit. Toute cette région est riche en amas stellaires, parfois visibles à l'œil nu, mais qu'il vaut mieux observer avec des jumelles. À gauche du Scorpion, voici le Sagittaire, qui se trouve en direction du centre de la galaxie. La Voie lactée traverse le ciel en écharpe, de l'est vers l'horizon sud.

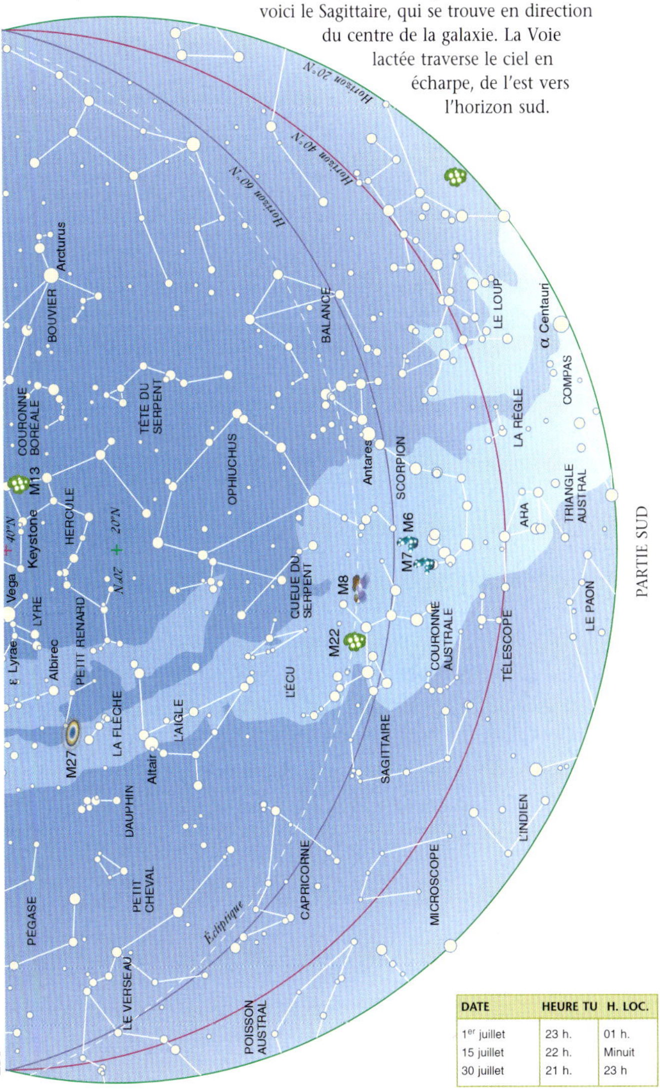

DATE	HEURE TU	H. LOC.
1er juillet	23 h.	01 h.
15 juillet	22 h.	Minuit
30 juillet	21 h.	23 h

MAGNITUDE DES ÉTOILES						
-1	0	1	2	3	4	5

Juillet LATITUDES SUD

Latitudes sud, partie nord

Au mois de juillet, cinq étoiles très lumineuses dominent le ciel : Antarès du Scorpion, au zénith, puis, en allant d'est en ouest (de droite à gauche), Altaïr de l'Aigle, Véga de la Lyre, Arcturus du Bouvier et, enfin, Spica de la Vierge. Les constellations du Scorpion, du Sagittaire et d'Ophiucus au-dessus de notre tête sont des régions riches en amas et en nébuleuses que l'on peut découvrir aux jumelles ou avec un petit télescope.

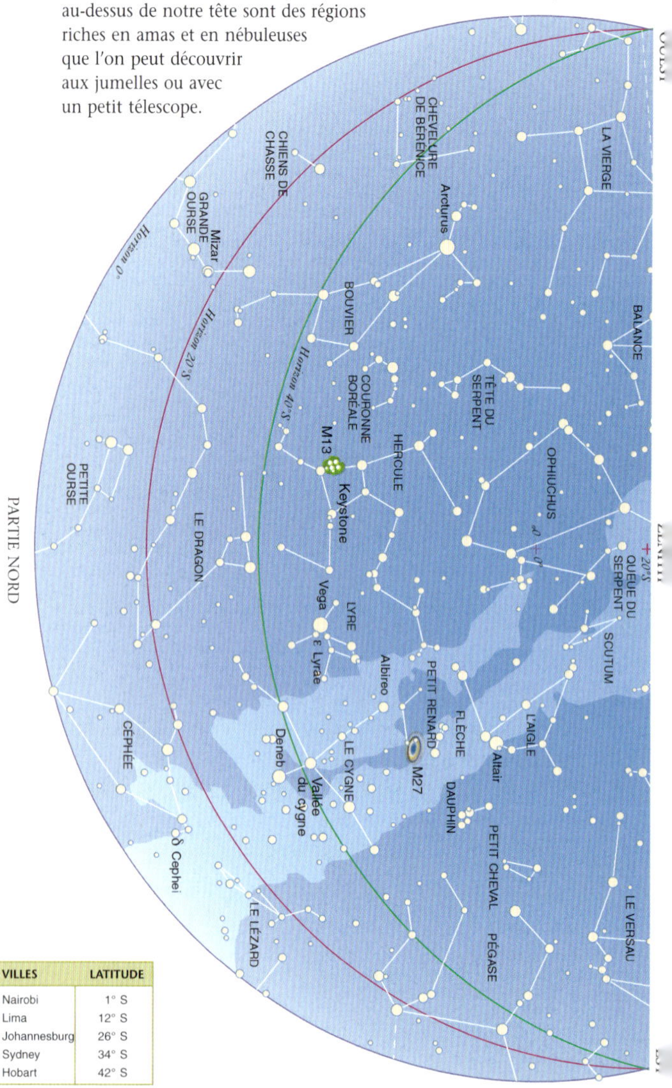

VILLES	LATITUDE
Nairobi	1° S
Lima	12° S
Johannesburg	26° S
Sydney	34° S
Hobart	42° S

OBJETS DU CIEL PROFOND				
Galaxie	Amas globulaire	Amas ouvert	Nébuleuse diffuse	Nébuleuse planétaire

Latitudes sud, partie sud

Le Scorpion et le Sagittaire sont au-dessus de notre tête, avec leurs amas stellaires qui sont autant de cibles pour les instruments d'amateurs. La Croix du Sud et le Centaure se tiennent sur l'horizon sud-ouest. Si le ciel est bien noir, on aperçoit sous la Croix traversée par la Voie lactée une tache sombre : le Sac à charbon, une région de poussières interstellaires qui empêche la lumière des étoiles de passer. D'autres traînées sombres courent le long de la Voie lactée.

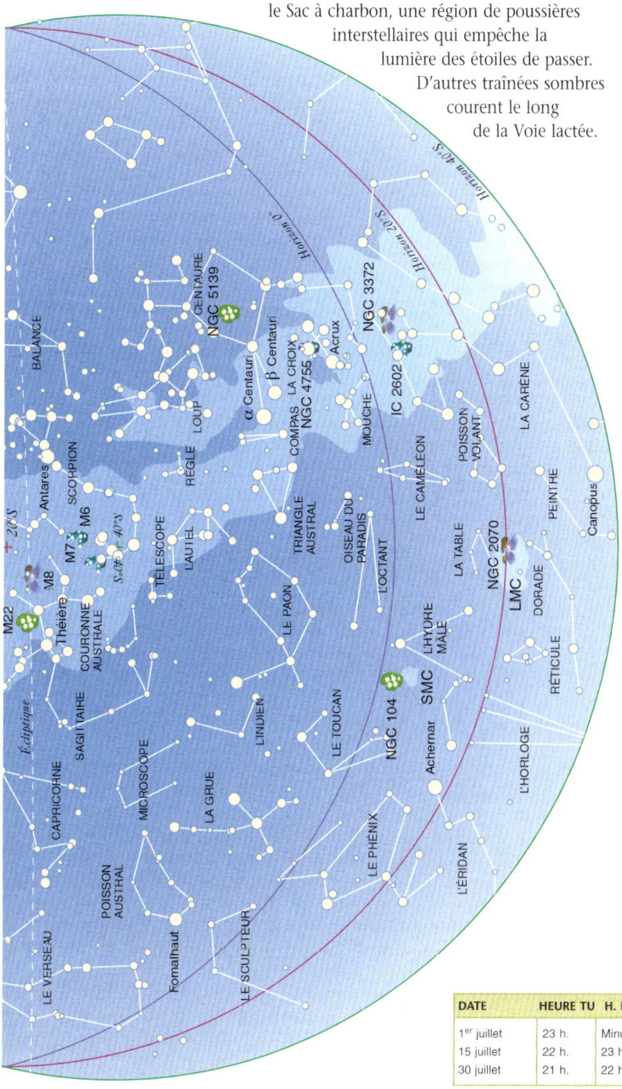

PARTIE SUD

DATE	HEURE TU	H. LOC.
1er juillet	23 h.	Minuit
15 juillet	22 h.	23 h.
30 juillet	21 h.	22 h.

MAGNITUDE DES ÉTOILES						
-1	0	1	2	3	4	5

Août LATITUDES NORD

Latitudes nord, partie nord

La Grande Ourse et Cassiopée se trouvent l'une au nord-ouest et l'autre au nord-est. Au zénith, un peu à l'ouest, se tient la Couronne boréale, à observer avec des jumelles. Le 12 août, la pluie de météorites des Perséides, dont les météores sont très brillants et laissent des traînées bien marquées, est à son maximum. Le taux est d'environ 70 à 90 météores par heure. Le radiant des Perséides se situe près du double amas (NGC 869 et 884) de Persée.

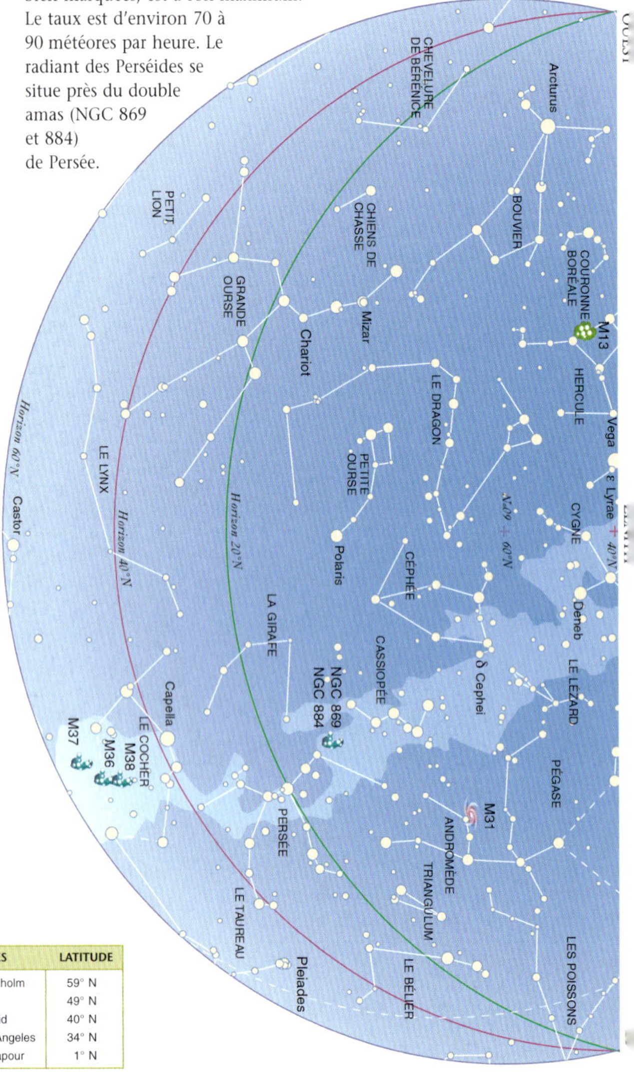

PARTIE NORD

VILLES	LATITUDE
Stockholm	59° N
Paris	49° N
Madrid	40° N
Los Angeles	34° N
Singapour	1° N

OBJETS DU CIEL PROFOND				
Galaxie	Amas globulaire	Amas ouvert	Nébuleuse diffuse	Nébuleuse planétaire

Latitudes nord, partie sud

Traversant le Cygne, la Voie lactée descend en direction du sud-ouest. Si la nuit est assez sombre (attendez minuit), on aperçoit bien la forme de la Voie lactée ainsi que sa région sombre, connue sous le nom de rift ou vallée du Cygne, qui semble partager la Galaxie en deux parties. Sous la Voie lactée, à l'horizon sud, défilent les constellations du Verseau, du Capricorne, du Sagittaire et du Scorpion, dans lequel brille la supergéante rouge Antarès.

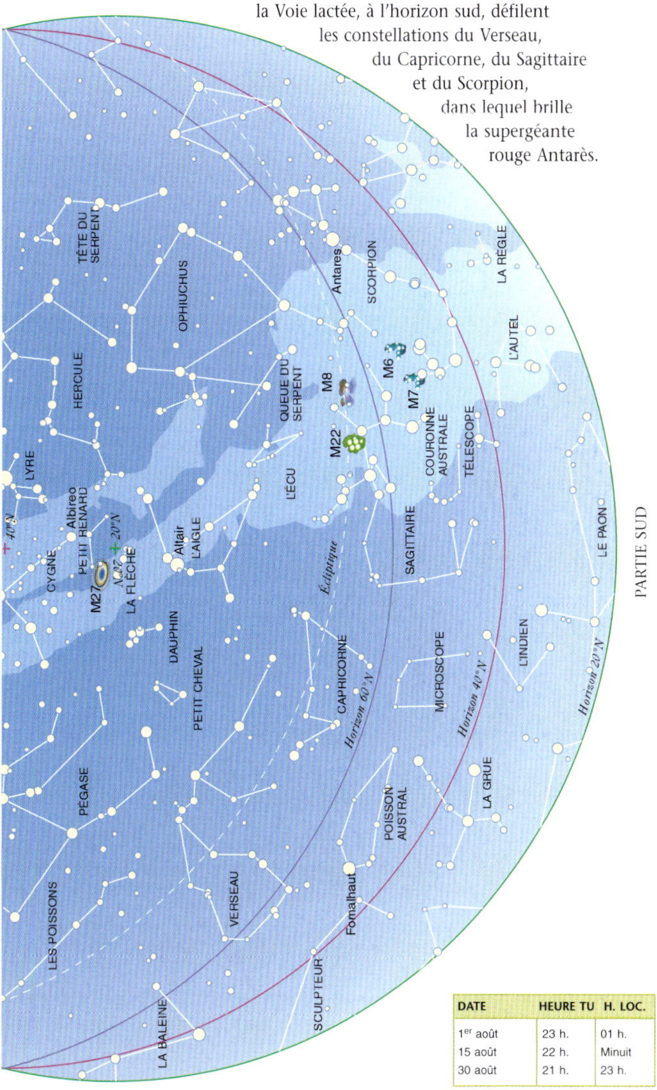

DATE	HEURE TU	H. LOC.
1er août	23 h.	01 h.
15 août	22 h.	Minuit
30 août	21 h.	23 h.

MAGNITUDE DES ÉTOILES						
-1	0	1	2	3	4	5

Août LATITUDES SUD

Latitudes sud, partie nord

Le Triangle d'été formé par les trois étoiles brillantes Deneb du Cygne, Véga de la Lyre et Altaïr de l'Aigle domine la partie nord du ciel. À gauche (à l'ouest) de Véga, la constellation d'Hercule contient le plus grand amas globulaire de l'hémisphère céleste Nord : M13. Difficile à repérer à l'œil nu, cet amas est une bonne cible pour des jumelles ou un petit télescope. Venant de l'horizon nord, la Voie lactée traverse le ciel au-dessus de notre tête.

PARTIE NORD

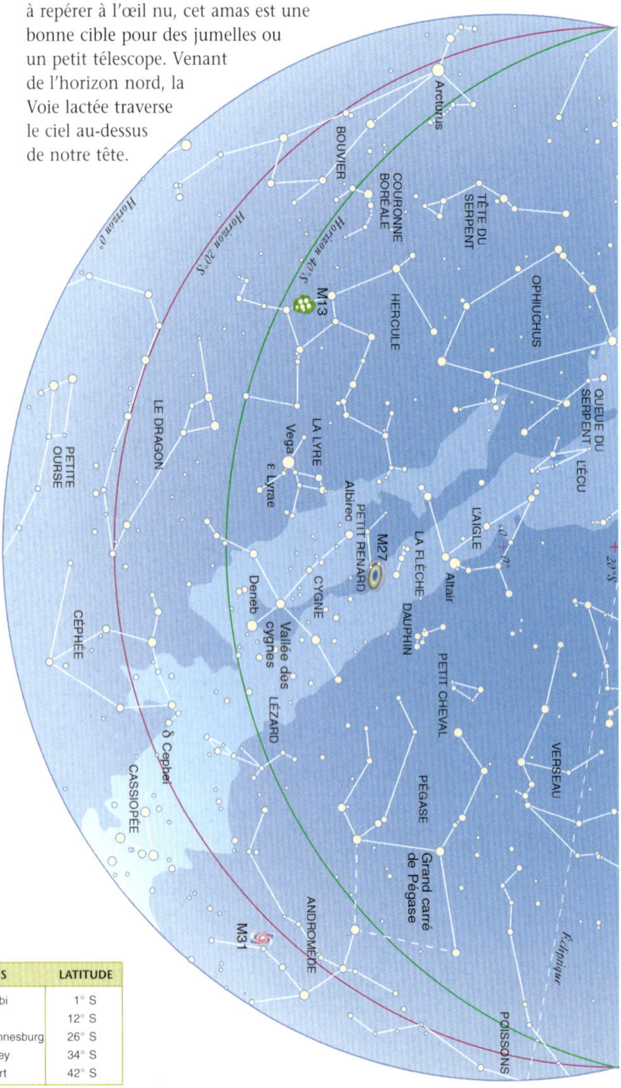

VILLES	LATITUDE
Nairobi	1° S
Lima	12° S
Johannesburg	26° S
Sydney	34° S
Hobart	42° S

OBJETS DU CIEL PROFOND				
Galaxie	Amas globulaire	Amas ouvert	Nébuleuse diffuse	Nébuleuse planétaire

Latitudes sud, partie sud

Par belle nuit sombre, la Voie lactée resplendit, depuis l'horizon nord jusqu'à l'horizon sud, flanquée en son milieu par le Sagittaire et le Scorpion. Toute la région est à balayer aux jumelles. Vers l'est, se trouve l'étoile Fomalhaut du Poisson austral et, sous elle, Achernar. Spica de la Vierge se tient à l'ouest. Entre le Scorpion et l'horizon sud, on reconnaît aisément la Croix du Sud.

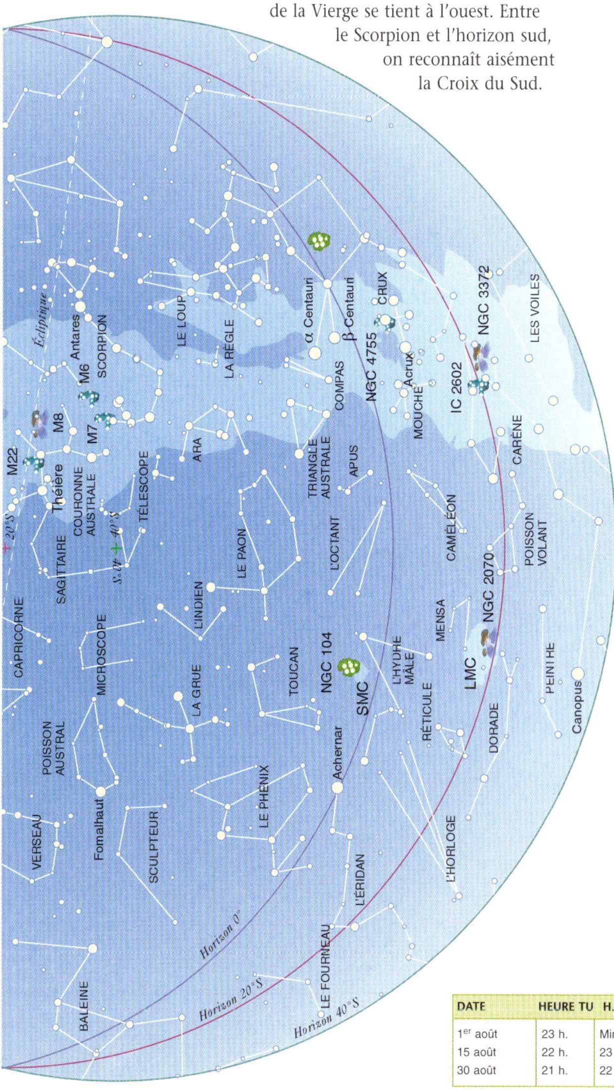

DATE	HEURE TU	H. LOC.
1er août	23 h.	Minuit
15 août	22 h.	23 h.
30 août	21 h.	22 h.

MAGNITUDE DES ÉTOILES						
-1	0	1	2	3	4	5

Septembre LATITUDES NORD

Latitudes nord, partie nord

Dans l'hémisphère céleste Nord, l'automne n'est pas une saison bien riche en étoiles brillantes. En septembre, le Cygne se tient au-dessus de notre tête avec, à l'ouest, Véga de la Lyre. Le W de Cassiopée apparaît au nord-est. Entre Cassiopée et Véga se trouve Céphée, dont l'étoile Delta (δ) est une étoile variable d'une période d'environ cinq jours et dont la variation d'intensité peut être observée à l'œil nu. La Grande Ourse est maintenant basse sur l'horizon nord-ouest.

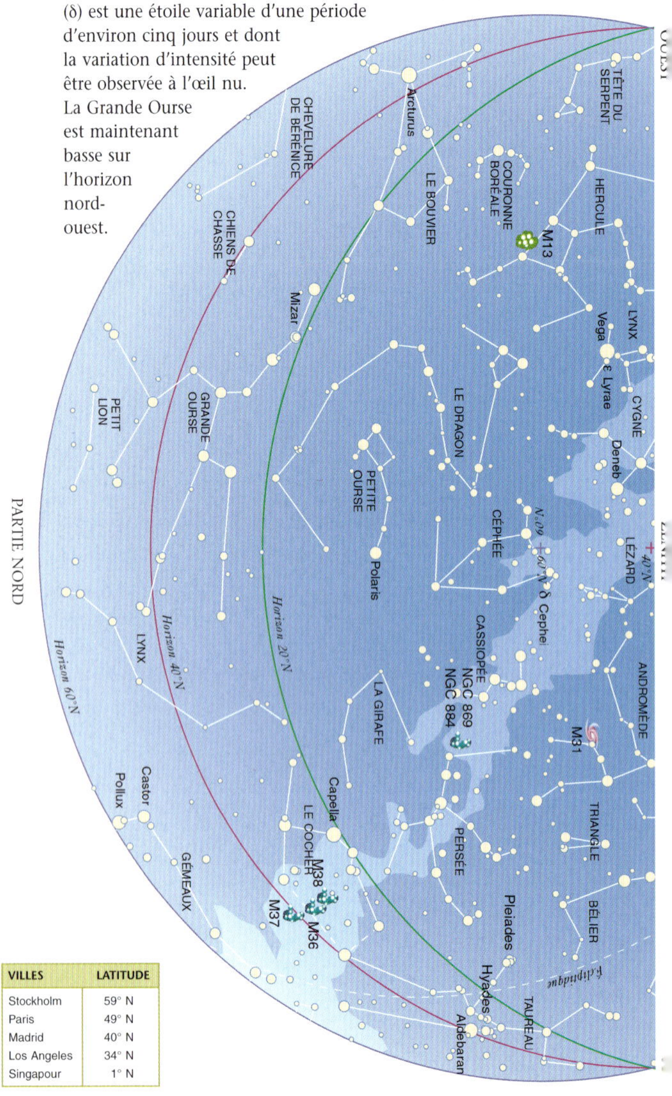

VILLES	LATITUDE
Stockholm	59° N
Paris	49° N
Madrid	40° N
Los Angeles	34° N
Singapour	1° N

OBJETS DU CIEL PROFOND				
Galaxie	Amas globulaire	Amas ouvert	Nébuleuse diffuse	Nébuleuse planétaire

Latitudes nord, partie sud

Véga, Deneb et Altaïr du Triangle d'été sont au-dessus de notre tête. La Voie lactée traverse cette région du ciel pour filer vers l'horizon sud en direction du Sagittaire. Pointer des jumelles dans cette direction permet, encore en cette saison, de détecter les nombreux amas ou les nébuleuses qui entourent cette constellation. Juste au-dessus de l'horizon sud, Fomalhaut sert à repérer le Verseau et le Capricorne.

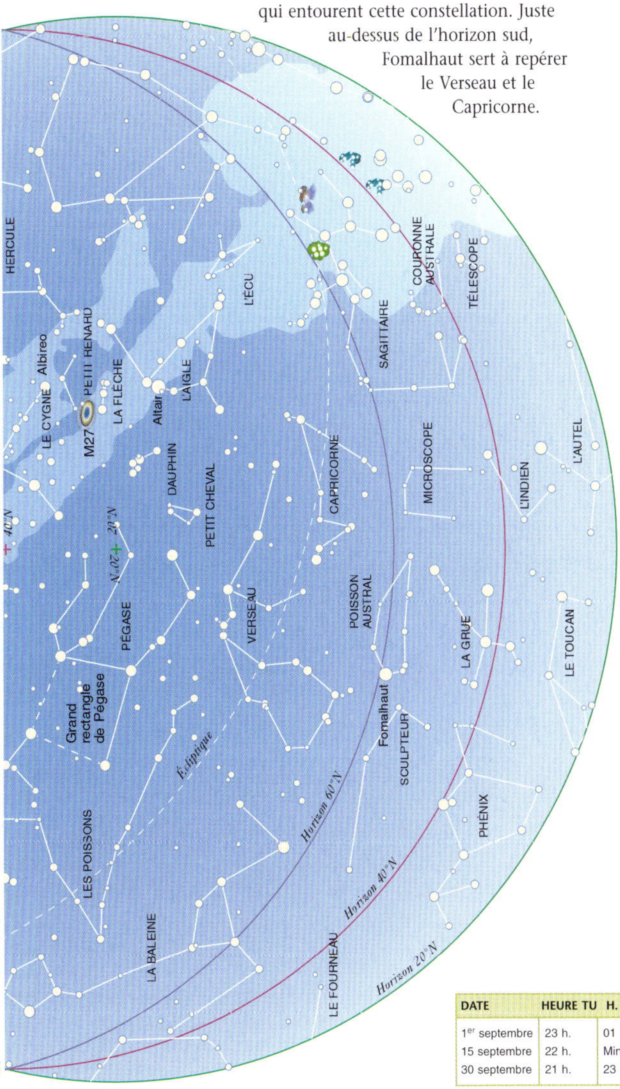

DATE	HEURE TU	H. LOC.
1er septembre	23 h.	01 h.
15 septembre	22 h.	Minuit
30 septembre	21 h.	23 h.

MAGNITUDE DES ÉTOILES						
-1	0	1	2	3	4	5

Septembre LATITUDES SUD

Latitudes sud, partie nord

Dans le Triangle d'été formé par Véga, Deneb et Altaïr, on peut voir la constellation du Petit Renard (Vulpecula) qui renferme la très belle nébuleuse planétaire M27. À sa droite (à l'est), le museau du Dauphin est une étoile double séparable avec un instrument d'amateur. Au zénith, à l'ouest, le Sagittaire propose ses nombreux amas stellaires et nébuleuses.

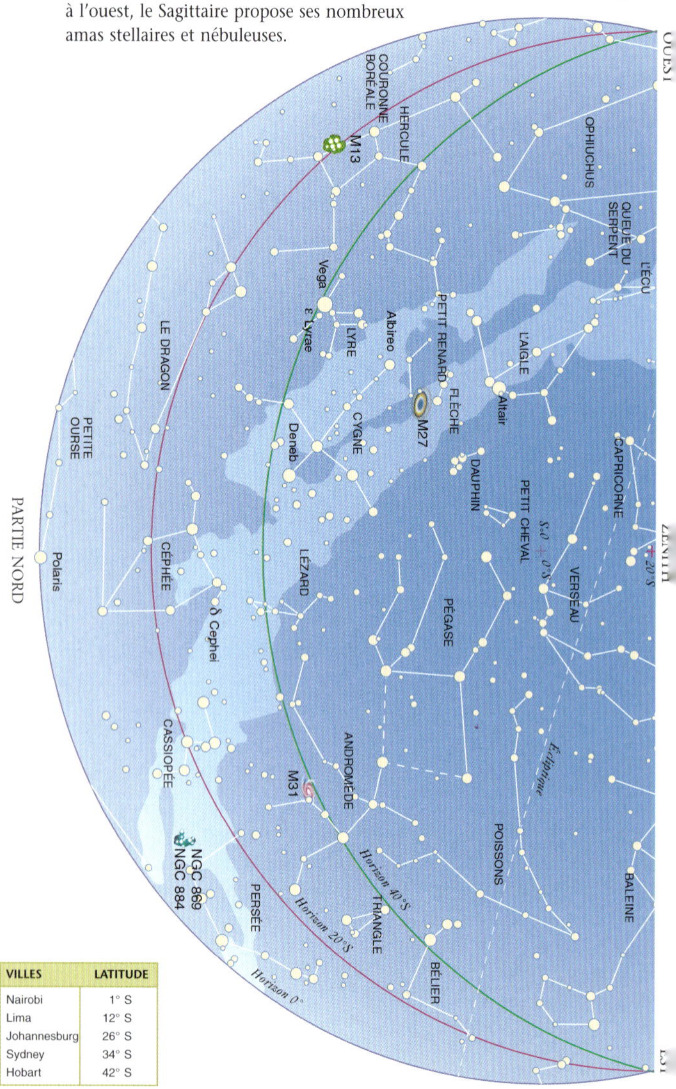

VILLES	LATITUDE
Nairobi	1° S
Lima	12° S
Johannesburg	26° S
Sydney	34° S
Hobart	42° S

OBJETS DU CIEL PROFOND				
Galaxie	Amas globulaire	Amas ouvert	Nébuleuse diffuse	Nébuleuse planétaire

Latitudes sud, partie sud

En direction du sud-est, l'étoile la plus brillante est Achernar de l'Éridan. Un peu au-dessous et à sa droite se trouve le Petit Nuage de Magellan (SMC), visible à l'œil nu. Également visible sans instrument, l'amas globulaire 47 du Toucan (NGC 104) est tout proche du SMC. Plongeant vers l'horizon sud, la Voie lactée passe au-dessus de notre tête. Au sud, on reconnaît la Croix avec son Sac à charbon et, au sud-ouest, le Scorpion avec Antarès.

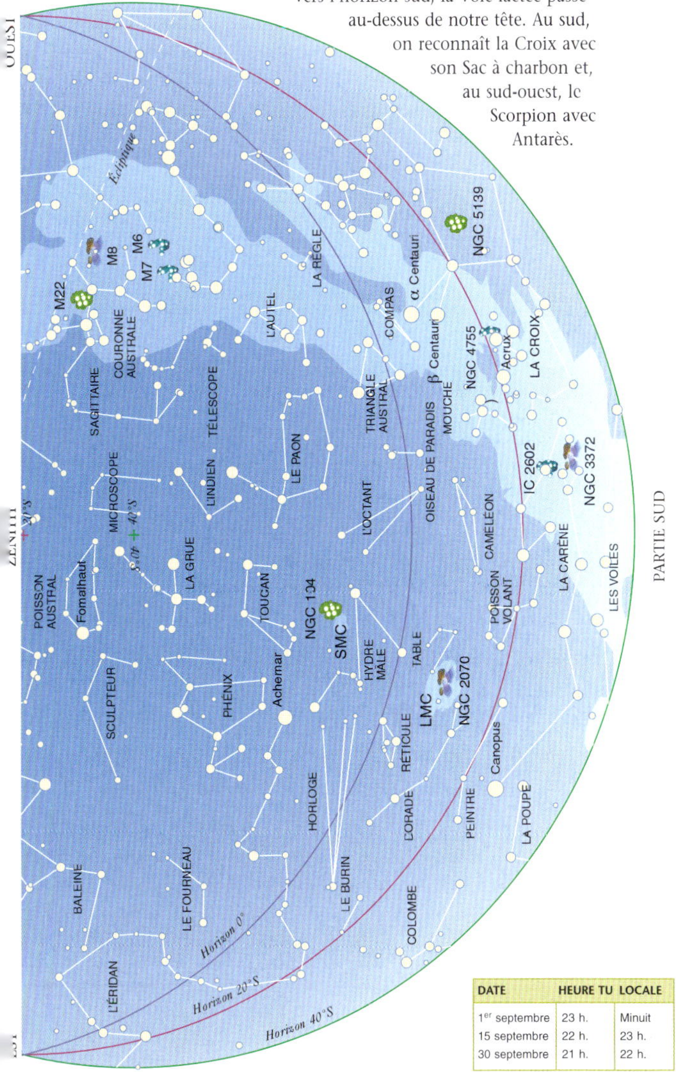

DATE	HEURE TU	LOCALE
1er septembre	23 h.	Minuit
15 septembre	22 h.	23 h.
30 septembre	21 h.	22 h.

MAGNITUDE DES ÉTOILES						
-1	0	1	2	3	4	5

Octobre LATITUDES NORD

Latitudes nord, partie nord

Passant au-dessus de notre tête, la Voie lactée semble filer d'un horizon à l'autre, d'est en ouest. Le Triangle d'été formé par Véga, Deneb et Altaïr est maintenant à l'ouest. À l'est, signe que l'hiver approche, se lève le Taureau. Juste au-dessus se trouvent les Pléiades (M45), si belles à contempler à l'aide de jumelles. La pluie de météorites des Orionides, visible en seconde partie de nuit, connaît son maximum le 21 octobre, avec 25 météores par heure. Son radiant se situe dans Orion.

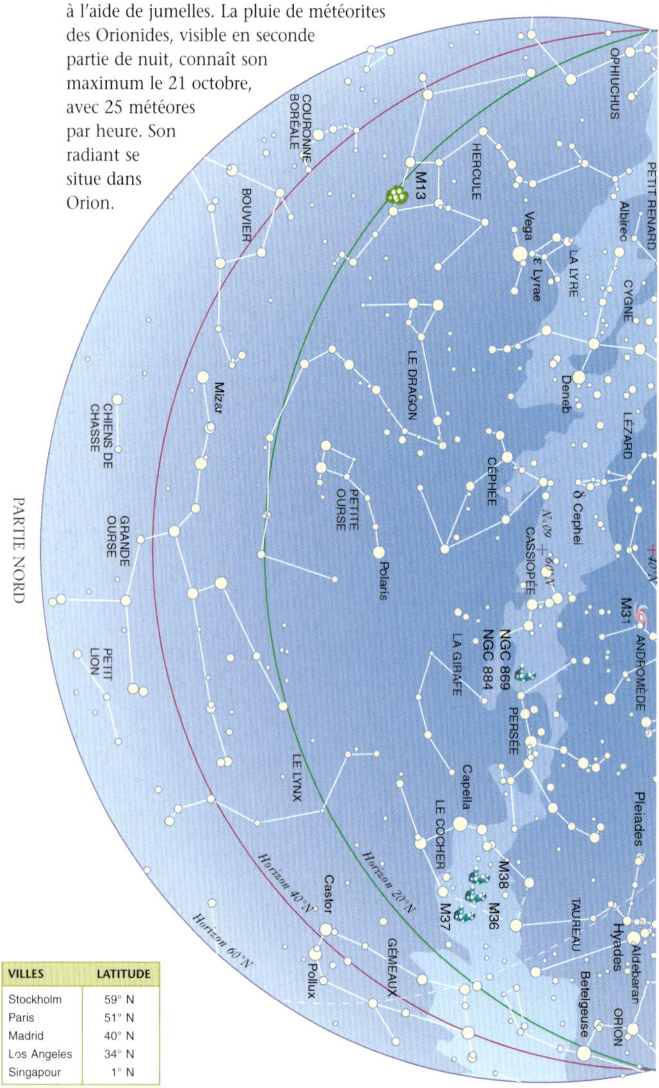

VILLES	LATITUDE
Stockholm	59° N
Paris	51° N
Madrid	40° N
Los Angeles	34° N
Singapour	1° N

OBJETS DU CIEL PROFOND				
Galaxie	Amas globulaire	Amas ouvert	Nébuleuse diffuse	Nébuleuse planétaire

Latitudes nord, partie sud

Si le Triangle d'été est encore visible (Véga, Deneb et Altaïr), d'autres constellations s'imposent. Pégase est haut dans le ciel, en dessous et à droite d'Andromède et de Cassiopée. Andromède contient la galaxie spirale d'Andromède (M31). Cette galaxie qui appartient au même Groupe local que la Voie lactée est faiblement visible à l'œil nu et doit être observée avec une paire de jumelles.

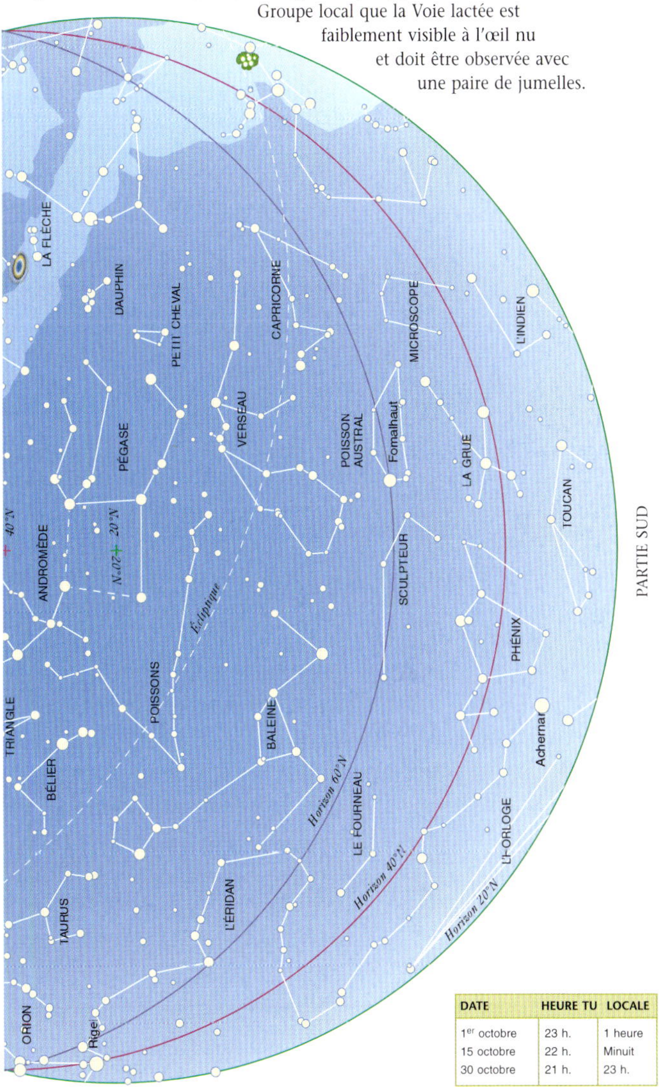

DATE	HEURE TU	LOCALE
1er octobre	23 h.	1 heure
15 octobre	22 h.	Minuit
30 octobre	21 h.	23 h.

MAGNITUDE DES ÉTOILES						
-1	0	1	2	3	4	5

Octobre LATITUDES SUD

Latitudes sud, partie nord

La constellation de Pégase est au centre de la partie nord du ciel. En dessous et à sa droite se tient Andromède, et c'est le meilleur moment pour regarder la galaxie d'Andromède (M31), visible à l'œil nu. Juste au-dessus, voici la constellation du Verseau (Aquarius). Tandis que vers l'ouest le Triangle d'été formé par Véga, Deneb et Altaïr est sur le point de se coucher, l'étoile géante orange du Taureau se lève à l'est.

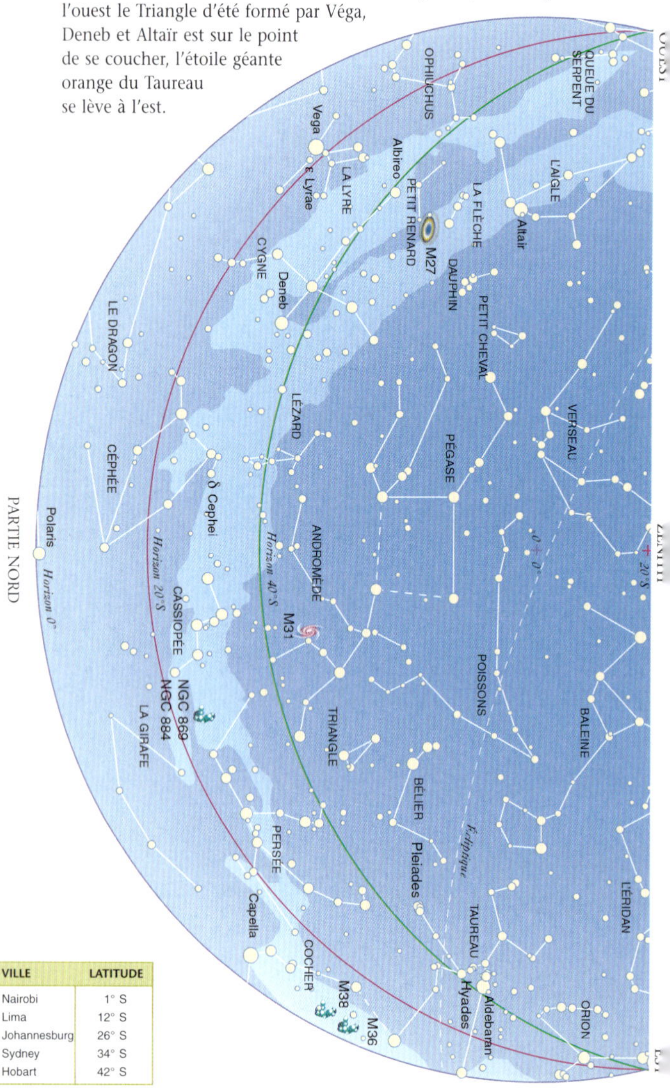

VILLE	LATITUDE
Nairobi	1° S
Lima	12° S
Johannesburg	26° S
Sydney	34° S
Hobart	42° S

OBJETS DU CIEL PROFOND				
Galaxie	Amas globulaire	Amas ouvert	Nébuleuse diffuse	Nébuleuse planétaire

Latitudes sud, partie sud

Dans l'hémisphère Sud, c'est le printemps, et les constellations d'hiver disparaissent pour laisser place à un ciel aux étoiles beaucoup plus dispersées. À l'ouest, le Petit Nuage de Magellan (SMC) est encore assez haut pour être observé aux jumelles ou avec un télescope. Au sud-est, Achernar est haute dans le ciel et Canopus se lève après elle. L'horizon ouest voit le coucher d'Ophiucus, du Scorpion et du Sagittaire.

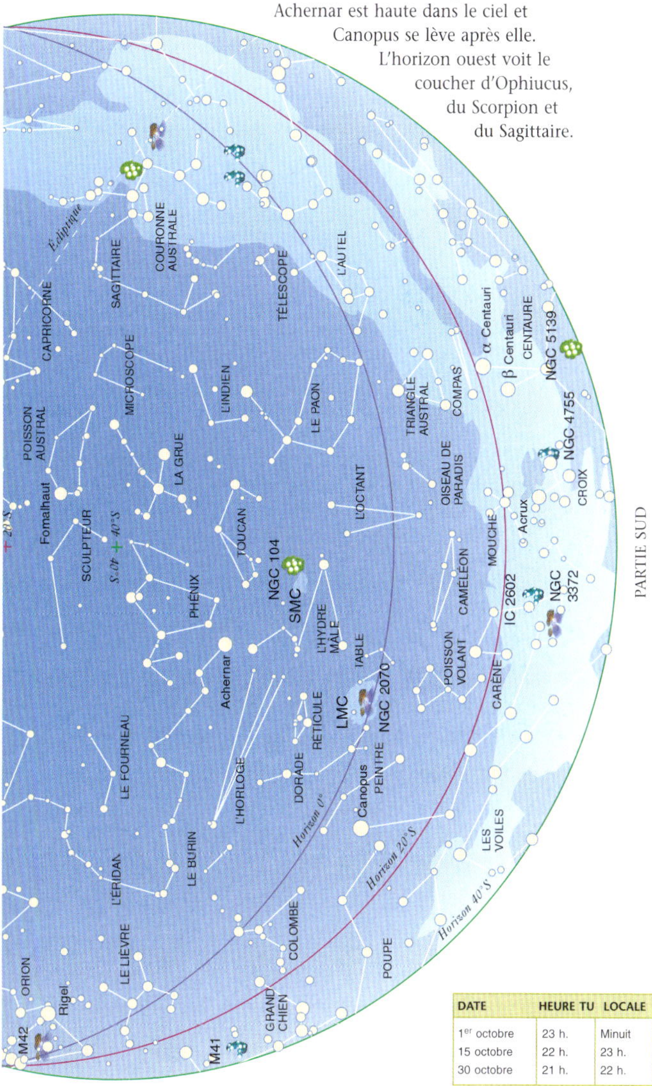

DATE	HEURE TU	LOCALE
1er octobre	23 h.	Minuit
15 octobre	22 h.	23 h.
30 octobre	21 h.	22 h.

MAGNITUDE DES ÉTOILES						
-1	0	1	2	3	4	5

Novembre LATITUDES NORD

Latitudes nord, partie nord

Juste sur la ligne zénithale que suit la Voie lactée d'est en ouest se trouvent Andromède et Persée, au-dessus du W (devenu un M) de Cassiopée. Par nuit sombre, on peut repérer la galaxie M31 d'Andromède à l'œil nu. La Grande Ourse est maintenant basse sur l'horizon sud, surmontée par Polaris de la Petite Ourse. Tout à l'est brille Capella du Cocher et, sous elle, se lèvent Castor et Pollux des Gémeaux.

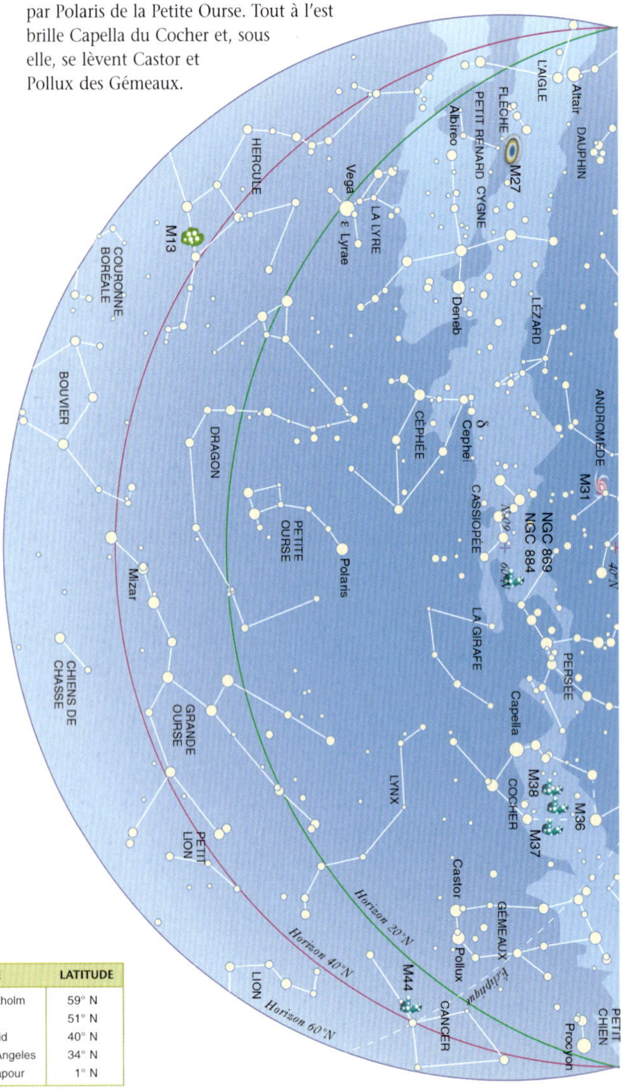

VILLE	LATITUDE
Stockholm	59° N
Paris	51° N
Madrid	40° N
Los Angeles	34° N
Singapour	1° N

OBJETS DU CIEL PROFOND				
Galaxie	Amas globulaire	Amas ouvert	Nébuleuse diffuse	Nébuleuse planétaire

Latitudes nord, partie sud

À l'est se lèvent les grandes constellations de l'hiver que sont Orion et le Taureau. Avant elles sont apparues les Pléiades, avec le merveilleux spectacle qu'elles offrent aux jumelles. Persée et Andromède sont presque au-dessus de notre tête. Le Verseau et le Capricorne se couchent à l'ouest et Cetus, la Baleine, est bien visible au sud. À cette époque, les pluies de météorites des Taurides et des Léonides ont des maxima d'une dizaine de météores par heure.

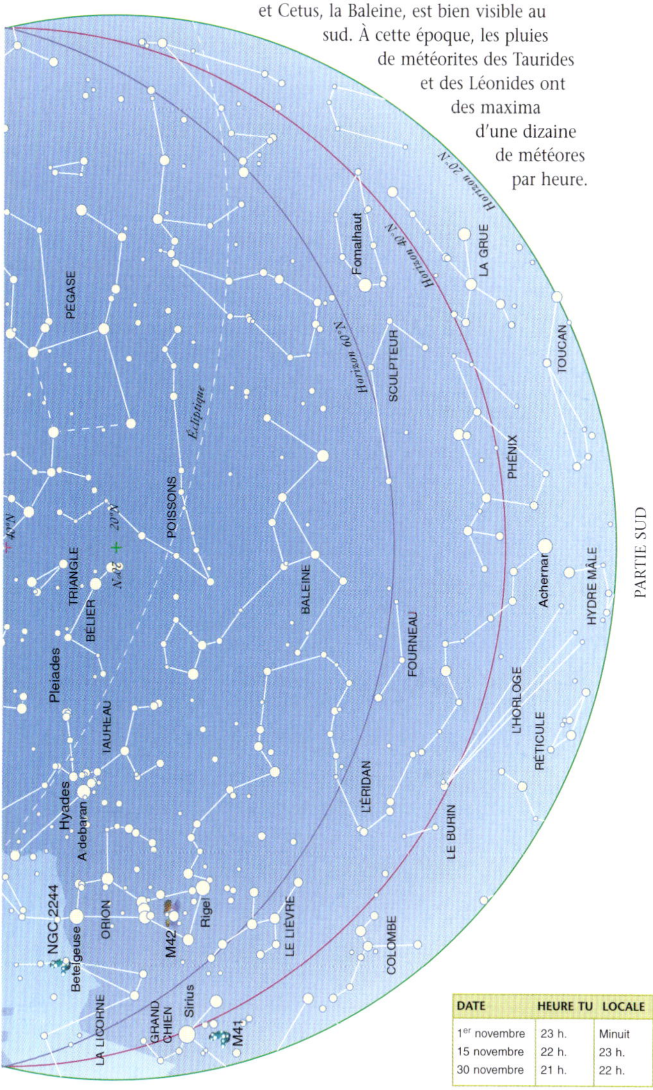

DATE	HEURE TU	LOCALE
1er novembre	23 h.	Minuit
15 novembre	22 h.	23 h.
30 novembre	21 h.	22 h.

MAGNITUDE DES ÉTOILES						
-1	0	1	2	3	4	5

Novembre LATITUDES SUD

Latitudes sud, partie nord

Presque au zénith se trouvent la constellation de Cetus, la Baleine, et sous elle, vers le sud, les constellations zodiacales des Poissons et du Bélier. On peut apercevoir Persée, Andromède et Cassiopée très bas sur l'horizon nord. La constellation de Pégase occupe une grande partie du ciel nord-ouest. L'été approchant dans l'hémisphère Sud, les constellations de l'été austral, du Taureau puis d'Orion, se lèvent à l'est.

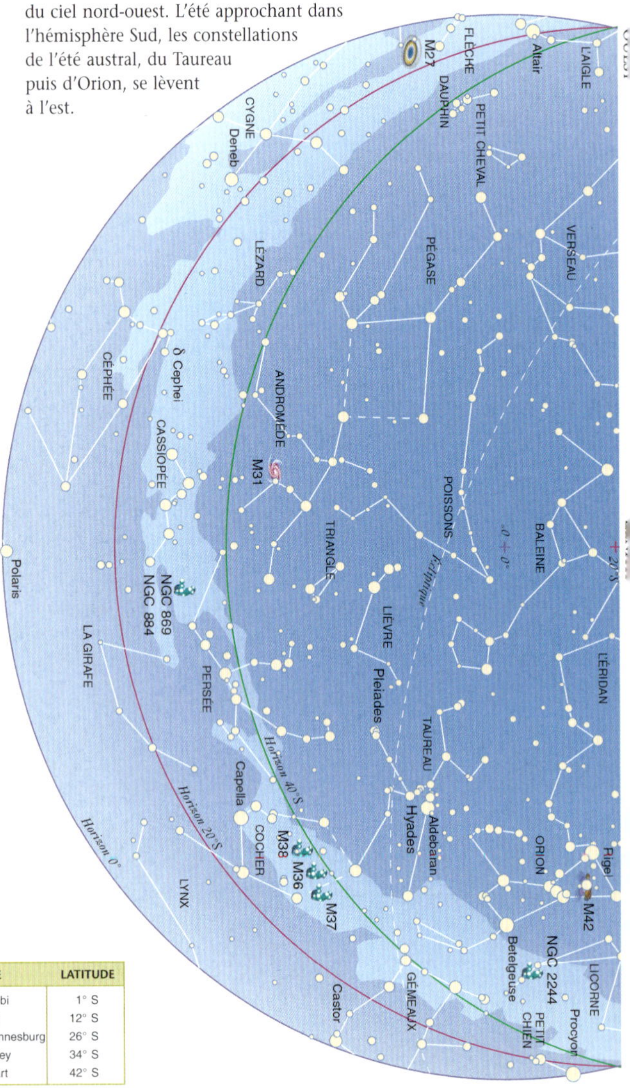

VILLE	LATITUDE
Nairobi	1° S
Lima	12° S
Johannesburg	26° S
Sydney	34° S
Hobart	42° S

OBJETS DU CIEL PROFOND

Galaxie	Amas globulaire	Amas ouvert	Nébuleuse diffuse	Nébuleuse planétaire

Latitudes sud, partie sud

Les deux Nuages de Magellan, le Grand (LMC) et le Petit (SMC), sont bien placés pour être repérables à l'œil nu, de même que, par nuit bien noire, la nébuleuse de la Tarentule (NGC 2070). La majorité des constellations n'ont été répertoriées que récemment, à partir du XVIe siècle, et manquent souvent d'intérêt pour l'astronome amateur. Exception faite du Toucan, haut dans le ciel en compagnie du SMC et de l'amas 47 du Toucan (NGC 104).

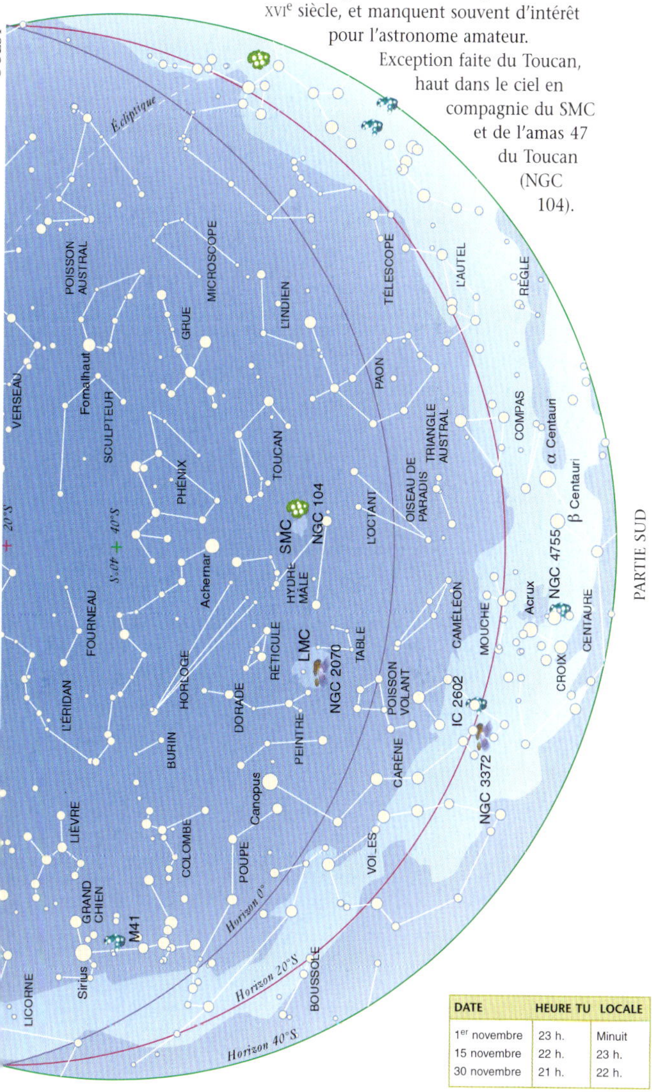

DATE	HEURE TU	LOCALE
1er novembre	23 h.	Minuit
15 novembre	22 h.	23 h.
30 novembre	21 h.	22 h.

MAGNITUDE DES ÉTOILES

-1	0	1	2	3	4	5

Décembre LATITUDES NORD

Latitudes nord, partie nord

Capella du Cocher est presque au-dessus de notre tête avec, un peu en dessous et à droite (vers l'est), les deux étoiles des Gémeaux, Castor et Pollux, que l'on différencie ainsi : Castor est près de Capella et Pollux, du côté de Procyon. À gauche de Capella, vers l'ouest, se trouve Persée, qui contient le double amas ouvert NGC 869 + 884, juste visible à l'œil nu. Véga est très basse sur l'horizon nord-ouest, en compagnie du Cygne et d'Hercule.

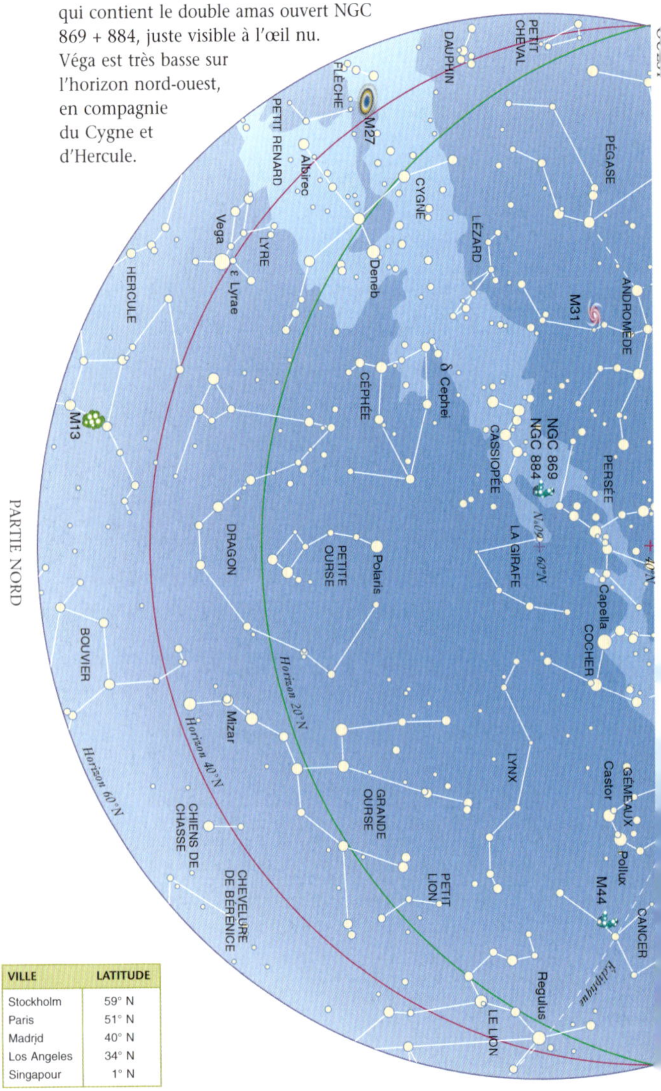

VILLE	LATITUDE
Stockholm	59° N
Paris	51° N
Madrid	40° N
Los Angeles	34° N
Singapour	1° N

OBJETS DU CIEL PROFOND				
Galaxie	Amas globulaire	Amas ouvert	Nébuleuse diffuse	Nébuleuse planétaire

Latitudes nord, partie sud

Le ciel d'hiver est très spectaculaire, notamment avec ses deux constellations brillantes, Orion et le Taureau. Par nuit sombre (souvent froide !), on localise à l'œil nu la grande nébuleuse d'Orion sous les trois étoiles étincelantes qui forment le « baudrier » d'Orion. Au-dessus d'Orion se dessine le V du Taureau contenant l'amas dispersé des Hyades et, encore au-dessus, apparaissent les Pléiades (M45), un amas ouvert dont des jumelles révèlent toutes les beautés.

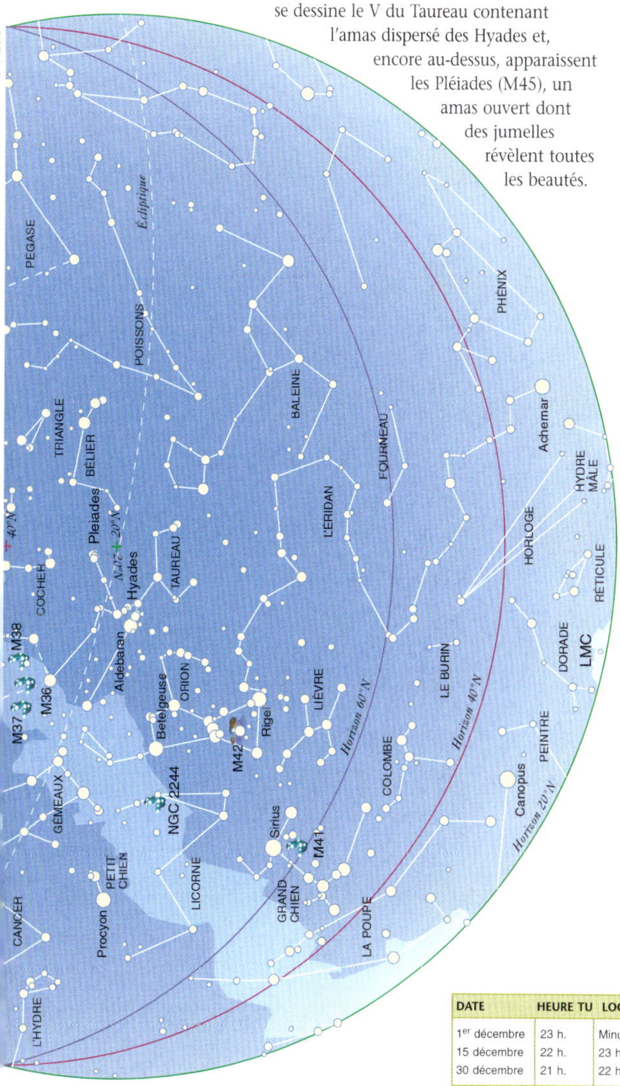

PARTIE SUD

DATE	HEURE TU	LOCALE
1er décembre	23 h.	Minuit
15 décembre	22 h.	23 h.
30 décembre	21 h.	22 h.

MAGNITUDE DES ÉTOILES						
-1	0	1	2	3	4	5

Décembre LATITUDES SUD

Latitudes sud, partie nord
Au zénith, le ciel est peu étoilé, avec les faibles constellations de l'Éridan et de Cetus, la Baleine. C'est en direction de l'est que tout se passe. Sirius est l'étoile la plus brillante du ciel, au-dessus d'Orion. Tandis que la nuit s'avance, les Gémeaux montent haut dans le ciel et, au-dessus d'eux, Procyon chemine vers le nord. Près de l'horizon nord, Capella brille intensément avec Persée à sa gauche, que l'on devine au-dessus de Cassiopée.

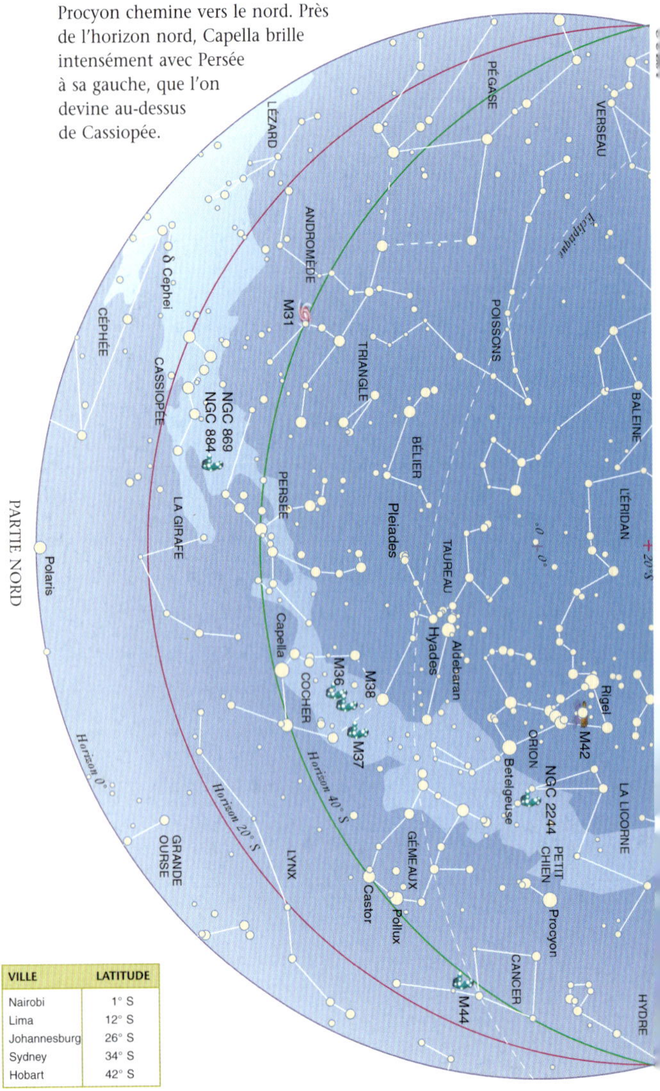

VILLE	LATITUDE
Nairobi	1° S
Lima	12° S
Johannesburg	26° S
Sydney	34° S
Hobart	42° S

OBJETS DU CIEL PROFOND

Galaxie	Amas globulaire	Amas ouvert	Nébuleuse diffuse	Nébuleuse planétaire

Latitudes sud, partie sud

Le ciel d'été propose un triangle de trois étoiles très brillantes : tout en haut (vers le zénith), Rigel d'Orion ; en dessous, Sirius du Grand Chien et, en dessous et à droite de cette étoile, Canopus. Haut dans le ciel au-dessus de l'horizon sud, les deux Nuages de Magellan (LMC et SMC) sont observables avec des jumelles ou un petit télescope, instruments avec lesquels il est également possible d'observer la nébuleuse de la Tarentule (NGC 2070).

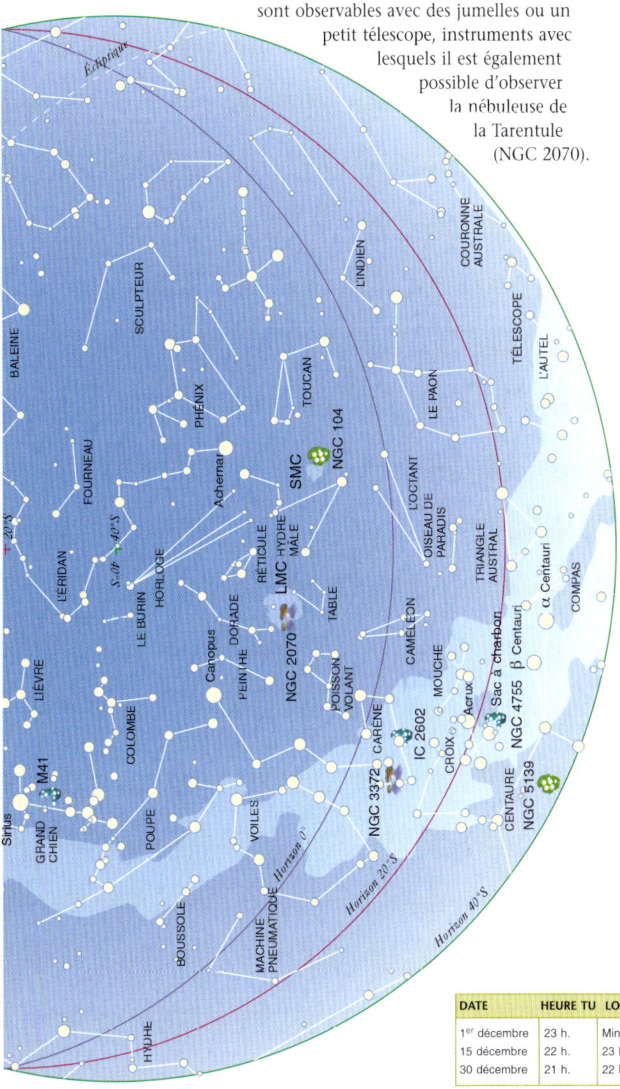

DATE	HEURE TU	LOCALE
1er décembre	23 h.	Minuit
15 décembre	22 h.	23 h.
30 décembre	21 h.	22 h.

MAGNITUDE DES ÉTOILES						
-1	0	1	2	3	4	5

Glossaire

Un grand nombre de termes définis ci-après apparaissent dans l'Introduction générale (p. 8-26). Les mots *en italique* sont définis ailleurs dans le glossaire.

AMAS GLOBULAIRE
Sphère d'étoiles liées par la gravité et contenant quelques dizaines à centaines de milliers d'étoiles.

AMAS OUVERT
Groupe de dizaines ou centaines d'étoiles liées par la gravité ; on les trouve dans les bras galactiques.

ANNÉE-LUMIÈRE
Distance parcourue par la lumière à la vitesse C ; soit environ 9 500 milliards de kilomètres.

ASCENSION DROITE (AD)
Équivalent céleste de la longitude terrestre. Elle se mesure en heures (1 h = 15 degrés) à partir du point où le Soleil croise *l'équateur céleste* en mars.

ASTÉROÏDE
Corps rocheux de moins de 1 000 km orbitant autour du Soleil.

ASTROPHOTOGRAPHIE
Photographie des objets célestes nocturnes, mais aussi du Soleil ou des *éclipses*.

BINAIRE
Deux étoiles en orbite l'une autour de l'autre autour d'un centre de masse commun.

CÉPHÉIDE
Type d'étoile *variable*, dont la période des variations de forme et d'éclat est liée à sa *magnitude apparente*. Ces étoiles sont utilisées pour évaluer les distances célestes.

COMÈTE
Corps de glace orbitant autour du Soleil qui peut développer une queue lumineuse lorsqu'il traverse le Système solaire interne.

CONJONCTION
Alignement d'objets dans le ciel nocturne, particulièrement lorsqu'une planète est alignée avec le Soleil, vue depuis la Terre.

CONSTELLATION
Région du ciel nocturne dont les limites ont été définies par l'Union astronomique internationale. Il y en a 88.

DÉCLINAISON
Équivalent céleste de la latitude terrestre. C'est l'angle, mesuré en degrés, entre un objet céleste et *l'équateur céleste*. L'*équateur céleste* a une déclinaison de 0° et les *pôles célestes*, de 90°.

DOUBLE VISUELLE OU DOUBLE OPTIQUE
Les deux étoiles ne sont pas physiquement associées, mais paraissent sur la même ligne de visée.

ÉCLIPSE
Alignement d'une planète ou de la Lune avec le Soleil, qui produit une ombre sur un autre corps. Durant une éclipse de Lune, c'est l'ombre de la Terre qui se projette sur la Lune. Pour les éclipses de Soleil, l'ombre de la Lune vient balayer la Terre.

ÉCLIPTIQUE
Plan de l'orbite terrestre autour du Soleil, ou bien projection de ce plan sur la *sphère céleste*.

ÉLONGATION
Angle de séparation entre le Soleil et une planète vue depuis la Terre. Le terme est également employé pour désigner l'angle maximal (élongation maximale) des planètes internes, Mercure et Vénus, avec le Soleil.

ÉQUATEUR CÉLESTE
Équivalent céleste de l'équateur terrestre. L'équateur céleste marque la ligne où le plan de l'équateur terrestre rencontre la *sphère céleste*.

ÉTOILE
Grosse sphère de gaz qui émet de la chaleur et de la lumière grâce aux réactions thermonucléaires qui se déroulent en son cœur.

ÉTOILE MULTIPLE
Système de trois à une douzaine d'étoiles qui sont liées entre elles par la gravitation et orbitent les unes autour des autres.

ÉTOILE NAINE (BLANCHE)
Étoile qui a perdu l'essentiel de sa masse en fin de vie.

EXCENTRICITÉ
Mesure donnant l'écart entre une orbite elliptique et une orbite circulaire. Un cercle a une excentricité de 0, et l'excentricité d'une ellipse est comprise entre 0 et 1.

GALAXIE Formation de gaz et de poussière stellaire contenant des milliards d'étoiles. De formes différentes, les galaxies ont des tailles de quelques milliers à plusieurs centaines de milliers d'*années-lumière*.

GÉANTE (ÉTOILE)
Étoile qui a grandi démesurément à la fin de son cycle de vie.

GROUPE LOCAL Petit amas d'une trentaine de *galaxies* qui comprend notre *Voie lactée*.

HL (HEURE LOCALE)
Certains pays ne règlent pas leurs horaires sur la course du Soleil *(TU)*, mais avec une ou deux heures de retard. Les heures locales données pour l'hémisphère Nord dans cet ouvrage sont les HL en France.

LIBRATION
Variation mensuelle de la part de surface lunaire visible depuis la Terre, due à l'*excentricité* et au léger balancement de l'orbite lunaire.

LUMINOSITÉ
Mesure de la quantité de lumière produite par un objet.

MAGNITUDE
Brillance d'un objet céleste mesurée sur une échelle dans laquelle les plus brillants objets ont un chiffre petit ou négatif, et les moins brillants un chiffre plus élevé.

MAGNITUDE ABSOLUE (INTRINSÈQUE)
Elle définit la luminosité, ou *magnitude apparente*, qu'aurait un objet s'il était situé à 32,6 années-lumière.

MAGNITUDE APPARENTE
Brillance d'un objet céleste vu depuis la Terre. Elle dépend de sa brillance réelle et de sa distance à la Terre.

MÉTÉORE
Phénomène lumineux dû à la friction d'un objet pénétrant dans l'atmosphère terrestre.

MÉTÉORITE
Fragment rocheux céleste qui atteint la surface de la Terre (ou d'une autre planète).

MOUVEMENT RÉTROGRADE
Inversion du sens du déplacement apparent d'une planète lorsqu'elle est proche de l'*opposition*.

NÉBULEUSE Formation plus ou moins dense de gaz et de poussières interstellaires.

NÉBULEUSE DIFFUSE
Nébuleuse éclairée par les étoiles mêlées avec elle.

NÉBULEUSE PLANÉTAIRE
Coquille de gaz éjectés par une étoile en fin de vie. Au télescope, elle ressemble à un disque planétaire.

OBJET DU CIEL PROFOND
Tout objet céleste externe au Système solaire qui n'est pas une étoile.

OPPOSITION
Moment où une planète externe se trouve exactement de l'autre côté de la Terre par rapport au Soleil. Elle est alors au plus proche de nous et brille plus intensément.

ORBITE Trajet suivi par une planète, un *astéroïde* ou une *comète* autour du Soleil, ou par un satellite (ou lune) autour d'une planète.

OUVERTURE Diamètre du miroir principal ou des objectifs des télescopes, lunettes ou jumelles. Plus une ouverture est grande, plus elle permet de voir des *objets du ciel profond*.

PARALLAXE Écart apparent de la position d'un objet vu depuis deux endroits différents. Cet écart dépend de la distance de l'objet et de la distance entre les deux lieux d'observation.

PHASE Changement de l'illumination d'une partie de la Lune ou d'une planète interne vu depuis la Terre. Depuis l'ombre totale jusqu'à l'illumination de toute la surface, la phase est croissante ; elle est décroissante dans le sens inverse.

PÔLE CÉLESTE Équivalent sur la sphère céleste du pôle terrestre. L'ensemble du ciel nocturne paraît tourner autour d'un axe passant par les pôles célestes.

PRÉCESSION
Écart graduel de la direction dans laquelle pointe l'axe terrestre, qui effectue un cône de révolution d'une durée de 25 800 ans.

RADIOSOURCE Objet céleste qui apparaît « brillant » dans les radiotélescopes pour les longueurs d'ondes d'ordre millimétrique ou centimétrique.

RÉFLECTEUR Type de télescope qui collecte et focalise la lumière à l'aide d'un miroir.

RÉFRACTEUR Type de télescope qui collecte et focalise la lumière à l'aide d'une lentille.

RÉSOLUTION
Capacité à déceler des détails sur un objet céleste, les cratères de la Lune par exemple, ou à séparer des étoiles doubles. Plus l'*ouverture* d'un télescope est grande, plus grand est son pouvoir de résolution.

ROTATION RÉTROGRADE
Rotation d'une planète dans le sens inverse de son orbite. Toutes les planètes orbitent autour du Soleil dans le sens anti-horaire (vu depuis le pôle Nord solaire) et la plupart tournent sur elles-mêmes dans ce même sens anti-horaire. Sauf Vénus, Uranus et Pluton, qui orbitent dans le sens anti-horaire, mais dont la rotation va dans le sens horaire.

SÉQUENCE PRINCIPALE
Les étoiles de la séquence principale sont les étoiles qui, reportées sur un diagramme établissant une corrélation entre leur luminosité et leur température de surface (diagramme HR), sont les plus nombreuses et qui, à l'instar du Soleil, tirent leur énergie de la fusion d'hydrogène en hélium.

SPECTRE
Série des longueurs d'ondes émises par un objet céleste. Le spectre permet d'identifier les propriétés chimiques et physiques d'un objet.

SPHÈRE CÉLESTE
Sphère imaginaire entourant la Terre et sur laquelle tous les objets célestes semblent être disposés.

SUPERGÉANTE (ÉTOILE) Étoile en fin de développement dont la taille peut dépasser cent fois celle du Soleil et dont la luminosité peut être des milliers de fois plus forte.

SUPERNOVA
Explosion extrêmement violente (rare) d'une étoile qui rejette son atmosphère externe.

TERMINATEUR Limite entre la partie éclairée et la partie à l'ombre de la surface de la Lune ou d'une planète.

TRANSIT Passage d'une planète devant le Soleil ou d'une lune devant sa planète visible depuis la Terre.

TU (TEMPS UNIVERSEL)
L'heure TU (ou, souvent UT, en anglais) est l'heure donnée par la course du Soleil : il est midi lorsque le Soleil est au zénith. Elle est systématiquement indiquée sur les cartes du ciel utilisées en astronomie.

TYPE SPECTRAL
Code assigné à une étoile selon les caractéristiques de son spectre. Les étoiles chaudes et jeunes sont de types O, B et A ; les plus âgées et moins chaudes sont de types F, G, K et M.

UNITÉ ASTRONOMIQUE (UA)
Couramment utilisée au sein du Système solaire, cette mesure correspond à la distance Terre-Soleil, soit 149 597 970 km. L'Unité Astronomique est généralement arrondie à 150 millions de km.

VARIABLE Étoile dont l'éclat varie, soit pour des raisons physiques internes à l'étoile, soit parce qu'elle est éclipsée par une autre étoile.

VENT SOLAIRE
Flux de particules chargées (électrons et protons) éjectées par le Soleil.

VOIE LACTÉE C'est le nom de notre *galaxie*. Dans le ciel nocturne, elle apparaît telle une bande blanchâtre faiblement lumineuse.

WOLF-RAYET Étoile chaude et massive qui produit un important vent stellaire.

ZODIAQUE
Partie du ciel s'étendant sur 9 degrés de chaque côté de l'*écliptique*, dans laquelle le Soleil, la Lune et les planètes se déplacent.

LETTRES GRECQUES

Par convention, certaines étoiles sont désignées par une lettre grecque qui correspond à leur éclat apparent.

α alpha	ν nu
β bêta	ξ xi
γ gamma	ο omicron
δ delta	π pi
ε epsilon	ρ rhô
ζ zêta	σ sigma
η êta	τ tau
θ thêta	υ upsilon
ι iota	φ phi
κ kappa	χ chi
λ lambda	ψ psi
μ mu	ω oméga

Index

C

D

N

O

P

Remerciements

Dorling Kindersley tient à remercier l'équipe de *Planetary Visions* pour leur travail en tant qu'illustrateurs et administrateurs, Cathy Meeus et Kenny Grant pour leur apport éditorial et artistique.

Crédits photographiques
Archivistes : Richard Dabb, Lucy Claxton

Abréviations utilisées : h = en haut, b = en bas, c = au centre, d = à droite, e = à l'extrémité, g = à gauche, t = tout en haut

Alex and Mike Beck 58tg ; **Anne Beiter** 90tg ; **Adam Block** 53td ; 58tg ; 59cdh, bg ; 61td ; 63cgh, bd ; 67td ; 73td, bd ; 74tg ; 78tg ; 81td ; 83tg ; 85bd ; 86bg ; 88ceg, bg ; 90cdh, tg ; 93bd ; 99bd ; 101td ; 102ceg ; 103ced ; 105bct ; 112bg ; 113tg ; 115ced ; 118tg, bg ; 120ceg ; 124cdh ; 126ceg ; 127cgb ; 128tg ; 145cgh ; **Bruce Bohannan** 64ced ; **Todd Boroson** 107cdh ; **Cornell University** 42bc ; 43bc ; **Duke Creighton** 127cgb ; **Jeff Cremer** 113tg ; **Richard Crisp** 61db ; 66tg ; 72tg ; **Russell Croman** 22bd ; 68bg ; 69cdb, td ; 85td ; 88tg ; 98tg ; 100ceg ; 127td ; 135cgh, cdb ; 146ceg ; **Brad Ehrhorn** 59bg ; 105bcg ; **Peter and Suzie Erickson** 63cgh ; **European Southern Observatory** 4 ; 5 ; 34cg, cd ; 117ced ; 121td ; 129bd ; 134cgb, cdb ; 144ceg ; 147td ; 148tg ; 149cgb, cdb ; 152tg ; 155td ; **European Space Agency** 20td ; 43cad ; 50bc ; 51bc ; 50c ; 55bd ; **Elliot Gellman** 127cgb ; **German Aerospace Centre (DLR)** 48tg, cgh, ceg, cgb ; **Louis and Jennifer Goldring** 102ceg ; **Piermario Gualdoni** 11cdh ; 61cgb ; 76tg ; 116tg ; 119td ; 120tg ; 122tg ; 123ced ; 146tg ; **Mark Hanna** 64ced ; **Vanessa Harvey** 98ced ; 136bg ; **Gunnar Hurtig** 99bd ; **Infrared Processing and Analysis Centre** 77bg ; 135td ; 140tg ; **George Jacoby** 64ced ; **Gene Katz** 93bd ; **Al Kelly** 59bd ; **Bill and Sean Kelly** 126ceg ; **Kitt Peak Naval Observatory NOAO/AURA/NSF** 10ca, cgb, cdh ; 11bd ; 26td ; 58tg ; 59bg ; 61td ; 62tg ; 63bd, cgh, cdh ; 64bg, bd. ced ; 67td ; 68tg ; 73bd, ced, tg ; 74bg, tg ; 76bg ; 77bd ; 78bg, tg ; 79ced ; 80bg ; 81td ; 82bg, tg ; 83tg ; 84cd, tg ; 85bd ; 86bg, ceg, tg ; 87td ; 88bg, ceg ; 90bg, cdh, tg ; 92bg, tg ; 93bd, td ; 94ced ; 96tg ; 97bd, ced ; 98bg, ced ; 99bd ; 100tg ; 101td ; 102ceg, tg ; 103ced ; 105bcg, ced, td ; 107cdh ; 109bd ; 112bg, tg ; 113tg ; 114bg ; 115ced ; 118bg, tg ; 120ceg ; 122bg ; 123td ; 124bg, cdh, tg ; 126ceg ; 127cgb ; 128tg ; 130tg ; 133td ; 136bg, tg ; 137ced ; 139td ; 142bg, cdh ; 144tg ; 145cgh, td ; 146bg ; 150tg ; **Peter Kukol** 86bg ; **Wendee Levy** 61td ; **Steve Mandel** 88ceg ; **Hillary Mathis** 10cdh ; 63cdh ; 73ced ; 94ced ; 98ced ; 114bg ; **Doug Matthews** 85bd ; **Ross and Julia Meyers** 118bg ; **George and Laura Mishler** 112bg ; **NASA/ESA/AURA/ Space Telescope Science Institute** 2 ; 3 ; 11bc ; 71cdb ; 74cg ; 81ced ; 94tg ; 99bg ; 104tg ; 127bd ; 132tg ; 134tg ; 149td ; 152cgb ; 157td ; 159td ; 160bg ; **NASA Jet Propulsion Laboratory** 19td ; 20cg ; 36-37 ; 38ceg ; 39tg ; 40bg ; 42bc ; 43bc ; 46c, bc ; 47cd, cbg ; 48bc ; 50bc ; 51bc ; 51cdh, cdb ; 53cdb ; 54bg ; **NASA Johnson Spaceflight Center** 21bd ; 22c ; 30tg ; 30-31b ; 32cg ; 35td ; **NASA** 21cdb ; 39ca ; 43cdh, cbg ; 50c ; 55bd ; **National Optical Astronomy Observatory** 53td, 54tg ; **National Science Foundation** 53td, 54tg ; **National Space Science Data Center** 38bd ; **Jeff and Paul Neumann** 54tg ; **Jeff Newton** 120ceg ; **Dale Niksch** 101td ; **Northwestern University** 38ceg, 39tg ; **Herm Perez** 11ceg ; 108tg ; **Planetary Visions** 8 bg ; 9 bd ; 18c ; 19c ; 20bg ; 30cgh, c, cgb, 30bc ; 31bc, tg ; 32bc ; 33bc ; 34bc ; 35bc ; 38cgh, c, bg ; 40cgh, cdh, c ; 41tg ; 42cgh ; 43tg, cg ; 46cgh ; 47tg ; 50cgh ; 51tg ; 53cdh, cgh, c ; 54cgh, c, cdh ; 55cdh, cgh, c, ceg ; 60bg ; 70tg, tg ; 91bd ; 95ced ; 102bg ; 106tg ; 109ced ; 110tg ; 120bg ; 131td ; 138tg ; 143ced ; 154cgb ; 158tg ; 159cdb ; 162cgb ; 163cdb, td ; **Tim Puckett** 20td ; **Rich and Anne Quigley** 73tg ; **T.A. Rector** 142bg ; **Bob Rickert** 88bg ; **Jim Riffle** 132bg ; 141td ; 154tg ; **Manny Sawit** 53td ; **Johannes Schedler** 8cdh ; 9cdh ; 11ced ; 79bd ; 87ced ; 89bd ; 113td ; 114tg ; 116bg ; 117bd ; 161bd ; **Bill Schoening** 11bd ; 109bd ;**Chris and Dawn Schur** 10bd ; td ; 46tg ; 50tg ; 64tg ; 91td ; 96bd ; 111td ; **Heidi Schweiker** 77bd ; **Stefan Seip** 15ced ; 25tg ; 38tg ; 40tg ; 75td ; 80tg ; 83td ; 125bd ; 129cgh, td ; 130bg ; 137bd ; 142tg ; 164 ; **Jon Shallop** 90tg ; **Nigel Sharp** 63cdh ; 64bg ; 76bg ; 82bg, tg ; 92tg, bg ; 96tg ; 97bd ; 102tg ; 105ced ; 123td ; 136tg ; 137ced ; **Ken and Emilie Siarkiewicz** 63bd ; 67td ; **Space Science Institute** 36 ; 37 ; 46bc ; 51cdb ; **Space Telescope Science Institute** 21cbd ; 42c, 42bg ; 43cd, cbg ; 47td ; 48cb ; 53ceg ; 55td ; **Johannes Tan** 73bd ; **Thalia and Norman Terrell** 145cgh ; **University of Arizona** 46c ; 50bc ; 51bc ; **University of Maryland** 20cg ; **US Geological Survey** 28 ; 29 ; 34tg ; 54ced ; **Daniel Verschatse** 10cgh ; 133bd ; 140ceg ; 148ceg ; 156bg ; 158cgb ; 160tg ; **Don Waid** 66bg ; **Wei-Hao Wang** 10cdb ; 56 ; 131bd ; 156tg ; 161td ; **Volker Wendel** 11cag ; 143td ; 151bd ; 155cdb ; 157bd ; 162tg ; **Doug Williams** 96tg ; 102tg ; 105ced ; **Hirokazu Yamamura** 20bd ; **Glen Youman** 95bd ; 99td ; 126tg.